KB265291

여성, 과학을 만나다

과학한국을 연 61인의 여성과학자

여성, 과학을 만나다

한국여성과학기술단체총연합회 편저

YANG 움 MOON

우리나라에서 과학자라는 직업을 가지고 살아가는 여성들의 위치는 아주 특별하다고 생각합니다. 그것은 비록 다소 위세가 떨어지기는 했으나 아직도 남아선호 사상이 남아 있는 우리 사회에서 여성과학자들은 여성으로서 또한 직업인으로서 남성에 비해 지적 능력이나 논리력이 부족하다는 편견까지 삶의 한 부분으로 안고 살아가기 때문입니다.

21세기 지식기반사회에서 과학기술이 작게는 개인의 삶의 질을 향상시키고, 크게는 국가발전의 가장 중요한 인자로서 자리매김하고 있다는 것은 누구나 공감할 것입니다. 이에 과학기술계에 종사하는 여성들의 흩어져 있던 힘을 한데 모으고, 네트워킹을 통한 정보교환과 리더십 향상을 통해 여성과학기술인들이 우리나라 과학기술 발전의 주도적 역할을 수행하고자 2003년 10월 한국여성과학기술단체총연합회가 만들어졌습니다. 설립된 지 2년밖에 되지 않은 짧은 기간 동안 13개 단체가 정회원으로 등록되었고, 현재 연인원 1만 2000여 명의 여성과학기술인들이 활발한 활동을 펼치고 있습니다.

　한국여성과학기술단체총연합회에서는 창립 2주년을 맞이하여 장래 과학자가 되고자 하는 젊은 여성과학도들과 여학생들에게 개인으로서 또한 직업인으로서 모범이 될 만한 여성과학기술인들을 소개함으로써 그들의 꿈에 구체적인 희망을 심어주고자 이 책을 기획하게 되었습니다. 이 책을 통해 우리 시대의 여성과학기술인들이 우리나라 과학발전에 기여한 역할과 앞으로의 활동이 일반 대중에게 널리 알려졌으면 합니다.

　바쁜 시간을 쪼개 글을 써주신 61명의 여성과학기술인들께 이렇게 글로나마 감사의 마음을 전합니다. 우리나라 과학기술계에서 큰 몫을 담당하고 있는 여성과학기술인들의 소중한 경험을 글로 모아주신 진우기 한국여성과학기술단체총연합회 사무총장께도 진심으로 감사드립니다. 또한 여러 분들의 글이 한 권의 책으로 나오기까지 출판을 맡아주신 양문출판사 가족께도 감사를 드립니다.

　마지막으로 이 책이 독자 여러분께 여성과학기술인들의 다양한 삶과 그들의 과학에 대한 사랑, 또한 여성을 넘어 한 인간으로서의 삶에 대한 고뇌와 열정을 체험할 수 있는 소중한 기회가 되었으면 합니다. 그리고 이 책에 소개되지는 않았지만, 우리나라 과학기술 발전을 위해 묵묵히 맡은 바 임무를 수행하고 계신 여성과학기술인 여러분께도 이 기회를 빌려 진심으로 감사와 격려를 보냅니다.

2005년 9월 10일

한국여성과학기술단체총연합회 ｜ 회장 나도선

고계원

아주대학교 수학과 교수

서울대학교 문리과대학 수학과를 1973년에 졸업하고 곧바로 유학길에 올랐다. 스탠퍼드대학교에서 박사학위를 받고, 미국에서 교수생활을 하다가 1991년 한국으로 돌아와 지금까지 아주대학교 수학과 교수로 재직하고 있다. 미국에서 활동하는 동안 미국 국립과학재단에서 수년간 연구비 지원 등을 받았으며, 학회주최를 비롯하여 국립과학재단지원 학회 평가 등 여러 활동에 참여했고, 프린스턴에 있는 고등연구소에 초대되어 1년간 연구원으로 연구활동을 했다. 2005년 닮고 싶은 과학기술인상을 수상했으며, 현재 한국여성수리과학회의 회장으로 일하면서 다른 임원들과 함께 젊은 수리과학인들이 좀더 나은 환경에서 일할 수 있도록 노력하고 있다.

나는 무식한 채로 살아가고 있다

나는 대학원에 다니면서 결혼을 하고 큰 아이 용학이를 낳았다. 박사학위 자격시험이 끝난 후 2년 안에 인생의 중요한 두 가지 일을 한꺼번에 해낸 셈이다. 결혼이야 그렇다고 하더라도 아이를 낳은 것은 아마도 외국인으로서 그 사회나 주위환경을 너무나 몰랐던 '무식'의 힘 덕분이었던 것 같다. 수학이라는 학문 분야의 특수성 때문인지도 모르겠지만, 내가 다녔던 대학원은 그 이전 13년 동안 여성박사를 한 명도 배출하지 못했을 정도로 여학생이 없었고 교수도 다 남자인 곳이었다. 그러한 곳에서 나는 배가 불러 뒤뚱거리며 아이 낳기 전날까지 학교를 나갔다. 만일 그때 내가 주위 사람들이 나를 어떻게 생각하고 있는지에 민감했더라면 그렇게 '당당하게' 다니지는 못했을 것이다. 나중에 알게 된 일이지만 같은 시기에 대학원을 다닌 학생들과 교수들은 내 이름은 기억 못해도 동양에서 온 아이 낳은 대학원생은 기억하고 있었다. 이제는 미국도 많이 변하고 여학생 수도 많아져서 수학과 대학원을 다니면서 아이를 낳는 여학생이 가끔은 있지만 그때만 해도 상당히 인상적인 사건이었음에 틀림없다.

그 아이가 커서 이제 대학원에 진학한다고 하니 그때의 '무식'함이, 그리고
그 '무식'함에서 오는 뻔뻔스러움이 행복하고 즐겁게 사는 한 사람을 키운
셈이다. 이 '무식'함이 세상에서 가장 자랑스럽게 생각하는 결과를 내게 가
져다주었으니, 어떻게 나의 무식함을 긍정적으로 생각하지 않을 수 있겠는
가? 사실 나는 여러 면에서 '무식'하다. 일을 저질러놓고 나중에 생각하면,
'아, 내가 너무 몰라서 그런 걸 시작했구나' 할 때가 많다. 결국 몰라서 한 행
동들이 주위 사람들을 당황하게 할 때가 많은 것 같다. 많은 분들이 나의 이
런 '무식'함을 너그럽게 봐주시거나 잊어버려주셔서 다행이지만, 한참 지난
후에 이에 감사한들 무슨 소용이 있겠는가? 물론 이러한 '무식'함 때문에 손
해 보는 경우도 적지 않다. 그러나 어떤 때에는 그것이 나를 자유롭게 한다.
그리고 그 자유로움은 때로 새로운 것에 도전할 용기를 갖게 한다. 사실 그것
은 용기가 아니라 진짜 무식해서 멋모르고 하는 것이다. 그러나 그러한 도전
은 나의 한계를 넓히고, 깊숙하고 묵직한 기쁨을 맛보게 한다. 무엇을 하든
내가 '무식'해서 저지른 일들은 최소한 파괴적이지는 않다는 것으로 위로를
삼기도 한다. 그러니 나의 무식함은 플러스마이너스를 생각해볼 때 제로인
가 보다. 사실 산다는 것은 어떤 면에서든 제로섬 게임이니까.

딸 다섯, 아들 하나인 육남매 중에서 천덕꾸러기 셋째딸로 태어난 나는 항상
형제들로부터 "너무 늦게 깨닫는다"라는 말을 듣곤 했다. 그리고 "너는 왜 그
렇게 엉뚱한 데가 많으냐"라는 핀잔을 듣기도 했다. 나를 사랑하지 않는 사
람들은 아마도 "너는 왜 그렇게 괴짜냐"라며 짜증을 냈을 것이다. 나는 전혀

엉뚱하게 행동하지 않았는데 다른 사람들에게 그렇게 보였던 것은 결국 나의 '무식'함에서 기인한 것이라고 생각된다. 이것은 나의 성격이라기보다는 나의 능력인 것 같다. 뇌의 한 부분이 연결되지 못한 채로 태어난 게 아닌가 싶기도 하다. 만일 그렇다면 내 책임이 아니므로 조금은 위안이 될 텐데, 언니들이 나보고 물리선생님이셨던 아버지를 꼭 닮았다고 하니 아무래도 유전적인 영향이 조금은 있나보다. 내가 수학을 하게 된 것도 많은 생각의 결과가 아니라, 다른 분야에 대해 너무 무식해서였다고 보는 것이 맞을 것 같다. 그때는 인터넷도 없었고 공중에 떠돌아다니는 정보도 지금에 비하면 거의 없었다고 할 수 있다. 그러나 그때 다른 분야에 관해 많이 알았다 해도 수학을 했을 것이고 교수를 했을 거라는 생각이 든다. 아는 것을 넓히며, 아는 것을 나누는 (학생들이건 동료 수학자건) 즐거움은 중독성을 가지고 있는 것 같다.

내가 현명하게 살아가는 것을 포기한 것은 이미 오래전의 일이다. 다만 나를 '괴짜'라고 보는 대신 '엉뚱하다'고 보아줄 내가 사랑하는 사람들, 혹은 나를 사랑하는 사람들이나 많이 만들면서 살 수 있기를 바랄 뿐이다. 사실 직장생활을 하면서 나는 항상 주위의 여러 사람들에게 신세를 졌다. 나의 형제들은 필요할 때마다 동원되었고, 심지어는 딸 친구 엄마가 딸의 소풍 도시락을 싸주셔서 도움을 받은 적도 있었다. 우리같이 일하는 엄마들이 주위 도움 없이 어떻게 살아갈 수 있겠는가? 주로 받기만 하고 살아가는 우리들, 언젠가 이러한 고마움을 갚을 수 있을는지. 최소한 기억하는 것들만이라도 갚을 수 있기를 바란다. 그리고 기억하지 못하는 나머지 고마움은 나처럼 잊어버릴 사람들에게 갚을 수밖에 없는 것 같다.

나는 책임감은 강했으나 밖에서 그냥 뛰어놀기 좋아하는 학생이었다. 학교 다녀오면 책가방을 내던진 채 밖으로 나가 동네 아이들과 줄넘기며, 오자미 놀이 등을 하면서 저녁 먹으라고 부를 때까지 놀았다. 숙제는 가능하면 학교에서 해치우려고 노력했다. 사람들은 어린 시절에 내게 영향을 미친 역할모델이 있었는지 묻곤 한다. 내가 젊었을 때는 어린 시절 역할모델이 없었다고 생각했다. 그때는 누구처럼 되어야겠다고 생각한 사람이 없었다. 그러나 나이가 들면서 내 가까이에 나의 역할모델을 한 사람들이 있었다는 것을 늦게 깨달았다. 그것은 바로 내 주위에 있는 사람들이었다. 어머니는 육남매를 키우는 어려운 환경에서도, 자기가 생각한 대로 살아가는 것을 보여주었다. 때로는 어린 마음에 엄마의 요구가 옳다고는 생각하면서도 힘들어 하기도 했다. 그리고 언니는 자신의 유학으로 나도 유학을 갈 수 있다는 것을 자연스럽게 알려준 셈이다. 언니가 없었더라면 내가 유학 갈 생각을 할 수 있었을까? 그리고 박사학위 후에 외국에서 직장을 찾으려고 했을까? 이러한 일들을 내가 아무런 주저 없이 자연스럽게 받아들일 수 있었던 것에 감사한다. 이러한 환경은 내가 만든 것이 아니니까.

언니 외에도 나를 자극한 여러 여자 동료들이 있다. 나는 그들에게서 자극을 받고, 그들을 통해 가능성을 보았다. 그들은 나에게 포기하지 않고 밀고 나갈 수 있는 힘을 넣어주었다. 사실 우리가 가지고 있는 많은 것들은 우리의 탁월한 능력이라기보다는 포기하지 않은 오랜 시간 속에서 노력으로 얻은 것이라는 생각을 하게 된다. 내가 살고 있다는 것이 누군가를 자극하고 용기를 넣어주는 것이 될 수 있을까? 누군가에게 "그것이 가능해요"라고 말하는 삶이 될 수 있을까? 커다란 테두리 안에서 보면, 젊은 사람들이 형성해 가고 있는 가치관이나 목표의 상당 부분을 그들이 살고 있는 환경의 함수라고 보아도 좋을 듯하다. 그들은 스펀지처럼 주위의 영향을 빨아들이는 능력이 있는 것 같다. 나는 그들이 좀더 용기를 불러일으킬 수 있는 환경을 만드는 데, 그리고 그들이 자유롭게 사용할 수 있는 탄탄하고 많은 변수를 가진 함수를 만드는 데 도움이 되고 있는 것일까?

김명숙

이화여자대학교 교육대학원 컴퓨터교육전공 교수

이화여자대학교 수학과를 졸업한 후 미국 템플대학교에서 박사학위를 취득했다. (주)컴키드 멀티미디어 연구소 소장, 한세대학교 교육대학원 교수를 역임하고 현재는 이화여자대학교 교육대학원 컴퓨터교육전공 교수로 재직중이다. 1998년 신소프트웨어 부분에서 정보통신부 장관상을 수상했으며, 다양한 교육매체와 컴퓨터 교육을 접목시키는 방안 연구, 12개의 교육용 CD-ROM 타이틀을 직접 기획하고 감독하여 교육용 소프트웨어를 활용한 멀티미디어 교육과정 커리큘럼을 개발했다. 또한 '실시간 멀티미디어 자동학습시스템'을 개발했으며, 논문으로는 〈온라인 학습공동체 그룹핑 시스템 개발: 지능적 에이전트 활용〉과 〈성공적인 e-learning 진화발전과정에 관한 연구〉 외 다수가 있다.

지금의 자신을 사랑하고 그 일을 확신하라

어린 시절, 그리고 수학과의 인연

내 고향은 지금은 광주광역시의 일부가 된 송정리 근처의 광산구 평동이라는 곳이다. 내가 태어났던 1957년에 우리 집은 증조할아버님, 조부모님, 부모님, 그리고 고모와 삼촌까지 함께 살며 전통적 유교 규범에 충실히 따르던 대가족이었다. 지역유지로 교육열이 높으셨던 조부님의 뜻에 따라 우리 형제자매들은 어려움 없이 공부에만 몰두할 수 있었다. 나는 초등학교 때부터 광주에 나가 유학생활(?)을 시작했으며, 전남여고를 거쳐 이화여자대학에 입학하기까지 언제나 부모님이 자랑스러워하시는 모범생이며 착한 딸이었다.

이렇게 유복한 소녀 시절을 보낸 가운데 대학진학을 맞이했다. 대학에서의 전공은 망설임 없이 수학으로 정했는데, 이 선택에는 중학교 때 수학선생님의 영향이 컸다. 그 선생님에게 잘 보이려고 수학 공부를 열심히 하다 보니 정말 수학을 잘하게 되었고, 항상 최고점을 맞으니 자연히 계속 수학을 좋아하게 된 것이다. 1976년 나는 이화여자대학교 수학과에 무난히 입학했다.

대학에서의 컴퓨터와의 만남

내가 대학에 입학한 1970년대 후반에는 아직 이 세상에 퍼스널 컴퓨터가 존재하지 않았다. 내가 다니던 이화여자대학교에 컴퓨터 관련 독립학과도 없던 시절이었다. 단지 지금의 컴퓨터공학과의 전신이라 할 수학과에 전자계산 관련 과목으로서 컴퓨터에 대한 몇몇 강의가 개설되어 있었다. 이 강의를 들으면서 나는 컴퓨터에 흥미를 갖게 되었고, 이렇게 시작된 컴퓨터와의 인연은 지금까지 이어지고 있다.

학부 시절 수학 전공에 신문방송학을 부전공하면서 나는 컴퓨터와 미디어 양쪽 모두에 관심과 흥미를 가졌다. 이러한 배경에서 이화여자대학교 교육대학원에 진학하여 지금은 교육공학으로 이름이 바뀐 시청각교육을 전공하였다. 그리고 당시로서는 미개척 분야였던 컴퓨터 교육에 대한 논문으로 석사학위를 취득했다. '마이크로컴퓨터'라는 용어 자체가 낯설었던 시절에 'Microcomputer-Based CAI(Computer Assisted Instruction)'를 다룬 이 논문은 아마 국내에서 이 분야의 최초 연구 중 하나일 것이다.

미국유학과 미디어 교육 연구

석사학위 취득 후 결혼하여 남편과 함께 미국으로 유학을 떠난 나는, 1986년 미국 펜실베이니아주 필라델피아 소재 템플대학교의 교육매체(Educational Media) 전공 박사과정에 입학하여 컴퓨터와 미디어에 대한 관심을 이어나갔다. 지금은 추억이 되었지만, 미국유학 시절은 두 아이를 키우면서 남편의 장학금만으로 생활을 꾸려나가야 하는 어려운 시기였다. 남편과 번갈아 아이를 돌볼 수 있도록 시간표를 짜며 학업을 계속해야 하는 고달프고 전쟁터 같은 하루하루가 계속되었다. 그러나 그곳에서 나는 세계를 더 넓게 볼 수 있는 안목을 길렀으며, 인간에 대한 편견을 고치며 성장할 수 있었다.

템플대학교의 박사과정에서는 교육학 전반에 걸친 이론연구와 함께 컴퓨터, 텔레비전, 인터렉티브 비디오(interactive video) 등의 다양한 매체를 학교 및 사회교육환경에서 실제로 활용하기 위한 제작능력 습득에 치중했다. 이 과정에서 교육매체로서의 개인용 컴퓨터의 비중이 날로 커가고 있으며, 기존의 미디어들이 컴퓨터의 활용에 의해 상호 연관되고 통합되어가고 있음을 알게 되었다.

1992년 1월에 로저 고든(Roger L. Gordon) 박사, 엘튼 로버트슨(Elton Robertson) 박사, 수잔 뉴먼(Susan Neuman) 박사를 지도교수로 하여 'The Home Environment and Native Language Acquisition: A Case of Korean-American Preschoolers' 라는 제목의 학위논문으로 교육학 박사학위를 취득했다. 이 논문에서는 미주한인 교포사회를 연구대상 집단으로 하여 취학 전 아동의 모국어 습득 과정에 끼치는 대중매체 수용 행위의 영향을 검증했다. 이 논문은 재미 한국인 아동들의 모국어 습득 및 유지 능력에 관련된 진행과정에 있어서 대중매체 특히 비디오(유아교육방송 프로그램)의 영향을 연구했으며, 미디어 환경과 수용자의 관계를 실증적으로 분석한 사례 연구였다.

귀국, 컴퓨터 현장 경험과 연구활동 병형

1992년 박사학위 취득 후 바로 귀국하여 서울대학교 교육매체 제작센터(IMC)에서 센터 소개 비디오를 제작하는 데 감독으로 참여했다. 이후 이화여자대학교, 한양대학교, 고려대학고, 중앙대학교 대학원에 출강하며 교수 경험을 쌓았다. 교육현장에서 수용자들을 직접 상대하는 현장 경험과 더불어 다른 연구자들과 함께 연구 프로젝트들을 진행하는 바쁜 생활 속에서 지난 10여 년이 훌쩍 흘러갔다.

나의 현장 경험은 1994년부터 약 7년간 (주)컴키드 멀티미디어 연구소 소장으로 재직하면서 얻은 것들이다. (주)컴키드는 어린이를 대상으로 한 컴퓨터 교육 프로그램을 개발해 보급하는 연구소로 출발했다. 연구소장으로 있으면서 나는 다양한 교육매체와 컴퓨터 교육을 접목시키는 방안 연구, 교육용 소프트웨어를 활용한 멀티미디어 교육과정 커리큘럼 개발, 그리고 교육현장에 새로운 테크놀로지 환경을 적용시킬 방식 개발 등에 몰두했다. 이 과정에서 개별적인 수업을 위해 12개의 교육용 CD-ROM 타이틀을 직접 기획하고 감독했는데, 그중 '컴퓨터 친숙해지기' 교육용 CD-ROM 타이틀이 1998년 '신 소프트웨어 상품대상' 정보통신부장관상을 수상하여 나름대로 보람을 느낄 수도 있었다.

연구소 내부에서의 활동과 함께 외부 연구자와 공동연구도 계속했다. 즉 정보통신부 주관 정보화촉진기금 연구 프로젝트의 일환으로 1995년에는 '초고속정보통신 응용기술개발사업 연구과제: 초고속 정보통신망상의 다중 학습자 교육 시스템 개발' 과제를, 2001년에는 '실시간 멀티미디어 자동학습 시스템(RMAL System: Realtime Multimedia Automatic Learning System) 개발'을 연구책임자로서 수행했다.

또한 1995년 4월부터 1996년 3월까지는 정보통신학술 연구과제인 '교육용 소프트웨어 평가 및 인증제도 설립을 위한 기본연구'에 공동연구원으로 참여했다. 이 연구는 국내교육용 소프트웨어 시장 활성화 전략의 하나로서, 소프트웨어의 질을 향상시키고 소비자의 인식도와 활용도를 높일 수 있는 방법 개발을 목표로 했다. 이러한 취지에서 연구결과 소비자 중심의 교육용 소프트웨어 평가표를 고안했고, 이를 일반적으로 활용할 수 있는 방법을 제시했다.

이후 한세대학교 교육대학원 교육공학 교수로 재직하며 주로 컴퓨터교육 과목을 가르치면서 현장에 있는 교사에게 컴퓨터를 교육에 접목시키는 역할을 했으며, 지속적으로 e-러닝(e-learning)에 관심을 가지고 연구했다.

현재의 나로부터 미래의 나에게로

지금 나는 이화여자대학교 교육대학원에서 컴퓨터 교육을 가르치며 e-러닝에 대하여 연구하고 있다. 또한 2005년부터는 정보통신관련기관, 산업체, 연구소, 학계 등에 속한 여성 정보전문인들 비롯하여 정보화에 관심 있는 여성 1030여 명이 회원으로 가입해 활동하고 있는 (사)한국여성정보인협회 회장직을 맡아 활동하고 있다.

돌이켜보면, 교육자이자 연구자로서 나의 삶은 비교적 순탄한 길을 걸어왔다. 그렇지만 삶이 누구에게나 그러하듯, 나에게도 힘든 시간과 어려운 고비들이 적잖았다. 남편과 함께 견뎌내야 했던 낯선 미국 유학생활의 고달픔, 한국에 돌아와 난생 처음 '사회생활'을 하며 부딪쳤던 마음고생들, 그리고 동시대의 한국 여성이라면 누구나 공감할 부분인 일과 가정 모두에서 '슈퍼우먼'이기를 요구하는 한국 사회의 편견 등등.

그러나 그러한 과거의 내가 지금의 나를 만든 것이다. 그 과정을 통해서도 본래의 모습을 잃지 않고 여기까지 올 수 있었음에 나는 감사한다. 만약 후배 누군가가 나에게 도움말을 청한다면, '지금의 자신을 사랑하고, 앞으로도 그 모습이 변하지 않으리라 확신하라'고 이야기해주고 싶다. 그리고 앞으로의 나의 삶이 바로 그 말에 대한 증명이 되기를 바란다.

김선민

동신대학교 한약재산업학과 교수

전남대학교 가정교육과를 졸업하고 동대학원에서 식품학 전공으로 석사학위를 받았으며, 일본 오차노미즈여자대학교 인간문화연구과에서 천연물화학 전공으로 박사학위를 취득했다. 1985년 11월부터 1991년 8월까지 광주 동신여자고등학교 가정고· 교사로 재직했고, 현재는 동신대학교 한약재산업학과 교수로 재직중이다. 또한 2004년 창립한 광주전남 여성과학기술인네트워크의 부회장을 맡고 있고 국내외에 100여 편의 연구논문과 보고서를 냈으며, 옮긴 책으로는 《천연물이용학》 등이 있다.

자신의 향기를 가꾸어라

꽃들이 저마다 독특한 향기를 내듯 사람도 향기를 발할 수 있다면 과연 나의 향기는 어떤 것일까 궁금해진다.

유난히 냄새에 민감한 내가 어렸을 때 가장 좋아한 향기는 여름밤 산들바람을 타고 숨어들던 달콤한 아카시아 꽃향기도 아니요, 불타는 사랑의 정열을 자극하던 화려한 장미 꽃향기도 아니었다. 그것은 엄마 품에서 솔솔 풍기는 엄마냄새였다. 말로 표현할 수 없는 그 향기 속의 평안함과 만족감은 마약과도 같아서 집에서 엄마의 그림자를 발견할 수 없을 때는 엄마 젖을 찾아 온 방을 헤매는 젖먹이 마냥 코를 킁킁거리며 엄마의 옷자락이나 소지품에 배어 있는 냄새를 좇아 온 집안을 돌아다니곤 했다. 그러면서 '엄마한테는 어떻게 이런 좋은 냄새가 날까?' 하는 의문과 함께 '나한테도 이런 좋은 냄새가 나면 얼마나 좋을까' 라는 생각을 했다. 어린 호기심에 엄마가 쓰시는 화장품을 몰래 발라보기도 했지만 나에게서는 그런 향기를 느낄 수가 없었다. 이렇듯 일찍부터 왕성했던 호기심과 실험정신, 그리고 향기와의 인연이 천연물의 향기성분 연구에 깊은 인연을 맺고 있는 지금의 나를 있게 한 것 같다.

초등학교 시절 나의 꿈은 의사였다. 집에서 기르던 붕어가 이유 없이 물 위에 떠 있는 것을 보고 처음으로 시도한 치기어린, 아니 무모하기까지 한 불법의료행위(?)가 다행스럽게도 붕어의 생명을 살리게 된 것이 계기였다. 어떻게 그런 방법을 생각해냈는지 알 수 없지만 불룩해진 붕어의 배를 바늘로 자극하여 가스를 빼내고 아가미를 들춰 새 공기를 불어넣어준 단순한 처치가 붕어에게 새 생명을 가져다준 것이다. 그 후 나는 의사가 조금만 도와주면 병든 사람들도 아프지 않고 잘 살 수 있을 것이라는 막연한 기대와 사명감에 의사의 길에 대한 의지를 불태우곤 했다. 그러나 시간이 지나면서 관심도 변했다. 고등학교 시절에는 잠시 치과의사 쪽으로 살짝 마음이 기울었다가 대학입시를 앞두고는 기대에 못 미친 입시성적과 여성상에 대해 완고하시던 부모님의 거역할 수 없는 뜻에 타협해 여자('여자라는 이유로' 에서 느껴지듯 사전적 의미의 여성에게 덧칠해진 굴곡진 여성의 근대사를 대변하는 말인 것 같다)에게 가장 무난하다는 선생님의 길을 걷기 위해서 사범대학으로 발길을 돌릴 수밖에 없었다.

고등학교 시절 닮고 싶던 가정선생님의 영향으로 주저 없이 선택한 가정교육과에서 보낸 대학생활 4년은 '일상적인 의식주 생활' 을 과학화하여 '합리적이고 경제적인 활동' 의 영역으로 재창조하는 시간이었다. 당시는 가정교육과를 선택한 당사자조차 이 과에서 무엇을 배우는지 궁금해 하던 때였다. 이렇듯 척박한 토양에서 여자(?)들이 가정에서 하는 평범한 일을 그 존엄한 대학에서 따로 배울 필요가 있느냐는 주위의 몰이해는 어쩌면 당연한 것이었다. 하지만 그 시절 나는 우리 인간의 생활 어느 것 하나도 과학을 벗어나서는 이루어질 수 없다는 것을 서롭게 발견하며 참으로 즐거운 시간을 보냈다. 그때 나는 인간의 기본생활 속에 숨어 있는 소중한 과학의 원리는 무시하고, 고차원적인 과학만을 어렵게 배우고 익히는 것을 우습게 생각했다. 우리 국민 모두가 첨단 과학기술자가 될 필요는 없다. 하지만 누구나 과학에 대한 기본적인 이해를 바탕으로 과학적으로 사고할 수 있어야만 우리 사회에서 주먹구구식 사고방식과 적당주의를 배척할 수 있고 국가 경쟁력을 키울 수 있다고 생각한다. 그런 의미에서 교육과정의 개편을 이유로 중고등학교 가정과 시수를 대폭적으로 감소시켜 가장 가까운 생활 속에서 과학적 사고를 체험하고 계발할 수 있는 기회를 줄이는 정책을 보면 국가의 과학기술 진흥 정책 의지를 의심할 수밖에 없다.

이런 근시안적 정책을 시행하는 정부 행정관료의 의식수준으로는 절대 이공계 진학 기피현상의 진정한 원인을 이해할 수도 없고, 그에 대한 근본적인 대책 또한 내놓을 수 없다고 단언한다. 이들은 줄기세포 연구로 세계적인 명성을 떨치고 있는 황우석 교수의 장밋빛 청사진에 경도되어 막대한 예산의 투입을 쉽게 결정할 수는 있을 것이다. 그러나 황우석 교수가 줄기세포 연구를 하게 된 동기가 생활을 영위하기 위한 절대적 존재였던 소에 대한 애정과 관심에서 출발했다는 사실은 이해하지 못하고 있는 것이다. 가장 기본적인 생활 속에서 발견한 문제점들을 과학적으로 개선해보고자 한 노력이 세계적인 과학자를 탄생시키고, 천대받던 축산관련 학과가 일순간에 입시생들로 문전성시를 이루는 것을 보며 이공계 기피현상의 장기적이고 항구적인 해결책이 무엇인지 느끼기를 기대해본다. 그것은 바로 가장 현실적인 일상생활에서 과학적인 사고를 하는 방법을 교육하는 것이 아닐까? 과학의 지대한 관심사인 우리 인간의 몸과 반응하는 의식주의 영역을 과학적으로 연구하는 실용적인 연구야말로 과학적 사고의 출발점이라고 생각한다. 체세포 핵을 난자에 이식하고 배양하는 기술의 현란함에 찬사를 보내기 전에 '엄마의 향기'에서 평화를 찾고 고향을 느끼는 인간의 일상사를 과학화하는 마음에 따뜻한 눈길을 보내는 것이야말로 또 다른 황우석 박사를 탄생시키는 밑거름이 되리라고 확신한다.

대학 졸업을 앞두고 진로에 대해 고민하다가 선생님이 되려던 계획을 잠시 보류하고, 인간의 기본생활 영역 가운데 가장 과학적인 요소가 많이 내포되어 있는 식생활 분야의 연구를 더 해보기 위해 대학원 진학을 결정했다. 그러나 현실에 쉽게 만족하지 못하는 내 자신의 속성 탓인지 대학원을 한 학기 마칠 즈음 슬슬 교단에 서보고 싶은 욕망이 일기 시작했고, 그때 마침 시내 고등학교에 공석이 생겨 운 좋게 선생님이 될 수 있었다. 평소 꿈꾸었던 선생님의 모습을 잃지 않으려고 노력하면서 3년 동안 열심히 학생들을 지도했다. 덕분에 나와 같은 길을 선택한 몇 명의 제자가 생긴 것이 나에게는 가장 큰 보람이다.

그러나 익숙해진 학교생활로 여유가 생기고 반복되는 학교생활에 권태감마저 느끼게 되면서 변화를 찾다보니 도중하차한 대학원 과정에 대한 미련이 점차 커져갔다. 결국 새로운 돌파구를 찾아 복학을 결심하고 힘겨운 이중생활 끝에 학위과정을 끝마치게 되었다. 하지만 성취감에 빠진 것도 잠시, 새로운 세계를 향한 도전의식은 졸업과 함께 이미 싹이 움트고 있었다. 연구의 길이란 한번 빠지면 좀처럼 빠져나오기 힘든 미로 찾기와 같다. 하나를 알게된 기쁨은 곧 새로운 의문과 자신의 무지를 확인시키며 모퉁이 저편을 궁금해 하는 것이다. 결국 모퉁이 저편에 대한 궁금증과 새로운 사실을 알게 되는 순간의 쾌감에 굴복한 나는 여자 직업으로는 최고(?)라는 교직을 훌훌 털어버리고 일본유학을 결정하고 말았다. 그런 과감한 결정을 하게 된 이면에는 광주토박이로 단 한시도 벗어나보지 못한 광주를 탈출해서 보다 넓은 세계를 접해보고 싶은 순순한 욕망도 자리하고 있었음을 부인하기 어렵다.

손때 묻은 일본어 문법교과서 두 권의 힘을 과신한 결과, 한동안 벙어리와 귀머거리로 외로운 일본생활을 견딜 수밖에 없었다. 하지만 극한 상황에서 인간의 능력은 그 빛을 발하게 되는 모양이다. 학교에서 운영하는 어학코스에서 공부한 지 한 달 쯤 지났을 때 지도교수님의 강요에 가까운 권유로 통역 아르바이트를 하게 된 것을 계기르 입과 귀가 트이고 박사과정 입학준비를 순조롭게 할 수 있었다. 많은 분들의 도움에 힘입어 박사과정에 입학했다. 하지만 뜻대로 진행되지 않는 실험과 시시대때로 말썽부리는 기계 때문에 한 학기를 허비하기도 하며 과연 계혼한 기간 안에 졸업을 할 수 있을까 애태우던 시간들, 일본 학생들에 비해 부족한 기초지식 때문에 남몰래 책을 펴고 기본을 다시 세우기 위해 지새우던 많은 밤들은 모두가 소중한 추억으로 남아 있다.

많은 어려움을 극복하고 원하던 결과를 얻어 새로운 전문영역에서 나름대로의 뜻을 펼치고 있는 지금, 그 시절을 돌아보며 생각나는 한마디가 '위기는 바로 기회'라는 진부한 말이라는 것은 자신의 능력을 키우기 위해서는 스스로를 격려하고 사랑하면서 꿈을 향해 노력해야 한다고 후학들에게 진지하게 이야기해야 한다는 사실에 비하면 애교라고 할 수도 있겠다. 비록 대가가 기대에 미치지 못할지라도 그 과정어서 스스로 성장하고 발전하는 것이다. 그리고 일을 하는 데 있어서 여자와 남자가 달라야 할 이유는 없다. 너와 나의 특성이 다르고 능력이 다른 것이지 여자이기 때문에 남자보다 못할 것이라는 논리로 속단하는 것은 납득할 수 없다. 물론 여자이기 때문에 같은 일이라도 쉽지 않을 수 있다. 하지만 여자라는 이유로 피하기 위한 구실을 찾거나 혜택만 받을 궁리를 한다면 영원히 남녀차별은 존재할 수밖에 없는 것이다.

우연인지 필연적인 운명인지 내가 입학한 오차노미즈여자대학교의 식품화학 연구실은 초창기에는 차(茶)의 향기성분에 관한 연구만을 해오다 점점 다양한 천연물의 향기와 성분에 관한 연구를 시작하고 있었다. 나는 한국문화에 대한 이해가 깊었던 지도교수님의 배려로 마늘의 향기성분을 연구주제로 선택할 수 있었다. 강력한 마늘냄새 때문에 동료들의 실험 데이터를 뒤죽박죽 만들었던 일은 지금 생각해도 아찔한 경험이었지만 향기물질들의 섬세한 성질을 연구하다 보니, 어렸을 때 궁금했던 엄마의 향기를 규명할 수 있는 지식을 얻을 수 있었다.

마늘은 조직세포가 파괴되기 전까지는 마늘 특유의 냄새가 발생하지 않지만 물리적 자극에 의해 조직이 손상되면 효소가 활동을 시작하여 강한 냄새를 풍기게 된다. 이처럼 천연물들은 화학적 반응에 의해 발현된 향기에 의해 그 특성들이 결정되지만 우리 인간의 체향은 섭취한 음식들의 화학적 특성에 의해 결정되는 특성과 함께 문화적·심미적 요소에 의해 복합적으로 영향을 받는다. 때문에 엄마는 사용하는 화장품만으로는 흉내낼 수 없는 독특한 '사랑의 향기'를 갖는 것이다. 이러한 엄마의 체향을 '사랑의 향기'로 만드는 심미적 요소를 과학적으로 해명하는 것과 비록 과학적으로는 명쾌한 답을 찾지 못하더라도 우리 인간의 삶에 중요한 영향을 미치는 하나의 요소로써 작용하는 이치를 밝히는 것이 스스로에게 부여한 필생의 과제이다.

흔히들 선진문화가 발달한 곳에는 그 문화의 향기가 있다고 말한다. 장구한 역사 속에서 배양된 문화의 향기가 품위를 가지듯, 자기계발을 위한 뜨거운 정열과 꾸준한 노력이 자신을 사랑할 줄 아는 따뜻한 가슴에 함께 녹아 삶에 진솔하게 투영된다면 바로 나만의 경작, 향기로운 인생을 영위할 수 있지 않을까?

김선희

전북대학교 의과대학 학장

전북대학교 의과대학을 졸업하고 동대학원에서 생리학 전공으로 석·박사학위를 받은 후 미국 미시건대학교
의과대학에서 박사후연구원을 했으며 현재까지 전북대학교 의과대학 교수로 활동하고 있다. 의과학연구소장,
생리학교실 주임교수 및 생리학회이사 등을 역임했으며 최근에는 미국노화연구소에서 방문교수로 연구했다.
현재는 국립의과대학 최초의 여학장으로 선출되어 활동하고 있다. 고혈압의 병태생리에 관한 연구를 꾸준히
하여 SCI급 학술지에 75여 편 이상의 논문을 게재하는 등 왕성한 연구활동을 하고 있다.

선생님이 되고 싶었던 나

정말 평범하게, 항상 밝게 자란 것이 지금까지 나의 삶이라고 할 수 있다. 그러나 중요한 것은 어느 상황에 처하든지 최선을 다하고 아무리 힘든 일이라도 내가 먼저라는 주인의식을 가진 것이라고 생각한다.

초등학교 교사였던 엄마를 따라 전남 신안군 팔금도라는 작은 섬에서 초등학교 3학년 1학기를 마치고, 전북대학교 공과대학에 근무하는 아버지를 따라 익산으로 이사했다. 당시에는 이리여자중학교에 가기 위해 무척 열심히 공부했다. 여중시절에는 공부보다 친구들과 놀거나 운동을 너무 즐겼기에 성적은 좋지 않았다. 하지만 고등학교를 서울로 옮기려는 갑작스런 계획으로 한 달 만에 열심히 공부하여 숙명여고에 합격할 수 있었다.

공무원이라는 넉넉지 못한 살림에 서울로 유학을 온 것이었으므로 공부를 열심히 할 수밖에 없었다. 이러한 환경이 나에게 책임감을 갖도록 만든 것 같다. 또한 그때 훌륭한 영어선생님을 만나 영어발음을 고치면서 지금까지 내 영어에 대한 기본틀을 마련하게 되었고, 훌륭한 생물선생님을 만나 생물에 대한 흥미를 가지면서 학업성적은 항상 상위권을 유지했다. 여고생활은 중학교처럼 신체적 활동이 많지 않아 그렇게 즐겁지는 못했다. 하지만 내성적인 내 성격을 외향적이며 적극적인 성격으로 변화시키는 중요한 계기가 되었으니 이는 아마도 살아남기 위한 적응이었다고 생각한다.

이후 전북대학교 의과대학에서 선생님이 되고 싶은 어렸을 적의 소박한 꿈과 생물에 대한 사랑으로 기초학문인 생리학을 선택해 최선을 다해 공부했다. 생각해보면 이런 과정에서 중학교는 외적 성장에, 고등학교는 내적 성장에 중요한 영향을 미쳤던 것 같다.

기초의학인 생리학공부를 하면서

생리학은 인체에서 정상적으로 일어나는 생명현상을 이해하고 그 기전을 밝히는 기초학문으로 의과대학 1학년 과정의 전공과목이다. 즉 모든 질환의 발생기전을 이해하는 기본학문이라고 할 수 있다. 1980년 의과대학을 졸업한 나는 바로 같은 대학 대학원에 진학하여 5년 동안 고혈압의 발생기전에 대한 연구를 했다.

당시 우리 대학은 무척 짧은 역사를 가졌기 때문에 생리학교실의 지도교수는 한 분뿐이었다. 그 지도교수는 여자인 내가 생리학을 지원했을 때 주저하지 않고 나를 받아들였다. 여자에 대한 차별이 심했던 당시였기 때문에 주위 교수들로부터 핀잔도 받았다고 들었다. 이런 지도교수님의 기대와 최초의 기초 여교수 후보라는 점, 또 집안의 반대에도 불구하고 내 고집으로 이 길을 택했다는 책임감까지 느끼며 최선을 다해 열심히 연구에 몰두했다. 아침부터 저녁 늦게까지 대학원생으로 연구하고, 조교로서 할 일을 해야 하고, 정말 일이 많았다. 물론 지금처럼 좋은 연구환경도 아니었다. 그럼에도 1980

년부터 국가에서 시작한 EXIM 차관사업으로 실험기자재가 들어온 터라 이전보다는 훨씬 양호해진 환경이었다. 실험은 너무나 재미있었다. 하나하나 발견해 나가는 그 즐거움은 아마도 연구를 해 본 사람만이 이해할 수 있을 것이다.

박사학위를 취득한 후 우리 의과대학에서는 가장 먼저 박사후연구원으로 미국 미시건 의과대학에 가게 되었고 이후에 전임강사 발령을 받았다. 미국에서는 실험데이터를 얻을 때까지 영어논문도 쓰고 영어 워드프로세서도 익힐 겸 가지고 간 박사학위 논문을 영어로 쓰기 시작했다. 그렇게 하여 박사학위 논문 결과를 국제학술지에 두 편의 논문으로 게재했고, 박사후연구원 과정 중에 네 편 이상의 논문을 발표했다. 발령받은 1986년 이후 영어로 논문 쓰는 법에 자신이 생긴 나는 선생님과 함께 국제학술지에 꾸준히 논문을 게재하기 시작했다. 이것이 우리 대학의 기초학교실과 생리학회에도 영향을 주어 국제학술지에 논문게재를 활성화시키는 좋은 계기가 되었다.

현재 내가 하고 있는 일은 대학원과정의 연구와 밀접한 관련이 있다. 대학원과정은 '세살 버릇 여든까지 간다' 라는 속담처럼 앞으로의 본인 연구와 습관을 결정하므로 대학원 선택과 지도교수의 연구역량은 무척 중요하다고 생각한다.

연구의 동반자 시어머니

남편이 군의관으로 근무하던 1982년에 결혼하여 시댁에서 살기 시작했고 얼마 후 첫 딸을 임신했다. 실험실에는 나와 연구원밖에 없었으므로 미리 쉴 수 있는 상황이 아니었다. 결국 분만 전 날까지도 실험하고 다음날 유도분만을 해야 했다. 그때는 1개월이라는 출산휴가도 마음대로 쉴 수 없었다. 함께 경쟁하는 남자연구원들이 그 시간에도 열심히 연구하고 있다고 생각하면 편히 쉴 수가 없었다. 전문인으로 계속 일을 하려면 내가 시간을 관리하는 수밖에 없다. 다행히 시부모님이 끝까지 아이들을 돌봐주고 함께 해준 덕분에 여기까지 올 수 있었다. 늘 그 감사함을 가슴 속 깊이 간직하며 언젠가는 행복하게 해드려야지 생각했는데 안타깝게도 3년 전에 타계하셨다. 그것을 생각하면 지금도 가슴이 무척 아프다.

사회활동을 하는 여성전문인의 가장 큰 문제가 자녀양육이라는 것은 모두가 공감하고 있는 사실이다. 주변을 둘러보더라도 가슴 아픈 일들이 무척 많다. 아직 엄마 품에서 놀아야 할 때에 놀이방에서 학원으로, 그리고 파출부 아줌마나 옆집으로 돌리게 되고, 회식이라도 있어서 늦게 되면 남편은 이런 아이를 보고 짜증내며 화를 내기도 해 자주 싸울 수밖에 없는 상황이 된다. 가능하다면 시부모님과 같이 살면서 아이를 맡겨야 하겠지만 아이는 맡기더라도 시부모님과 같이 살기는 싫어한다. 결국 이기적인 마음을 접고 서로 양보하여 산다면 자녀양육이 조금은 덜 어려울 것이다. 또 파출부가 잘 못한다고 이 사람 저 사람으로 자주 바꾸게 되면 아이는 불안해 한다. 자신은 아이를 이상적으로 잘 키울 수 있다는 생각에 부모님의 방식을 타박하고 짜증냄으로써 고부간의 갈등이 심화되기도 한다. 내 자식이지만 내가 다 할 수 없는 부분을 도와주고 있기에 그분들의 방식을 인정하고, 서로 대화와 배려로 자녀들이 상처 입지 않고 밝게 자랄 수 있도록 해야 할 것이다.

시어머니가 도와주어도 힘든 부분이 여전히 많아서 몇 번이나 그만두려고 생각했다. 하지만 커가는 아이들이 바라보는 눈과 내 자신의 선택이라는 책임감으로 인해 쉽게 접을 수 없었다. 아이들이 어렸을 적에는 어떻게 하면 짧은 시간에 깊은 사랑을 줄 수 있을까를 늘 생각했다. 이런 나를 보면서 자기는 시간 여유가 많은 초등학교 선생님이 되고 싶다고 한 큰아이가 이제는 훌쩍 커서 우리 대학의 본과 2년에 재학 중이다. 여성이 사회활동을 하면서 가장 힘들어하는 이 문제는 정부와 함께 고민해야 할 큰 과제라고 생각한다. 그러나 확실한 것은 이기심을 버리고 열린 가슴인 내가 되어야 한다는 것이다.

비전과 주인의식을 갖는 리더

훌륭한 학위과정과 여건이 다 갖추어져 있다하더라도 학문의 방향에 대한 감각과 환경 변화에 대한 빠른 대처가 없다면 연구는 어려움이 있을 것이라고 생각한다. 즉 현재 내가 하는 연구와 변화된 학문과의 접목, 기초보다는 실용주의적인 정부 연구비 수혜 방향. 대학원생 수급, 연구여건 등을 고려하지 않을 수 없다. 최근에는 정부의 확고한 의지에 따라 여성에 대한 사회적 지위가 보장되면서 여성 전문인력이 많이 배출되고 여러 분야에서 여성들이 적극적인 활동을 하고 있다. 이 기회를 이용하여 최선을 다해 열린 마음으로 주인의식을 갖고 앞을 보는 안목으로 비전을 지시할 수 있는 리더들이 되어 희망찬 사회를 이끌어가길 바라는 마음 간절하다.

김수지

이화여자대학교 간호과학대학 교수

이화여자대학교 간호학과에서 학사, 정신간호학으로 석사학위를 받고 미국 보스턴대학교에서 간호학으로 박사학위를 취득했다. 미국 로체스터대학교에서 학사후연구원 과정을 수료한 후 로체스터대학교 의료원 교환간호사, 서울 외국인학교 보건교사, 하와이스트롭병원 암병동과 블루밍턴병원 정신병동 수간호사 등으로 재직했다. 연세대학교 간호대학 교수를 역임했고 현재 이화여자대학교 정신간호학 교수이면서 UCSF 석학교수, 컬럼비아대학교와 케이스웨스턴리저브대학교의 겸임교수, 그리고 아이오와대학교의 교환교수이기도 하다. 국제간호협의회(ICN) 국제간호대상, 한국사회사업가협회상 등 다양한 상을 수상했다. 또한 한국호스피스협회회장으로서 인생의 끝이라 생각하는 죽음의 순간을 위로와 평안으로 인도하는 호스피스 일을 통해 생명과 삶의 의미를 되살리는 데 남다른 정열을 쏟고 있다.

다시 태어나도 이 길을

간호사의 꿈

일찍부터 간호사가 되고픈 꿈을 꾸며 지금까지 초지일관 그 길을 걸어올 수 있었던 것에 나는 감사한다. 내가 단 여섯 살 때(한국전쟁이 발발하기 2년 전) 동족상잔의 무서운 난리로 많은 사람이 소중한 목숨을 잃은 10·19사건(개칭 이전 여순반란사건)이 발생했다. 나는 당시 총상으로 의식을 잃은 젊은이를 지혈시키고 밤이 새도록 정성스럽게 간호하여 살려낸 한 중년여인에게 "아줌마는 뭐 하시는 분이세요?"라고 물었다. 그리고 놀랍게도 그 난리의 북새통에서도 밝고 환한 미소를 잃지 않고 "응, 나 간호사야!"라고 대답하는 그 여인의 말을 듣는 순간, 간호사가 되기로 작정했다.

이러한 나의 결정은 6·25전쟁 후 처음으로 열린 초등학교 운동회 때 흰 유니폼에 캡을 쓴 간호사로 분장한 가장행렬을 통해 더 확실하게 굳혀졌다. 나는 방학 때마다 가까운 후송병원에서 군 간호사들을 도와 드레싱 카트도 밀고, 상이군인들의 잔심부름과 위문편지 답장대필을 하는 등 '꼬마 간호사'라는 정겨운 호칭을 들으며 간호사의 꿈을 키웠다. 고등학교 시절에는 방학 때마다 안암동 뒤편 계곡에 자리한 한 고아원의 영아부에서 몸이 건강하지 못한 어린아이들을 씻기고 먹이며 돌보면서 함께 생활하기도 했다. 이러한 나의 꿈은 기독교신앙의 영향을 받으며 성장하던 나에게 하나님의 소명으로 다가왔다.

신나는 대학생활

4년간의 대학생활은 그야말로 내 인생의 황금기였다. 그렇게 원하던 간호대학에 들어갔으니 학교생활이 즐거웠을 뿐 아니라 모든 과목이 너무나 재미있고 흥미로웠다. 인체의 신비한 구조와 갖가지 놀라운 기능, 이에 따른 간호학 각론을 배우는 것은 너무나 신나는 공부였다. 실용과학인 간호학은 강의시간에 배운 내용들을 곧바로 실제 생활에 적용할 수 있어 더더욱 좋았다. 집에서는 동생들을 대상으로 배운 것을 실습(?)했으며, 책가방 속에는 체온계를 비롯하여 간단한 응급처치 약품들을 준비하여 필요시를 대비했고, 다른 과 친구들에게 기회 있을 때마다 건강상담을 하는 등 이론적 지식에 근거한 간호를 실제의 삶에서 익혀나갔다.

4학년 때 보건간호학을 배우면서부터는 지역사회와 연계하여 보건간호사업을 수행하기도 했다. 1960년대 초 당시 재건대라고 불리던, 쓰레기를 수집하며 집단적으로 생활하던 사람들을 대상으로 한 봉사활동은 훗날 나에게 취약인구집단의 건강증진에 대한 구체적인 문제를 체계적으로 연구하게 하는 동기를 부여해주었다.

보람된 간호사 생활

졸업을 하자마자 나는 곧바로 이화여자대학 동대문부속병원에서 정식 간호사로서 첫 업무를 시작했다. 힘은 들었지만 참으로 보람된 나날이었다. 그러다 주로 부유층 말기암환자들이 입원한 특별병동에 근무하면서 나는 말기환자에게 어떻게 접근해야 할지 몰라 고민하게 되었다. 말기암환자인 경우, 환자의 가족은 말할 것도 없고 주치의나 수간호사 등 어느 누구도 환자에게 병명을 알리지 않음은 물론 혹시라도 환자가 알까봐 쉬쉬하는 상황에서 피상적인 간호를 할 뿐이었다.

고통 중에 있는 환자를 직면하는 것이 조심스러운 상황에서 간호사로 그것도 신참으로서 일하기란 참으로 어려웠다. 혹시라도 환자가 "내 병이 무슨 병이오?"라고 물으면 어떻게 감당해야 할지 몰라 마음을 졸이며 환자와 시선조차 맞추기가 두려웠다. 그래서 활력증상 측정이며 주사, 투약 등 필요한 기본적 처치를 한꺼번에 해치우기가 무섭게 병실을 나오곤 했다.

이러한 경험은 1972년 쿠블러-로스(Kubler-Ross) 박사의 Death & Dying 세미나에 참석하여 죽음의 고통에 처한 말기환자의 편안한 임종을 도와주는 호스피스 및 영적 간호를 시작하고 또 이를 확산시키는 동기를 마련해주었다.

교환간호사로 미국에

교환간호사로 미국에 갈 수 있는 한미재단의 시험을 통과한 나는 1965년 3월, 여비까지 지급받아 간호의 선진국인 미국으로 떠났다. 뉴욕주 로체스터에 있는 스트롱 메모리얼 병원(Strong Memorial Hospital)에서 교환간호사로 일하면서 학사후연구원 과정을 밟을 수 있었던 것은 전적으로 하나님의 은혜였다. 전공인 내외과간호학과 제2외국어로 택한 불어에서 자신감을 얻은 나는 석사과정에 입학하여 전액장학금을 받는 행운도 얻었다.

한참 공부에 맛을 들여가던 즈음 약혼자로부터 생각지도 않은 한 통의 편지가 날아왔다. 시어머니 될 분이 말기 안암으로 임종이 가까웠으니 곧 결혼을 해야 한다며 당장 공부를 중단하고 귀국하라는 내용의 편지였다. 많은 고민 후에 "공부는 나중에라도 할 수 있지만 부모님 모실 수 있는 때를 놓치지 말라"는 김활란 선생님의 조언에 따라 하던 공부를 중단한 채 귀국했다.

가족들의 건강문제를 석·박사학위 논문주제로

간호학은 삶의 모든 면에서 이론과 실무를 접목하여 갖가지 연구거리를 제공하면서 내 삶을 풍성하게 일구어가는 모체가 되었다. 내가 아끼는 사촌동생이 젊은 나이에 정신분열증이라는 진단을 받고 수차례 재발로 인해 힘들어하고 있었다. 이 상황은 내가 전공을 정신간호학으로 바꿔 정신과 환자들에게서 나타나는 어떤 증상들이 약물이나 치료에 반응하여 없어지는지를 현상학적으로 연구하고 석사학위 논문을 쓰게 된 연유가 되었다. 또한 말기 안암으로 심한 고통을 겪으시는 시어머니의 통증(pain) 간호 경험은 훗날 나의 박사학위 논문주제가 되어 기존의 S-O-R 이론적 틀에 근거한 통증경감 접근에 새로운 간호중재모델을 개발하는 데 결정적 계기가 되었다.

1978년 5월, 미국 보스턴대학교에서 간호학 박사학위를 받고 우리나라 간호학박사 1호가 되어 귀국했고, 그해 연세대학교의 첫 간호학 박사과정 개설에 교량역할을 할 수 있었다.

남편의 미국유학 시절 간호사로

간호학을 공부한 덕분에 남편이 석·박사학위 과정을 공부하는 동안 나는 쉽게 간호사로 미국병원에서 일할 수 있었다. 정신간호사로 일하던 1970년대 초반, 미국에서는 지역정신건강운동이 한참 확산되고 있었다. 대규모의 주립정신병원에 장기간 수용되어 있던 환자들을 사회로 내보내는 탈수용화 정책에 따라 수많은 만성 환자들이 지역사회에서 새로운 삶을 일구어 나갈 수 있는 다양한 재활사업들에 참여하고 있었다. 이때부터 정신질환자의 삶의 질에 대해 많은 생각을 하게 되었다

귀국 후 지역정신건강사업을 시도했으나 원체 강력한 집단주의 중심으로 움직이는 우리 의료시스템을 바꾸기란 하늘의 별따기만큼 어려웠다. 입원 중인 환자와 가장 많은 시간을 함께 보내며 직접 돌보는 간호사라도 환자를 면담할 경우는 환자 주치의로부터 허락을 받아야 하던 당시의 상황에서 간호접근에 대한 실증적 연구를 시도한다는 그 자체가 난제였다. 이때 생각해낸 것이 퇴원 후 병원 밖에서 거의 방치된 채 살아가고 있는 만성 정신질환자들을 돌보자는 아이디어였다.

1982년 가을이라고 생각되는데, S병원 정신과병동에서 퇴원한 37세의 정신분열증환자가 연구실로 찾아와 상담을 청했다. 횡설수설하는 그 환자의 말을 얼마나 열심히 들어주었던지 얼마 후 환자는 가슴이 후련해졌다며 마음이 답답할 때 또다시 찾아와도 되겠느냐는 말을 남기곤 연구실을 나갔다. 이 환자를 시작으로 나는 당시 번역 중이던 스트라우스와 글레이저의 '근거이론접근' 이라는 연구방법론을 적용하여 정신질환자로 살아온 그들의 경험에 대한 연구를 시도했다.

이 방법론의 특성상 환자의 얘기를 잘 들어주어야 한다. 환자들은 살아온 경험을 얘기하는 중에 "그때 저는 OO(간호사, 의사, 엄마 등)야말로 참으로 나를 돌봐주는구나라는 것을 느낄 수 있었습니다. 그리고 그게 참 큰 힘이 되었습니다"라는 내용의 말을 되풀이한다.

대인관계 돌봄 모델 개발과 미국간호학술회원으로 추대

질적·양적 연구방법을 넘나들며 수차례의 반복 연구를 거쳐 사람들과의 관계에서 편안하고 또 힘이 생기게 하는 열 가지 돌봄 행위(알아봐줌, 동참함, 공유함, 경청함, 칭찬함, 동행함, 안위함, 희망 불어넣음, 용서함, 수용함)를 찾게 되었고, 이를 기법화하는 간호중재모델을 개발하여 1992년 국제학회에서 발표했다. 이 모델은 1996년부터 UNDP(United Nations Development Program)의 지원을 받아 실시한 '만성정신질환자의 재활을 위한 지역사회정신간호' 사업과 연계하여 실증적 연구결과를 거쳐 수차례 발표되었다. 그리고 정신질환 재발률, 입원횟수 및 일자, 일상생활능력, 자존감, 삶의 질 등 많은 변수에서 놀라운 효과가 입증되었다.

또한 정신과 환자뿐 아니라 호스피스 환자와 다양한 만성질환으로 인해 심리적으로 위축되어 어려운 생활을 하고 있는 환자들을 대상으로 수차례 시도되어 효과가 큰 돌봄 기법(caring skills)으로 자리를 잡아가고 있다. 국제기구가 지원하는 사업이라 마침 국제자문역을 해주었던 간호계의 거장 조이스 피츠패트릭(Joyce Fitzpatrick) 박사와 그레이스 실즈(Grayce Sills) 박사의 추천으로 1997년 외국인으로는 처음으로 미국간호학술회원(FAAN)에 추대되는 영광을 얻기도 했다.

간호계의 노벨상 수상

2001년에는 세계간호기구인 국제간호협의회(ICN)가 2년에 한번씩 128개 회원국 중 뛰어난 학문적 업적을 이룩한 한 사람을 선정하여 시상하는 간호계의 노벨상, 즉 국제간호대상 'International Achievement Award' 수상자가 되는 영광을 얻었다. 이는 국제기관의 연구를 수행한 까닭에 오히려 밖에서

더 인정해준 결과로서 내 개인만이 아니라 UNDP 사업에 함께 참여한 20명
의 동료들, 환자들과 그 가족, 그리고 한국 간호계에 주어진 영광이요 감사
의 조건이다.

다시 태어나도 나는 주저없이 간호학을 공부하여 다른 사람을 도와주는 훌륭
한 간호사가 될 것이다. 그리고 과학적 지식에 근거한 좋은 간호를 제공하기
위해 다양한 연구방법론을 통한 간호이론 개발에 더욱 정진할 것이다.

김애리

LG 생명과학 기술연구원 의약개발그룹장

1982년 서울대학교 약학대학을 졸업하고 동대학원에서 물리약학 전공으로 석사학위를 받았으며, 미국 샌프란시스코 캘리포니아 주립대학교에서 박사학위를 취득했다. 샌프란시스코 캘리포니아 주립대학교 연구원, 미국 파메트릭스(Pharmetrix) 선임연구원 등을 역임하고 1994년 LG화학 선임연구원을 거쳐 현재 LG생명과학 기술연구원의 의약개발그룹장으로 재직하고 있다.

신입 석사연구원 면접이 있는 아침, 인사팀에서 전달받은 채용 후보자들의 이력서와 자기소개서를 훑어본다. '역시 올해도 우수한 여성 인력의 지원이 많구나' 내심 흐뭇해하며 면접장소로 향한다. 다섯 명씩 함께 들어와 앉은 후보들에게 앉은 순서대로 자기소개를 하는 시간을 준다. 거리낌 없이 당당하게 자신의 전공, 성격, 장점 등을 소개하는 여성 후보들에게 당연히 좋은 점수가 간다.

얌전한 걸음으로 들어와 앉은 여성 후브의 첫마디가 "저는 패기와 열정의 화신, 000입니다"라며 좌중을 압도하니 모두 웃음을 터뜨리고 만다. 여성이라 합성 일이 어렵지 않겠느냐는 질문에, "저는 20리터 증류수통도 남자의 도움 없이 혼자서 거뜬히 들 수 있습니다"라고 씩씩하게 대답하는 또 다른 여성 후보. 요즘 젊은이들이 생각보다 씩쓰하구나 생각한다. 면접이 끝난 후 면접관들의 의견교환 시간, "도대체 남자들은 다 어디 간 거야? 올해도 여자 연구원 뽑을 수밖에!" 푸념 아닌 푸념을 하는 면접관도 있다.

내가 회사에 입사한 지 11년이 지난 2005년 면접 현장에서의 모습이다. 세계적 신약 연구개발을 목표로 하는 민간기업 연구소이므로 우수한 연구인력을 첫번째 자산으로 꼽는다. 따라서 인재를 등용할 때 남녀를 차별하지 않는 것은 당연한 일로 인식되고 있다. 남녀차별 없이 실력으로 채용하는 것은 11년 전이나 마찬가지지만 그때와 다른 점은 지원자 중 여성의 비율이 많이 늘어나고 있다는 것이다. 그만큼 능력 있는 많은 여학생들이 점점 더 자연과학 쪽을 전공하고 있다는 뜻으로 볼 수 있다.

내가 입사한 1994년, 과장급 이상의 1박2일 워크숍 참석자 중 나는 유일한 여성이었다. 정확히 기억나지는 않지만 관광버스 한 대와 여러 대의 승용차로 이동했으니 적어도 40명은 넘는 인원이었을 텐데 여성은 단 한 명뿐이었다. 아무렇지 않은 척 단체 운동 및 게임에 열심히 참여했지만 내심 편안하지만은 않았다. 게다가 대부분의 단체 운동들이 군대문화를 연상시키는 구호와 함께 하는 것들이어서 10년의 미국 생활을 마치고 막 귀국한 나에게는 생경했다. 그러나 그 기억들도 이젠 아주 오랜 옛날 일처럼 느껴질 뿐이다. 그후 해마다 꾸준히 여성박사가 한두 명씩 입사하고 석사연구원들의 진급도 계속되어 지금은 과장·차장·부장급 여성 연구원들의 비율이 높아졌다. 이제는 여성 간부 사원들을 더 이상 특별한 소수로 생각하지 않는 문화가 정착되고 있다.

전임상 개발 중인 모과제의 개발회의 시간, 프로젝트 리더인 약리학 박사 박 부장이 회의를 주재하고 있다. 인허가를 담당하는 이 대리는 약학을 전공한 석사출신 연구원으로 유럽 임상시험을 위한 유럽의 허가기관 제출 자료에 대해 브리핑한다. 유전독성 전문가인 정 부장은 개발물질의 유전독성 시험

결과를 발표한다. 캐나다에서 통계학으로 박사학위를 마치고 돌아온 김 박사는 임상시험 디자인 관련 이슈를 얘기한다. 사업 개발의 윤 차장은 지난번 주요 외국 제약회사들과의 회의결과를 브리핑하고 향후 공동 연구개발의 가능성에 대해 의견을 제시하며 이들 회사들과의 전화회의를 제안한다.

모두 각기 다른 부서를 대표해서 회의에 참석한 핵심 인재들이며 집에 돌아가면 아내와 엄마의 역할까지 훌륭하게 해내는 여성들이다. 요즈음 여러 과제 회의에 참석해보면 과제마다 조금씩 차이는 있지만 적어도 30퍼센트의 참석자가 여성 연구원이다. 그들은 그냥 참석하는 것이 아니라 과제 추진을 위해 매우 중요한 역할들을 하고 있다. 함께 참석하는 남성 연구원들이 이들을 여성으로보다는 과제 추진을 함께 하는 동료로 생각하는 것은 물론이다.

신약 연구개발은 흔히 오케스트라에 비유된다. 오케스트라가 하나의 교향곡을 연주하여 청중들의 감동을 이끌어내려던 연주자 개개인이 모두 완벽한 음을 내는 동시에 지휘자의 지휘에 따라 함께 화음을 만들어가야 한다. 마찬가지로 하나의 신약이 탄생하려면 각자 다른 전공의 전문가들이 함께 모여 하나의 목표, 즉 새로운 치료제 연구개발을 향해 노력하며 각자의 전문성을 발휘해야 한다. 이미 각 분야의 전문가 역할을 하는 여성 연구원들뿐 아니라 오케스트라의 지휘자 역할을 하는 프로젝트 리더를 맡은 여성 연구원들도 맹활약을 하고 있다.

같은 곡이라도 오케스트라 지휘자가 어떻게 곡을 해석하고 단원들을 리드하느냐에 따라 다른 느낌의 음악으로 탄생하듯이 신약 연구개발에서도 프로젝트 리더의 역량이 과제의 성패어 막대한 영향을 끼친다는 것은 잘 알려져 있는 바다. 여성 연구원들의 비율이 커지그 리더 역할을 하는 여성 연구원들이 많아짐에 따라 과학적 전문성뿐 아니라 리더십의 중요성도 강조될 수밖에 없다.

여성 참여가 매우 활발한 민간기업 연구소에서 일하고 있지만 아직은 내가 유일한 여성 임원이다. 1994년에 과장급 이상 워크숍에서 본의 아니게 여성 대표였던 것처럼 2004년부터는 회사 임원회의에 참석하는 유일한 여성인 것이다. 이는 남녀차별 때문이 아니라 아직 여성 전문인 층이 얇고 상대적으로 나이가 젊은 때문이라고 본다. 따라서 우리 세대가 잘 하면 더 많은 후배 여성들이 여러 분야에서 전문성을 살려 능력을 발휘할 기회를 가질 수 있을 것이며 이미 사회 곳곳의 많은 분야에서 그런 모습들이 나타나고 있다.

나도 여성으로서가 아니라 다른 임원들과 마찬가지로 회사 경영에 동참하는 임원 자격으로 임원회의에 참석하지만, 열심히 각 분야에서 맡은 업무에 충실한 여성 후배들을 생각하면 막중한 책임감을 느끼고 더 잘 해야 된다는 생각에 긴장하지 않을 수 없다. 또한 틈나는 대로 후배들에게 경험담을 얘기해주며, 여성이기 때문에 좀더 열심히 해야 하고, 같은 문제라도 여성 문제이면 '역시 여자는' 하는 식으로 여자들 전체의 문제가 되지 않도록 현명하고 주도적으로 업무에 임해야 한다고 강조한다. 훌륭한 리더의 소양 중 중요한 한 가지가 자긍심이라 생각한다. 자신에 대한 긍지가 있을 때 다른 사람들을 배려할 수 있는 여유가 생기고, 막중한 책임을 두려워하지 않고 어려운 결정들을 해나갈 수 있는 것이다.

자긍심은 스스로의 노력에 의해 꾸준히 키워나갈 수 있다고 본다. 1990년 미국 캘리포니아 주립대학교의 포스트닥터 시절, WISE(Women In Science

And Engineering)라는 모임이 만들어졌다. 특별히 참여하지는 않았지만 WISE가 주최하는 세미나에는 빠짐없이 참석했다. 그중 기억에 남는 것은 저명한 의과대학 여자 교수의 강의였는데, 그는 여성과학자들의 소극적인 태도를 고칠 수 있는 좋은 아이디어를 주었다. 그는 대학원생들이 학회에 참석할 때마다 심포지엄 등 큰 모임의 마이크 앞에서 적어도 하나씩 질문하고 오라고 주문한다고 했다. 수십 내지 수백 명의 비슷한 전공자들 앞에서 그 분야의 유명한 학자의 강연 뒤에 질문을 하는 것은 미국 대학원생들이나 교수들에게도 꽤나 용기가 필요한 일이라는 것을 알게 되었다.

1984년에 박사과정으로 샌프란시스코 캘리포니아 주립대학교에 입학한 후 2학년 때부터는 해마다 학회에 참석해 포스트 앞에서 개인적으로 질문은 해보았다. 하지만 구두 발표 후 하는 마이크 앞 질문은 한 번도 해 본 적이 없는 나였다. 그 교수님은 처음이 어렵지 한번 해보면 나도 연사 못지않은 과학자이며 질문을 하는 다른 과학자들과 크게 다르지 않다는 것을 알게 되어 자신감을 키우는 데는 그만이라고 했다. 그 말씀을 들은 후 그 해부터 지금까지 적어도 한번은 마이크 앞에 나가 질문 하는 것을 스스로에게 약속하고 지켜오고 있다.

포스트닥터 시절 한번 질문했을 때 지도교수가 나중에 인사를 했다. "Your question was very impressive!" 귀국 후 미국학회에 가서 한번 질문했을 때도 세션이 끝난 후 여러 사람에게서 'very good question'이라는 인사를 들은 적이 있다. 아주 사소해 보이는 것이라도 자신감을 키울 수 있다는 것을 보여주는 좋은 예라고 생각한다.

민간기업 연구소의 연구개발은 매일 긴장의 연속이지만 내가 오랜 기간 공부한 전공을 현장에서 살린다는 것은 매우 짜릿한 감동을 주기도 하다. 신약 연구개발 산업현장에서 일하는 과학자들은 혼자서는 이룰 수 없는 꿈을 향하여 화학, 생화학, 생물학, 약리학, 독성학, 약학 등 다양한 분야의 과학자들과 함께 연구에 매진하여 인류 보건 증진에 직접적으로 기여하고 있다는 자부심을 가지고 있다. 민간기업 연구소는 제품개발뿐 아니라 혁신적인 연구 결과를 바탕으로 가끔씩 노벨상 수상자를 배출하기도 한다.

그중 한 예가 오늘날의 바이오테크놀로지 발전에 지대한 공헌을 한 PCR(Polymerase Chain Reaction)로 1993년 노벨 화학상을 받은 캐리 멀리스(Kary Mullis)가 있다. PCR은 멀리스가 1980년대에 캘리포니아의 작은 바이오테크 회사였던 세투스씨터스에 근무하던 시절 발견한 것이다. 최근의 예는 2002년 노벨 화학상을 받은 일본 시마즈제작소의 다나카 고이치(田中耕一)로 그는 우리나라 언론에서도 많은 조명을 받았다.

우리나라의 젊은 과학자들 특히 많은 유능한 여성과학자들이 전공을 살리면서 리더십을 발휘하며 직접적으로 연구개발의 열매를 맛볼 수 있는 민간기업 연구소의 문을 두드리기를 기대하면서 오늘도 선배 여성과학자들은 연구에 몰두하고 있다.

김영중

서울대학교 약학대학 교수

서울대학교 약학대학을 졸업하고 미국 인디애나더학교에서 석사학위를 받았으며, UIUC에서 박사학위를 취득했다. 1978년부터 서울대학교 약학과 교수로 재직중이며 한국생약학회 회장, 서울대학교 여교수회 회장 등을 역임했다. 현재 서울대학교 약초원 원장, 한국과학기술한림원 종신회원, 대한민국학술원 회원, 한국과학기술단체총연합회 부회장 등을 맡고 있다. 2001년 대한민국 과학기술훈장 웅비장을 비롯하여 대한약학회 학술본상, 올해의 여성과학기술자상, 로레알 여성생명과학상 본상, 비추미 여성대상 별리상, 동암 약의 상 등을 수상했다. 국내외에 150여 편의 논문을 게재했으며 140여 회의 학술발표를 했다.

걸어온 길을 뒤돌아보며

나는 현재 서울대학교 약학대학의 교수로 재직하며 국내 자생식물로부터 신약이나 기능성 소재로 개발될 수 있는 고부가가치의 생리활성물질을 도출하는 연구를 하고 있다. 또한 국내 자생식물을 체계적으로 분류하고 보존하기 위한 약초원을 조성했고, 천연물 연구의 출발점이라 할 수 있는 식물 추출물 은행과 이로부터 분리한 천연화합물 라이브러리를 구축하여 많은 연구자들이 공유할 수 있는 시스템을 만들고 있다. 지금까지 줄곧 앞만 보고 걸어오다 보니 이제는 어느덧 어떻게 해야 그동안 걸어온 길을 잘 마무리할 수 있을까를 걱정할 나이에 이르렀다. 지나온 세월이 주마등처럼 스쳐가면서 삶에 대한 여러 가지 생각에 잠기게 한다.

나의 연구활동

우리나라는 오랫동안 자생식물을 민간약이나 한약의 형태로 질병치료에 써왔다. 그러나 이를 이용하여 새로운 의약품을 비롯한 고부가가치의 기능성

소재를 창출하려는 노력은 비교적 최근에야 시도되고 있다. 여기에는 여러 이유가 있었겠지만 무엇보다도 적절한 연구방법을 찾지 못한 것이 가장 큰 이유일 것이다.

그동안 자생식물로부터 고부가가치를 갖는 생리활성물질을 도출하는 대부분의 연구에서는 실험동물을 이용하고 있었다. 그런데 식물 중에 함유되어 있는 생리활성물질의 양은 극히 미량이며 그마저도 수십 내지는 수백 종이나 되는 다른 물질들과 함께 섞여 있다. 이러한 점을 감안한다면 자생식물로부터 생리활성물질을 도출하기 위해 실험동물을 이용하였을 때 그 성공률이 극히 낮았던 것은 어쩌면 당연하다고 할 수 있다. 따라서 자생식물을 이용하여 고부가가치의 생리활성물질을 도출하기 위한 연구에서 우선 해결하여야 할 한계점이 무엇인지를 파악하게 되었고, 이를 극복하기 위한 방안을 모색하고자 노력했다. 웬만큼 민감하고 특이적인 연구방법이 아니고는 식물의 특성상 이 속에 함유되어 있는 특정한 생리활성을 감지할 수 없고, 더 나아가 이를 순수하게 분리한다는 것은 거의 불가능하다. 그러므로 이를 해결하기 위해서 첨단의 생명과학기술을 천연물연구에 접목시켜 특정한 생리활성을 찾을 수 있는 새로운 활성 검색법을 확립해야만 한다는 생각으로 처음에는 이 일에 매달렸다. 즉 일차 배양한 특정세포와 세포주를 적절히 이용하여 질환모델을 만들고, 이를 활성 검색계로 이용할 수 있으면 극미량의 시료만으로도 활성을 감지할 수 있으므로 자생식물로부터 생리활성물질을 창출할 수 있는 획기적인 방법이 될 수 있다고 생각했다. 그리하여 실험동물로부터 목적하는 장기를 적출하고, 여기서 목적하는 세포를 분리하여 배양하면서 질환모델을 만드는 일에 힘을 쏟았다.

다음에는 여러 질환 중에서도 최근 사회문제로까지 대두되고 있는 치매를 비롯한 퇴행성 뇌신경계 질환과 우리나라 40대 남성의 사망원인 1위인 간장 질환에 초점을 맞추어 치료제로 개발될 수 있는 물질을 국내 자생식물로부터 찾는 일에 주력했다. 그 결과 다양한 골격의 후보물질들을 분리하여 그 화학 구조와 작용기전을 규명할 수 있었다. 그동안의 연구결과들은 SCI(Science Citation Index) 등저 국제전문학술지에 90여 편 가까이 게재되었고, 20여 건 이상의 특허도 출원하고 등록할 수 있었다. '동양 생약에서 기원한 신경보호 물질의 개발'이란 과제로, 외국인임에도 불구하고 미국국립보건원으로부터 5년 동안 연구비를 지원받아 연구에 큰 획을 그을 수 있었던 일은 참으로 뿌 듯했던 일로 두고두고 잊을 수 없다.

약초원 조성과 국내 자생식물 자원의 추출물은행 구축

연구활동과 함께 내가 심혈을 기울인 일은 국내 자생식물을 보존하기 위한 약초원 조성과 국내 자생식물 위주의 식물 추출물은행, 그리고 이로부터 분 리한 천연화합물 라이브러리의 구축이었다. 사실 무분별한 개발과 환경오염 으로 많은 국내 자생식물들이 사라질 위기에 처해 있다. 이러한 안타까운 현 실에서 국내 자생식물들을 체계적으로 분류하여 보존하고, 이들의 유용가치 를 개발할 수 있는 기반시설로 경기도 고양시 설문동 일대의 부지에 서울대 학교 약학대학 약초원을 1만 3000여 평 규모로 조성했다.

약초원은 현재 700여 종의 국내 자생식물을 체계적으로 분류 · 보존하고 있다. 이는 대학 보유로는 최고의 연구 및 교육을 위한 기반시설로, 절멸 위 기에 놓인 국내 자생식물을 보존하고 그 가치를 개발하기 위한 연구의 핵심 기반시설로서 자리매김하고 있다. 한편 약초원은 현재 400여 평 규모의 연구 동까지 확보하고 있어 자생식물의 표본제작은 물론 고부가가치 생리활성물질의 창출 및 대량생산을 위한 제반 연구들이 이곳에서 수행되고 있다.

현재 약초원은 학생들의 교육실습장 및 일반인들의 국내 자원식물에 대한 이해를 돕는 교육의 장으로 활발히 활용되고 있다. 더 나아가 국내 자원식물에 대한 D/B 구축 및 추출물 확보를 통해 국내 연구진들이 효과적으로 식물 자원을 이용하여 신약의 개발 및 고부가가치제품을 창출하는 데 핵심적 역할을 담당할 기반 연구시설로 거듭나서 지속적으로 확장 발전될 것이라 믿어 의심치 않는다.

힘들었던 시절

정도의 차이는 있겠지만 누구에게나 어려움으로 주저앉고 싶을 때가 한두 번은 있게 마련이다. 그러나 돌이켜보면 그러한 경험이 인간적으로나 학문적으로 나를 성숙시키는 계기가 되었다는 것을 깨닫고 오히려 감사하고 있다. 낯선 땅에서 시작한 유학생활은 문화적 차이, 정서적 불안정, 새로운 학문에 대한 도전으로 참 힘든 시간이었지만 지금의 나를 만들어준 중요한 밑거름이 되었다.

이후 서울대학 약대 교수로 임용되었는데 처음에는 연구시설이나 연구비 지원이 너무 열악하여 학생들에게 유학 가서 공부하도록 권할 정도였다. 실제로 나 자신도 방학 때마다 미국에 가서 연구하고 필요한 것들을 얻어오는 형편이었다. 지금 생각하면 아득히 먼 일 같지만 방학 때마다 미국에서 연구하고 돌아오면서 그곳의 교수에게 부탁하여 연구시약과 연구재료를 얻어 오기 위하여 제일 큰 이민 가방을 가지고 다니며 눈총 받던 일이 눈에 선하다. 짧은 여행기간에 비해 터무니없이 큰 가방 때문에 김포세관에서 번번이 곤욕을 치르기도 했다. 특히 대부분의 시약들이 세포배양용으로 무균 처리된 것들이어서 세관에서는 뜯어보자고 하는데 뜯으면 세균에 오염되어 쓸모가 없게 되므로 손이 발이 되도록 빌어야 했다. 나의 간절한 눈망울과 애원에도 불구하고 세관원들이 시약병을 열어 쓸 수 없게 되었을 때 그것들을 들고 나오면서 비 오듯 쏟아지는 눈물을 주체하지 못하던 기억은 지금도 눈시울을 적신다.

보따리장수 취급을 받으면서 연구자들의 고충을 이해하지 못하는 사회 현실에 가슴을 치던 당시의 기억이 가끔 주마등처럼 스쳐지나간다. 과학자, 특히 여성과학자에 대한 평가는 아직도 미흡하지만 그래도 요즘 와서 여성과학자에 대한 배려와 지원에 대한 정책들이 나오고 있어 고무적이다.

후배과학자들에게

최근 언론에서 자주 보도되고 있는 이공계 기피현상에 관한 기사를 접할 때마다 학문의 일선에 있는 나로서는 걱정이 앞서는 동시에 우리나라의 연구환경 현실에 대한 자각과 반성을 하게 된다. 어떠한 분야를 선택하든지 학문을 한다는 것, 그리고 연구를 한다는 것은 분명 쉬운 일은 아니다. 끊임없이 노력하고 새로운 것을 익히고 또 찾아야 한다. 더욱이 경제적으로나 사회적으로 그 성과에 대한 보상이 보장되어 있지 않은 우리 사회의 현실에서는 특히 그러할 것이다.

하지만 국가적인 차원에서 장기적인 계획과 지원에 대한 필요성이 제기되고 점차 제도적인 뒷받침이 정착되고 있으므로 시류에 편승하지 말고 자기가 하고 싶은 분야에서 흔들림 없이 자신의 자리를 지켜주었으면 하고 바랄 뿐이다. 또한 이러한 연구자들이 전문인으로서 올바른 평가를 받고 능력을 인정받을 수 있는 국가적인 뒷받침이 더욱 활발히 논의되기를 바란다.

맺음말

돌이켜보니 지나온 나날들은 참 힘든 시간이었다. 그러나 한편으로는 보람된 시간이기도 했다. 뒤돌아보지 않고, 후회 없이 바쁘고 치열하게 살아왔다. 지금 내가 이룬 작은 업적과 명예는 비단 나만의 것이 아니다. 연구에 함께 해준 소중한 나의 제자들, 바쁜 엄마를 이해해주고 잘 자라준 우리 대견한 아들과 말없이 지켜봐준 남편, 지금까지도 가장 든든한 후원자이신 어머니를 비롯한 사랑하는 나의 가족, 늘 격려를 아끼지 않으신 은사님, 그리고 선후배 과학자들, 힘든 시간 함께 이겨낸 여성과학자들……. 모두 열거할 수 없이 많지만, 말하지 않아도 내 마음을 알아줄 그 모든 분들께 머리 숙여 고마움을 전한다. 마지막으로 나의 인내와 작은 노력이 여성과학자들을 포함한 후배 과학자들에게 용기와 힘이 되기를 바란다.

김완순

호서대학교 자연과학부 교수

1975년 서강대학교 수학과를 졸업하고 동대학원에서 대수학 전공으로 석사를 받았으며, 미국 인디애나대학교 수학과에서 박사학위를 취득했다. 인디애나대학교 연구원을 거쳐 현재 호서대학교 자연과학부 교수로 재직하면서 한국과학문화재단 전문의원으로 있다. 또한 한국여성수리과학회 부회장이며 대한수학회 사업이사로 봉사하고 있다. 비결합대수 및 응용대수학에 관한 다수의 연구논문과 보고서를 냈으며, 최근에는 대학 수학교육 분야의 연구 및 과학문화 확산을 위한 연구조사로 연구영역을 넓히고 있다.

자유와 초월을 경험하게 한 수학

"수학의 본질은 그 자율성에 있다." 집합론의 창시자인 게오르크 칸토르가 자신의 이론을 이해하지 못하면서 자신의 이론을 반박하는 당대의 수학자들에게 던진 말이다. 애석하게도 칸토르의 이론은 동시대의 수학자들에게 공격의 대상이었으며 고립감을 견디기 어려웠던 그는 불우한 말년을 보내며 생을 마감했다. 그러나 그 후 수학자들은 칸토르의 이론을 이해하게 되었을 뿐만 아니라 현대수학은 집합론을 기초로 세워졌다고 해도 과장이 아닐 것이다. 지성과 지식이 발전한 현대에는 과학자가 새로운 이론을 발표하여 이런 위험에 처하는 상황이 거의 없으리라고 판단된다.

현시대에 수학을 전공한 과학자로서의 인생은 나에게 많은 것을 안겨주었다. 먼저 사물을 객관적으로 바라보며 항상 구체적인 현상 뒤의 근본적이고 보편적인 원인을 규명하려는 태도가 길러졌다. 이는 일상적인 사건을 대하는 나의 접근법을 구성하였다. 또한 주위의 상황을 구성하는 허구적 요소와 오류를 알아보는 판단력을 길러주고, 더욱 치밀하게 하여 사건과 상황에서 명쾌함과 정연함을 얻어내도록 노력하게 했다. 이러한 태도는 내 인생에서 오류를 범하는 것을 방지하여 많은 일상적인 것으로부터 자유로울 수 있도록 도와주었다. 즉 수학은 자유로움과 초월을 경험하게 해주었다.

나는 영문학을 전공한 아버지의 차녀로 태어났다. 아버지는 아름다움에 대한 감수성과 열광이 남보다 유별났던 분으로 기억된다. 밤을 새워 책을 읽고 새벽에 방에서 나오는 아버지를 보며 나도 열심히 공부하여 대학교수가 되고 싶다고 막연히 미래를 그려보곤 했다. 자유로운 사고를 지닌 아버지의 논리적 달변은 상대방의 지적 호기심을 자극하고 즐거움을 주었다. 아버지는 언제나 절대적으로 내편이 되어주었고, 전공을 정하는 데도 전적으로 내 의견을 존중해주었다.

고등학교 시절 수학과 영어 성적이 좋았던 나는 버트런드 러셀의 《자서전》과 《행복론》 등을 읽으며 논리학 및 수학에 대한 호기심을 갖기 시작했다. 그리고 대학에서 집합른을 수강하면서 수학의 매력을 느끼게 되어 수학으로 전공을 바꿨다. 그 시절 선배 및 동료들과 세미나에 참석하며 늦게까지 토론하는 것이 매우 즐거웠다. 수학과를 졸업한 후 대학원에 진학하여 유한군의 표현론에 관한 논문을 완성했으며, 논문의 우수성을 인정받아 장학금을 받고 미국 인디애나대학교로 유학을 갈 수 있었다. 이때 이론물리학을 전공하고 역대 노벨상을 수상한 물리학자들의 근사한 이야기를 들려주던 물리학자와 결혼하여 같은 대학으로 함께 유학을 갔다.

당시 인디애나대학교에는 여러 유명한 수학자가 활발히 활동 중이었다. 특히 집합론에 많은 업적을 갖고 있는 막스 죤 교수님도 만날 수 있었다. 나는 때마침 인디애나로 오게 된 젊은 인도 수학자와 연구를 시작하여 리대수의 성질을 무한차원의 경우로 확장하는 논문을 발표하며 박사학위를 취득했다. 졸업을 앞두고 지도교수는 미국의 대학에 취업할 것인가 물었다. 당시 미국에서는 흑인여성이나 동양인 등 사회적으로 취약한 조건의 과학자 채용을 촉진하는 제도가 시행되고 있었으나 나는 귀국을 결심했다. 한국에서는 작년에서야 국립대학교 여성 교수채용 목표제가 시행되었다.

귀국 후 2년 6개월 동안은 대학에 취업이 안 되어 부진하고 답답한 세월을 보냈다. 겉으로는 후배들의 취업을 축하하고 있었지만 속으로는 부러운 마음이 가득한 시간이었다. 그 후 첫 직장으로 천안에 위치한 호서대학교에 부임했으며 현재까지 재직중이다. 호서대학교는 '하면 된다 할 수 있다'라는 교훈을 세우고 기독교신앙을 학생에게 전도하는 사립대학교이다. 수학과가 신설되었기 때문에 수업과 연구 외에도 교과과정 세우기, 실험실, 장서실을 만드는 일 등 과의 업무가 많았다. 자연과학부 및 학내의 타 전공 동료들과의 협동 업무도 많았으나 타고난 성격이 여러 사람과 만나서 협동하는 과정을 매우 즐기는 편이어서 성공적으로 자리매김을 할 수 있었다. 학생들과의 수업은 가장 기쁘고 행복한 시간이었고, 진로상담이나 생활상담 등을 통해 학생들과 인격적 관계를 돈독히 하는 것은 충만하고 보람 있는 작업이다.

학회활동으로는 대한수학회, 충청수학회, 정보보호학회, 한국전산응용수학회 등의 회원으로 활동하며 다양한 연구자들과 생각을 나누고 학문 교류의 폭을 넓히는 데 노력하고 있다. 최근에는 대학수학교육에 관해 연구 관심을 넓히고 있는데 여성수학자 동료들과 시작한 연구는 마음을 들뜨게 한다. 또한 이공계 여학생의 진로 지도사업인 WISE 프로그램의 멘토로 활동하고 있으며 이 또한 주는 것보다 받는 것이 많은 활동이라고 생각한다. 작년에 창립된 한국여성수리과학회에서는 부회장으로 봉사하며 여러 선후배 동료 여성수학자와 함께 여성수학자들의 연구와 대내외 활동들을 진작시키는 노력을 하고 있다. 한국여성수리과학회는 작년에 창립기념 국제 여성수학자 학술대회를 개최하는 등 한국의 여성수학자들에게 국내외적인 협력 시스템 및 네트워크를 제공하고 있다. 올해는 서울대학에서 제2회 국제 여성수학자 학술대회를 개최했는데 젊은 후배 여성수학자들의 역량과 능력이 해를 더하며 날로 신장되는 것을 확인할 수 있었다. 한국의 수학계 전체는 그들을 통해 도전에 대한 의지를 고무 받고 학문에 대한 자신감을 재확인했다.

학문을 지속하는 데는 인내와 용기가 필요하다. 용기는 단순히 외고집으로 요구되는 것이 아니다. 우리는 반드시 다른 사람과 함께 창조해야 한다. 이러한 경험은 홀로 연구하며 생길 수 있는 내면의 공허와 외적인 것에 대한 무감동에서 벗어날 수 있는 유일한 방법이다. 하나하나의 만남은 여러 수준의 개성을 이해하는 경험을 제공하고, 일과 권위에 대한 두려움으로부터 해방시켜준다. 또한 새로운 시스템에 적응하는 능력과 동시에 변화와 창조를 시도하게 한다. 그리고 그 일을 완성했을 때 우리는 홀연히 커진 자신과 동료들을 둘러보며 기뻐하게 된다.

여성과학자로서의 학문에 대한 열정은 나누면서 배가되어야 하며 여성의 리더십은 세대를 거듭하며 지속적으로 길러져야 한다. 많은 여성단체들이 이 땅에 세워졌다. 그들 중 일부는 잠시 존재할 것이고 어떤 단체는 생명이 영속될 것이다. 단체가 단체원들에게 인내와 용기를 주고 자긍심을 충족시키며 단체를 모태로 단체원이 에너지를 공급받을 때 그 단체는 살아서 바람

직한 역할을 할 것이다. 우리는 한국여성과학기술단체총연합이 한국의 여성
과학기술인에게 이러한 인내와 용기를 배양시키는 터전이 될 것을 기대한다.
또한 나 자신도 그 속에서 다시 한번 성장하여 자유로움과 기쁨을 전파하는
역할을 하고자 한다.

김은애

연세대학교 의류환경학과 교수

서울대학교 의류학과를 졸업하고 동대학원에서 석사를 받았으며, 미국 메릴랜드대학교에서 섬유과학 전공으로 박사학위를 취득했다. 미국 노스캐롤라이나 주립대학교 및 일본 문화여자대학교의 객원연구원, 연세대학교 의류과학연구소 소장, 생활과학연구소 소장 등을 역임했고, 현재 연세대학교 의류환경학과 교수로 재직중이다. 국내외에 100여 편의 논문 및 보고서가 있다.

나의 꿈은 미술가

내가 '과학기술 앰배서더'라는 분에 넘치는 호칭으로 고등학교에 가서 강연을 할 것이라고는 꿈도 꾸지 못했다. 나의 초등학교 시절 꿈은 미술가였고, 고등학교 때 꿈은 영문학자였기 때문이다. 미술가에 대한 꿈은 초등학교 2학년 때 한 신문사에서 개최한 미술대회에 입상하면서부터 시작되었고, 그 이후에 크고 작은 대회에 출전하면서 막연히 미술을 전공할 것이라고 생각했다. 하지만 중학교에 진학해 미술반에 간 첫날, 내 작품에 대한 미술선생님의 무관심에 실망하여 더 이상 미술반에 가지 않은 것이 영원히 미술과 결별한 계기가 되었다.

섬유과학은 나의 천직

나는 안정권을 택해 의류학과로 진학했다. 의류학과에서 무엇을 배우는지도 몰랐고 단지 미술과 관련된 디자인을 공부하는 곳이려니 생각했다. 나의 대학생활 아니 우리의 대학생활은 휴강과 휴교의 연속이었다. 반정부 데모가 끊임없이 이어졌고, 데모가 격렬해지면 휴교령과 함께 캠퍼스에 탱크가 진입하기 일쑤였다. 수업과 시험은 리포트로 대치되곤 했다.

대학을 졸업할 두렵 무언가 공부를 더해야 할 것 같은 막연한 생각에 대학원 진학을 결심했다. 하지만 주위에서는 디자인하는 데도 대학원 공부가 필요하냐며 만류하기도 했다. 그때 나는 양모의 흡습열을 예로 들어 의복에도 과학이 있다고 설명하면서 대학원에 가야 하는 이유를 설명했다. 학부 때와는 달리 진지하게 공부했고, 전공과목도 정말 재미있었다. 그래서 졸업 후 미국유학을 선택했다.

디자인회사의 보조로 시작한 유학생활

미국에 친지들이 있었기 때문에 영어도 좀 익히고 적응 시간도 벌기 위해 학기 시작보다 일찍 미국으로 갔다. 그런데 미국에서 의류사업을 하는 친척이 내가 만들어 입고 간 옷을 보고 재주가 아깝다며 유명 패션스쿨인 FIT(Fashion Institute of Technology)를 권했다. 2년 과정인 FIT를 졸업하면 훨씬 풍요롭게 살 수 있을 텐데 무엇 때문에 5년씩 어려운 공부를 하냐고 했다. 하지만 이런 조언을 들은 것은 5월이었고 이미 FIT는 마감된 상태였다.

나는 운 좋게 유명 디자인회사에서 보조로 일할 수 있었다. 언어도 서툴고 디자인을 공부한 적도 없었지만 샘플실에서 고급 옷을 만드는 과정을 보는 것은 즐거웠고 유학비용에도 적잖은 보탬이 되었다. 하지만 그 시기에 본 것들이 후에 학생들이 사회에 진출해 어떤 일을 할 것인가를 가르치는 데 중요한 정보가 되리라고는 생각하지 못했다.

1년간의 경험을 뒤로 하고 섬유과학을 전공으로, 화학을 부전공으로 하여 대학원에서 공부하던 분야로 다시 돌아갔다. 학비와 생활비를 모두 지원받았기 때문에 별 어려움 없이 공부할 수 있었다. 공부를 마친 후에는 연세대학교에 취업이 되었다. 이 분야는 남성과학자들과 크게 경쟁을 하지 않아도 된다는 것이 다른 여성과학자들에게는 부러운 부분이 될 수도 있었을 것이다.

하지만 내가 선택한 분야는 단순히 남성과학자들과의 경쟁만이 문제가 아니고, 당시 니치 분야였다고 할 수 있다. 의류학은 미술, 역사, 화학, 물리, 심리학, 경영학, 인간공학 등 다양한 학문이 연계되어 있는 종합학문이다. 과학을 전공으로 하는 내가 미술을 꿈꾸거나 디자인 회사에서 일한 것들은 얼핏 보면 시간을 잃어버린 것처럼 보일지 모른다. 하지만 이런 백그라운드는 학제적 성격을 띤 의류학을 가르치고, 학생들을 이해하는 데 너무나 큰 힘이 되었다. 과학의 내면에는 예술이 있고 예술에는 과학이 있다는 것을 응용하고 실천하는 셈이다.

도전의 기회가 오고 있다

지난 20여 년간 교수로 재직하면서 나를 바쁘게 그리고 기쁘게 만든 것은 나와 유사한 전공을 하는 많은 과학자들을 만나고 토론하는 것이었다. 한번은 내 실험결과와 학술지에 보고된 내용이 다르게 나온 것을 확인하기 위해 독일의 학자를 찾아간 적이 있었다. 팩스로 보내준 지도를 받아들고 차를 몰아 달려간 곳은 꼬불꼬불 언덕길을 올라간 산꼭대기에 있던 호헨슈타인 연구소였다. 과거 호헨슈타인 가문의 저택을 개조한 그곳은 가장 앞서가는 섬유연구소로 꾸며져 있었다. 성의 외부와 내부 장식은 원래대로 보존되어 있었고 내부는 첨단 연구장비와 시설을 골고루 갖추고 있었다. 당시 내가 가장 갖추고 싶었던 인체모방 실험을 할 수 있는 설비와 의복의 성능을 테스트하는 특수 마네킹도 구비되어 있었다. 성을 개조해서 완벽하게 갖추어놓은 실험실이 너무도 인상적이었다. 특히 성을 그대로 이용하는 그 사람들의 정서에 감탄을 하지 않을 수 없었다. 이공계 연구소라고 하면 널따란 공간에 현대식 건물과 적절한 편이시설을 상상한 나에게 매우 신선한 충격을 준 호헨슈타인 성은 주어진 여건에서 나는 무엇을 할 수 있는가를 생각하게 하는 중요한 계기가 되었다.

그곳은 내가 원하던 것을 완벽하게 갖추어놓고 있었기 때문에 그곳을 방문했던 추억이 늘 마음속에 자리하고 있다. 사람을 찾아갈 만큼 이 분야에 흥미를 느끼고 해답을 얻으려고 노력하는 나의 호기심은 많은 것을 얻게 해주었다. 나 스스로는 내가 연구하는 전문분야가 너무나도 중요하고 필요하다고 외치고 있었지만, 실제 빠른 속도로 발전하는 첨단과학의 일부로는 잘 인식하지 못했다. 가장 큰 이유는 그동안 우리나라에서 의류산업을 노동집약적 산업으로 인식했기 때문일 것이다.

그런데 이를 첨단과학으로 부각시키고, 그동안 내가 연구해오던 분야를 알릴 수 있는 계기가 나에게 주어졌다. 과학기술부 특정 연구개발 사업의 하나인 국가지정연구실로 선정되었기 때문이다. 하나의 관심사에 대해 꾸준히 연구하고 탐색하는 나의 성향은 지금 내 실험실에 한자리 크게 잡고 있는 창의적인 실험기기의 개발로 이어질 수 있었다. 스웨덴의 아름다운 휴양지에서 열린 학회에서 내 기계를 이용한 실험결과를 보고 어떤 학자는 실물을 보기 위해 우리 연구실을 방문했다. 또한 독일의 섬유전시회에서 기계를 소개한 후 외국회사에서 실험을 의뢰한 것도 큰 보람이 되고 있다. 이러한 보람이 미술을 전공하려던 창의성과 과학의 만남으로 이루어진 것이 아닐까 생각한다.

우리나라 경제발전에 효자역할을 하던 의류산업이 동남아와 중국의 싼 임금에 밀려 경쟁력을 잃고 있다. 이제 과학이 접목된 의류제품의 생산에 조금이나마 도움이 되는 일을 해보고 싶다. 아니 내가 해보고 싶다기보다는 나에게 도전의 기회가 온 것이다. 패션은 인류의 탄생부터 인간 삶의 일부를 이루어온 것이다. 첨단과학을 이용한 의복의 성산기술은 21세기 아니 앞으로 몇백 년 후의 미래에 대한 연속에서 하나의 획을 긋는 부분이 될 것이다. 요즘 말하는 인텔리전트 웨어의 개념도 또 하나의 패션일 뿐이다.

과학기술의 발달과 더불어 이를 확인하는 기술이 발달하고 또 이를 좀더 활용하는 기술도 점차 발달한다. 의복도 예외가 아니다. 달나라의 옥토끼를 만나는 꿈이 현실화된 것처럼 과학을 바탕으로 한 의복은 인체 기능을 향상시키고 자연과 동화되어 살아갈 수 있는 모체로서 작용할 것이다. 내가 하는 일이 섬세함과 과감함이 어우러진 첨단과학을 입고 다니는 데 초석이 된다는 자부심은 오늘의 나를 이끌어가는 큰 힘이 되고 있다. 호헨슈타인의 성이 과학연구소가 되리라고 누구도 상상하지 못한 것처럼, 늘 새로움에 도전하는 과학을 바탕으로 철따라 갈아입는 의복을 첨단과학의 기술로 태어나게 하는 데 일조하는 과학자가 되고 싶다.

김인선

고려대학교 의과대학 교수

고려대학교 의과대학 의학과를 졸업하고 동대학원에서 병리학 전공으로 석사 및 박사학위를 받았으며, 병리 및 임상병리 전문의를 취득한 후 현재까지 고려대학교 의과대학 교수로 재직하고 있다. 1983에서 1984년까지 미국 하버드대학교 의과대학 부속 매사추세츠병원에서 부인과병리를, 1996년 영국 런던대학교 병원에서 혈액병리를 연수했다. 현재 대한세포병리학회 회장이면서 국제병리학회를 비롯한 국내외 여러 학회의 정회원 및 평의원이며 대한의학한림원 정회원이다. 1973년에는 지석영 상을 수상했고, 지금까지 국내외에 280여 편의 연구논문을 발표했으며 저서로는 《기초병리학》과 《병리학》 등이 있다.

아직도 계속되는 자신에 대한 채찍질

나는 과학 중에서 의학을 전공으로 하는 사람이다. 의학은 이과에 속하는 학문이지만 사람을 다루는 분야이기 때문에 순수과학이라기보다는 인문과학이나 응용과학에 더 가깝다고 할 수 있다. 내가 전공으로 선택한 병리학(pathology)은 형태학적 변화를 관찰·분석하여 환자의 질병을 진단하는 일이 우선이지만, 질병이 생기는 기전과 원인을 밝히거나 질병의 예후나 치료에 관련된 인자들을 찾아내는 일을 주요 연구분야로 삼고 있다. 이런 연구분야와 병행하여, 나는 병리학교수로서 의학을 전동하는 학생과 생명공학을 공부하는 대학원생에게 강의도 하고 있다.

　내가 전문의사직을 직업으로 선택한 동기는 나의 신체적 장애와 무관하지 않다. 내가 태어나서 첫돌을 맞이하기 직전에 6·25 전쟁이 일어났다. 서울 근교에서 태어난 나는 가족과 함께 충청도로 피난을 갔고, 피난 중에 골수염을 앓았다. 제대로 치료받을 수 없던 상황에서도 애지중지 나를 돌봐준 할아버지 덕분에 겨우 생명은 보존했지만, 그 후유증으로 한쪽 다리의 장애를 완전히 벗어날 수는 없었다.

내가 의과대학 진학을 결정하게 된 계기는 고등학교 2학년 때였다. 당시 장애인으로서 의료업을 하던 한 사회사업가에 대한 기사가 나의 진로를 결정하는 데 힘이 된 것이다. 친척 중에 의사가 몇 분 있긴 했지만, 의사로서 할 수 있는 다양한 일에 대해 아는 것이 없는 백지상태에서 사회를 위해 봉사할 수 있다는 일념으로 진로를 결정한 것이다.

어린 시절, 나는 전학년이 한 반뿐인 시골 국민학교(현 초등학교)를 졸업했고, 그 후 읍(지금은 시)에 있는 중학교를 졸업했다. 고등학교는 서울의 진명여고에서 공부했다. 내가 의과대학에 입학한 1967년 단과대학이던 수도의과대학이 우석대학교 의과대학으로 바뀌었고, 졸업을 한 1973년에는 우석대학교가 고려대학교와 합병되어 고려대학교 졸업생이 되었다. 의과대학을 졸업한 후 고려대학교 의과대학 부속병원에서 수련의와 전공의 과정을 하면서 대학원에 진학하여 석사와 박사학위를 받았다.

넉넉지 않은 가정 형편이었지만 의과대학에서 학업을 지속할 수 있었던 것은 아들딸 차별 없이 누구나 공부를 해야 한다고 믿었던 할아버지와 어머니의 교육열 덕분이었다. 또한 중학교부터 서울에서 공부하여 대학 졸업 후 미국으로 유학을 간 큰오빠의 격려가 큰 힘이 되었다.

그러나 돌이켜보면, 사회에 봉사하겠다는 생각으로 의과대학에 들어온 지 40여 년이 지난 지금까지 진정한 의미에서 아무런 대가 없이 순수한 봉사활동을 한 것은 예과 2년 여름과 겨울방학 때뿐이었던 것으로 기억된다. 그때 내가 한 봉사활동도 환자를 돌보는 것과는 전혀 상관이 없는 근로봉사가 고작이었다. 의과대학에 입학하여 6년을 보내는 동안, 나의 순진했던 초지(初志)에는 많은 변화가 생겼다. 즉 장애인을 돌보며 사회에 봉사하겠다는 생각

대신, 질병의 기전을 이해하고 연구하는 기초학문에 가까운 병리학에 더 많은 매력을 느끼게 된 것이다.

가끔 나는 왜 이런 변화가 생겼는가를 생각해보곤 했다. 나에게는 원래부터 희생정신이 없었던 것은 아니었나 하는 자책도 했다. 그러나 지금 생각하면 분명해지는 것이 있다. 그것은 아마도 스스로에 대한 자신감의 회복일 것이다. 나는 대학 4년 동안 우등생이었다. 의대를 졸업할 때는 수석졸업으로 고려대학교 총장상을 받았고, 졸업 때에 치른 의사국가고시에서 수석을 하여 세인의 주목을 받기도 했다. 그 후 나는 신체가 불편하다는 사실을 잊고 살았으며, 정상적인 사람보다 조금도 못할 것이 없다는 정신적 자신감을 회복하게 된 것이다. 의대 졸업 후 병리학을 전공하고 전문의가 되자마자 곧바로 모교의 의대교수로 발령을 받았다. 당시는 10여 년에 걸쳐 여자교수를 뽑지 않았던 시기였으니 파격적인 인사였다.

대학 전임교수가 된 지 2년 후 나는 결혼을 했다. 결혼생활을 하면서도 일에 몰두할 수 있었던 것은 절대적 동반자이고 후원자인 남편 덕분이다. 영문학을 전공한 사려 깊은 남편은 신혼 때부터 내가 시댁의 많은 일로부터 벗어나 비교적 자유롭게 일에 전념할 수 있도록 도와주었고, 내가 하는 모든 일에 항상 세심하게 배려했다. 그가 전공한 학문은 나에게 여러 모로 도움이 되었다. 나를 도와주고 이해해주는 남편과 아들을 위해 내가 하는 최소한의 일은 직접 집안일을 챙기는 것뿐이었다. 내가 그맙게 생각하는 또 다른 하나는 남편이 나의 하소연을 묵묵히 들어주면서 조언하는 것만이 아니라, 자신의 일상들을 가능하면 많이 나에게 들려줌으로써 함께하지 않더라도 나를 안심시켜준다는 점이었다. 대학병원의 의사직과 교수직을 제대로 수행하기 위해서는 남편의 이해와 가족의 도움이 필수적이라는 점을 남편은 그 누구보다도 잘 알고 있다.

전임교수가 되어 4년이 지나자 외국연수 기회가 왔다. 남편은 적어도 하버드대학교 정도는 가야 한다며 홈페이지에서 하버드대학교 의과대학 병리과 교수명단을 가지고 와서 나에게 관심이 가는 해당분야의 지도교수를 찾아보라고 했다. 그의 도움으로 당시 세계적으로 유명한 부인과 병리의 대가 로버트 스컬리(Robert E. Scully) 교수의 지도 아래 1년 6개월 동안 펠로우로서 하버드대학교에서 연구할 수 있었다. 비록 짧은 기간이었지만 부인과 병리뿐만 아니라 혈액병리를 비롯한 진단병리 전반에 걸친 폭넓은 지식을 습득할 수 있었다. 그때 연구한 논문은 미국의 저명한 병리학 잡지에 실려 웬만한 병리교과서에는 꼭 인용되고 있다. 그러나 내가 스컬리 교수로부터 배운 것은 병리학에 관한 지식뿐만이 아니었다. 나는 그에게 학문에 대한 열정, 동료와 후배에 대한 사랑과 너그러움도 배웠다

미국 연수 후 나는 병원의 진단, 병리 전공의 교육, 그리고 의과대학 학생 강의를 하는 한편, 할 수 있는 한 최선을 다해 연구에 몰두하여 학회에도 적잖은 논문들을 발표했다. 그러던 중 1996년에는 영국 런던대학교에서 1년간 혈액병리를 연구할 기회를 가졌다. 그것은 미국과 영국의 학문적 차이를 경험할 수 있는 좋은 기회였다. 두 번의 해외 연구생활 외에 나는 기회가 있을 때마다 꾸준히 국제학회에 참석하여 논문을 발표하기도 했고, 외국학자들과 학문적 교류뿐만 아니라 교분도 쌓았다. 국제학술대회에 참석한 경험을 살려 국내에서 정기적으로 국제학술대회를 개최하는 데도 많은 힘을 쏟고 있으며, 나 자신뿐만 아니라 후배들의 학문에 대한 열정을 고취시키고, 내 전공분야의 국내 학문 수준을 높여 국제화에 미력이나마 보탬이 되려고 노력하고 있다.

나는 스스로 세상을 놀라게 할 단한 연구 성과물을 내어놓은 연구자는 아니라고 생각한다. 밤을 지새워가며 연구에만 몰두하는 그런 사람도 못된다. 오직 자신이 하는 일에 즐거운 마음으로 최선을 다하며 살아가는 한 의학도에 불과하다. 비록 대학이나 병원에서 중책을 맡진 못했지만, 여자교수로서 병원의 과장직과 교실의 주임교수직을 별 탈 없이 수행했고, 대한병리학회에서는 부인과 병리와 혈액병리연구회를 통해 여러 활동을 하고 있으며, 학회 잡지와 교과서 편집위원으로 오랫동안 일하며 부회장을 지낸 바 있다. 또한 병리학회와 관련이 있는 대한세포병리학회에서 임원으로 활동했으며 현재는 회장을 맡고 있다.

스스로 자부심을 갖는 일은 그간의 연구업적을 인정받아 대한병리학회에서 뽑은 대한의학한림원의 유일한 여자 정회원이 되었고, 두뇌한국 21 프로그램에 속한 교수로서 생명공학을 전공하는 학생들의 강의와 학위지도를 맡고 있는 것이다. 또한 최근 몇 년 동안은 중국 연변의 조선족 의사들을 초청하여 대학원 학위과정을 지도함으로써 내가 외국에서 연수받던 것과 같이 우리보다 낮은 의학 수준을 가진 나라의 의사들에게 공부할 기회를 제공하고 있다.

내가 이런 글을 쓰도록 요청받은 것은 아마도 한국여자의사회에서 학술이사로 일한 것이 인연이 되어 한국여성 과학인단체의 임원이 되었기 때문이 아닌가 생각된다. 고등학교 시절 의술을 배워 사회에 봉사하겠다는 생각으로 의학도가 되었고, 그 후로는 병리라는 학문이 좋아 병리학을 선택했다. 현재 병원에서 환자의 병을 진단하고, 전공의와 의학도를 가르치며 연구도 게으르지 않도록 채찍질하는 자신을 돌아코면서, 나는 이 글을 읽는 모든 이가 자신의 육체적 결함을 극복하고, 정신적으로도 건강한 사회인으로 거듭나서 인류를 위해 봉사하는 사람이 되었으면 하는 바람을 가져본다.

김정희

과학기술부 과학기술혁신본부 생명해양심의관

경북대학교 의학과를 졸업하고 연세대학교 대학원에서 약리학 전공으로 석·박사학위를 취득했다. 미국 국립보건연구원에서 연구교수를 했으며, 미국 와이오밍대학교와 뉴욕 주립대학교 방문교수로서 연구활동을 했다. 영남대학교에서 기초의학연구소장, 연구부학장, 대학원 주임교수 등을 역임하고, 한국과학재단 전문위원을 지냈다. 현재 대구경북여성과학기술인회 부회장이면서 영남대학교 교수이며 과학기술부 과학기술혁신본부의 생명해양심의관으로 재직하고 있다. 국내외에 80여 편의 연구논문과 보고서를 냈으며, 번역서로는 《세포학》《생화학》《의학생화학》 등이 있다.

리더십과 정직성으로 승부하는 여성과학자의 길

학창시절과 생명과학을 전공하게 된 동기

내가 어렸을 때는 여성이 직업을 가지는 것을 측은하게 여기거나 여자의 인생으로는 험하다고 생각하는 그런 시절이었다. 여자들은 대개 결혼하면서 다니던 직장도 그만두었는데, 당시 우리 친척들은 의과대학에 가겠다는 언니에게 아까운 인물 다 버린다며 공부하는 것을 말렸다. 이러한 상황에서 나는 쉽지 않은 일을 반드시 성취해야지 하는 욕망을 마음 한구석에 간직하고 살았다.

고등학교를 졸업하면서 뜻하지 않은 집안 환경으로 진로를 변경했다가 대학을 한번 실패했다. 다시 원점으로 돌아와서 마음속에 간직한 꿈을 성취하기 위해 이듬해 의과대학에 들어갔다. 의과대학 생활은 생각보다 만만치 않았다. 그러나 남들과 같은 평범한 생활에서 벗어나 무언가 이루어보겠다는 생각으로 할 수 있는 일은 다 해볼 작정이었다. 그러던 중 대학 2학년 때 아버지가 간암진단을 받았다. 동분서주하며 방법을 찾아 헤매다가 지도교수님이 개발한 면역증강제 Tubercin-3(T cell activator)를 알게 되었고 치료를 위한 도움을 받았으나 여전히 완치방법이 없어 전전긍긍할 수밖에 없었다. 의대교수님들을 찾아다니면서 아직 연구가 미미하다는 사실을 알게 되자 또 다른 개척 분야가 내 마음 한구석을 차지하게 되었다.

이러한 이유로 의과대학을 다니면서도 기초교실에 남달리 관심이 많았다. 학생 생화학 교실원이 되어 연구실을 오가며 기초연구가 무엇인지 알았고, 졸업하기 전 제1회 전국학생논문 발표대회에도 참여했다. 지금도 그렇지만 당시는 의과대학교육이 기초를 전공할 수 있는 교육이나 분위기가 전혀 아니었다. 결국 나는 졸업 후 생명과학을 공부하고자 연세대학교 약리학교실에 첫발을 내딛었다. 지방 의과대학을 졸업하고 시작한 서울생활은 매력적이고 생동감 넘쳤으며 새로운 세계에 도전할 수 있는 계기를 만들어주었다.

약리학을 공부하면서 의학과 생화학, 신경전달물질 등을 넘어서서 뇌의약학에 이르는 생체 약리작용에 대한 공부를 했다. 그 후 영남대학교 교수로 재직하면서 생화학을 선택했고 유전자에 관한 연구를 시작했다. 우리나라의 유전자 연구가 초기단계이던 1980년대 초 일천(一泉) 이기녕 교수(우리나라에 DNA를 처음 전한 분자생물학자)의 지도아래 8년간 연구를 했는데 대구지방에서의 유전자 연구는 우리 교실에서 제일 먼저 시작했다고 할 수 있다. 그 후 미국국립보건원에서의 유학시절은 나에게 학문에 대한 자신감을 심어주었고, 그때 만난 많은 생명과학자와 교수들, 연구자들은 내 일생의 좋은 인적 네트워크가 되었다.

생명과학의 궁극적인 목표는 사람을 대상으로 해야 한다는 것이며, 인체 연구가 기초의학의 근원이라는 것은 누구나 알고 있는 사실이다. 나는 생명과학의 중요성은 인간의 건강과 삶의 질 향상에 그 목적을 두어야 한다고 강조하고 싶다.

관리 및 경영 개념의 습득기회

1979년에 신설된 영남대학교 의과대학에서 1983년부터 시작된 교수로서의 연구생활은 초기학교를 다지는 데드 기여해야 했다. 특히 20평 남짓하던 생화학실험실을 지금은 100평 이상의 규모로 확장했으며 학생교육에도 많은 노력을 했다. 학교설립 초기여서 더형 연그기기의 구입과 시설 등을 갖춰야 했고 그 과정에서 제자 두 명을 오늘의 교수로 길러냈다.

나 자신의 연구활동을 차근히 다져가며 학교 경영에도 깊이 관여하게 되었다. 1989년부터는 교실의 주임교수를 맡아 15년 이상 교실을 관리해왔으며, 5년간의 기초의학연구소장과 2년간의 연구부학장, 1년의 대학원 주임교수 등의 보직을 맡아 운영했다. 초창기의 학교는 인력이 부족했기 때문에 젊었던 나는 닥치는 대로 일을 했다. 필요한 기기가 있으면 학교당국과 동료교수들을 설득시켜 필요한 것은 언제나 얻어냈다. 혼자서 기계들을 설치하고 기기전문가들에게 사용방법들을 태워가면서 여러 종류의 기계들을 다루다보니 다양한 분야의 일들을 이해할 수 있었다. 많은 기계들의 사용 용도와 방법들을 익히고 다양한 기술을 다룬 당시의 능력이 후일 나에게는 큰 재산이 되었다.

열심히만 하면 필요한 제도마련과 연구환경 조성 등을 획득할 수 있었으므로 나는 단순 과학도나 연구자의 한계를 극복하고 관리 경영업무와 추진력, 그리고 객관적인 판단력을 배우게 되었다.

학회활동과 인적 네트워크

학회활동을 통한 그동안의 경험을 바탕으로 나는 생명해양 분야의 적절한 국가연구개발정책을 기획에 반영하고자 한다.

나는 전공분야인 생화학과 분자생물학의 학회활동 외에도 세포분자생물학회, 노화학회, 암학회, 온열종양학회, 독성학회 등 다양한 분야의 학회활동과 식품(녹차, 버섯, 인삼, 레티놀) 분야와 생명자원 분야, 천연물 분야의 교수들과 공동연구를 한 경험이 있다. 따라서 생명과 관련된 여러 학문들뿐만 아니라 해양수산물도 일종의 천연물로 분류될 수 있으므로 생명, 해양, 화학, 농수산 분야 등을 고루 볼 수 있으리라 생각된다. 더구나 나는 의학을 공부한 경험을 바탕으로 생명과학 본연의 목표를 달성할 수 있을 것으로 믿고 있다. 나는 기초의학연구소장 직책을 맡으면서 다섯 번의 심포지엄을 직접 개최했고, 다방면의 발표자들을 섭외하면서 분야별로 다양한 연구자들의 연구 환경과 현장 실정 등을 이해하게 되었으며, 학문 활동을 바탕으로 한 인적 네트워크의 중요성을 실감했다.

2004년 2월부터 한국과학재단 전문위원을 지내면서 나는 인생의 대전환기를 맞았다. 여성으로서 학교가 아닌 타 기관에서 근무하는 것은 나에게 새로운 도전이었다. 전국 대학교수들의 현황을 파악하게 되었고 국가 연구비가 어떻게 사용되며, 국가가 지향하는 목표는 무엇인가 등을 경험하면서 새로운 분야에서 더욱 적극적인 삶을 살게 되었다. 더욱이 열심히 일하려는 연구자들에게는 용기를 주어야 하고 그동안 소외되었던 분야는 적극 발굴하여 지원해야겠다는 생각 등 여러 가지 문제점들을 파악할 수 있었다.

과학재단에 근무하면서 2년간 수행해오다 중단되어 있던 기초의과학센터 지원사업(MRC)을 맡아 과학기술부를 오가며 열심히 정부를 설득시켜 2005년에는 다섯 개의 신규센터를 지원할 수 있게 예산을 확정 받았다.

교수이자 연구자로서의 경험과 학교행정을 바탕으로 나는 대학현장의 연구자들에게 무엇이 필요하며, 국가가 어떤 도움을 주면 연구 성과를 잘 낼 수

있을 것인가를 고민하게 되었고, 기존의 틀을 바꾸어 새로이 개척해야 된다
는 것을 깨달았다. 아울러 연구비 지원을 위한 평가업무를 수행하면서 국가
의 과학기술 정책에 맞는 국가연구지원 방향의 효율적인 지원과 목표를 더욱
깊이 생각했다. 결국 생명과학 분야의 연구개발이 새로운 방향으로 나아갈
수 있기 위해서는 기존의 틀을 깨야 한다고 생각하게 되었다.

국가에서는 과학기술 혁신을 위한 새로운 행정체제로 과학기술혁신본부
를 만들고 우리나라 전 부처의 연구개발과제를 한곳에 모았다. 그리고 예산
조정배분을 할 수 있는 R&D 부서를 출범시키고 효율적인 배분과 연구개발
의 투자에 국가 미시경제를 걸머질 수 있도록 했다. 나는 또 다른 도전의 카
드를 던지고 과학기술혁신본부의 심의관으로 내 삶의 새로운 여정에 뛰어들
었다.

과학기술혁신본부 심의관으로서의 나의 의지

국가는 연구비를 투자한 만큼 성과를 바라며 연구자들은 마땅히 분명한 성과
를 이루어야 한다. 일선의 연구자들은 어느 정도의 현실성을 알고 있는가?
과학자들의 연구 성과가 국민의 경제와 앞날에 희망을 안겨줄 수 있는 오늘
날의 현실에서 국가는 과학자들에게 방향을 제시하고 연구를 잘 할 수 있도
록 도와주어야 한다. 국가는 과학기술중심 사회라는 미래지향적인 목표를
내걸고 혁신본부를 출범시켰다.

나는 교육계 출신의 아버지로부터 정직성을 배웠고, 교수로서 학생을 가
르치면서 바르게 사는 방법과 인성교육을 중시하며 학생들을 지도했다. 내
가 지원한 혁신본부의 생명해양심의관은 생명, 해양, 화학, 농수산 분야를
다룬다. 기초과학을 전공한 나는 담분자생물학 분야의 연구를 깊이 수행하

여 암신호전달 기전을 밝힌 연구 경험이 있으며, 실험실 건설을 위하여 다양한 실험방법으로 초창기 연구의 폭을 넓혀 왔다. 그러므로 순수과학자로서의 현장경험과 실험실 관리운영 및 학교행정 등을 통한 경험들을 바탕으로 심의관으로서의 정책 기획과 중장기 계획 수립, 예산 조정 등의 임무 수행에서 능력을 잘 발휘하려고 한다.

나는 심의관으로서 현재 국가가 지향하는 과학정책에 맞추어 열심히 연구자들을 설득시키고, 우리가 나아가야 할 길을 모색하며 선진국과 경쟁할 수 있는 힘을 기르도록 노력할 것이다. 또한 여성과학자로서 리더십과 정직성을 잘 살려서 우리나라 생명과학 분야의 연구개발지원이 높은 성과를 냄으로써 세계를 리드해 갈 수 있도록 과학자들을 도울 것이다. 미래지향적인 국가발전을 위해 자신감을 갖고 일할 것을 다짐하며, 우리나라의 생명과학을 발전시켜 국가경제와 고용창출의 증대에도 크게 기여하고자 한다.

김조자

연세대학교 간호대학 교수

연세대학교 간호대학을 졸업하고 동대학원에서 간호학 전공으로 석·박사학위를 취득했다. 연세대학교 세브란스병원 간호부장, 대한간호학회 회장, 한국과학기술총연합회 이사, 대한간호협회 부회장, 연세대학교 간호대학 학장 등을 역임하고, 현재 연세대학교 간호대학 교수와 한국간호평가원 초대원장을 겸직하고 있다. 한국과학기술한림원 정회원으로 1994년 한국과학기술단체총연합회에서 과학기술 우수논문상을 수상한 바 있으며, 2002년 연세학술상, 2004년 우수업적교수상을 수상하여 여성과학기술인의 육성과 권익을 위해 남다른 노력을 기울이고 있다. 국내외에 140여 편의 연구논문과 브고서를 냈으며, 저서로는 《성인간호학》《간호연구》 등이 있고, 번역서로는 《핵심해부생리학》《심전도》 등이 있다.

인간과학, 건강과학, 그리고 간호학

어린 시절 나는 '커서 무엇이 되겠다, 무슨 일을 하겠다' 는 명확한 청사진이 없었다. 그랬던 내가 대학에서 간호학을 전공하고, 생의 3분의 2 이상을 간호와 함께했다. 돌이켜보면 그것은 우연한 나의 선택에 의한 것이 아니라 필연적으로 내가 선택할 수밖에 없는 길을 하나님께서 이미 만들어놓았던 것 같다.

내가 대학에서 간호학을 공부하던 당시에는 여성이 대학을 간다는 것이 흔치 않은 일이었고, 대개의 여성이 대학에서 선택한 전공은 가정학이었다. 당시 간호학은 과학으로서 뿐만 아니라 학문으로서도 갓 세상에 태어난 시기라 널리 알려져 있지도 않았다.

나는 고등학교 2학년 때 담임선생님으로부터 간호학에 대한 소개를 들었다. 어린 나이의 짧은 생각으로는 간호학을 전공하면 남을 위해서 봉사할 수 있고, 또 자신과 가족의 건강을 위해서도 유용할 것 같았다. 또한 여성으로서 직업인으로 성장할 수 있는 기회도 많을 것 같았다. 하지만 3학년이 되어 전공을 선택해야 할 시기가 되어서도 어떤 학문을 전공해야 할지 쉽게 결정할 수가 없었다.

나는 고민 끝에 아버지께 가정학과 간호학 가운데 결정을 하도록 도움을 달라고 부탁을 드렸다. 아버지께서는 "네가 이제 기차를 타려고 서울역에 나와서 나에게 '부산 가는 기차표를 끊을까요, 평양 가는 기차표를 끊을까요'라고 질문하는 것과 같구나. 하지만 꼭 내 의견을 듣고 싶다면 간호학을 공부하는 것도 좋을 것 같구나"라고 말함으로써 간호학을 선택하는 데 힘을 실어주었다. 그렇게 간호학에 입문하여 지금까지 40여 년을 대학에서 간호학을 가르치고 있다.

간호학을 공부하면서 생각했던 것보다 다양한 분야의 학문을 함께 공부해야 했다. 먼저 간호학의 대상이 인간이기에 인간을 이해하기 위한 인문과학, 자연과학, 사회과학 분야의 지식을 습득했다. 인간의 건강을 목적으로 하는 학문이기에 단지 아픈 사람을 돌봄으로써 질병으로부터 회복시키는 것뿐만 아니라 건강을 유지하고 증진시키거, 출생부터 인간의 존엄성을 지키면서 죽음을 맞이하도록 도와주기 위해 필요한 모든 지식과 기술도 배워야 했다. 또한 인간과 건강, 환경에 대한 태도와 가치관을 정립하는 과정을 통해 학문적 특성을 이해해야 했다.

예상보다 방대한 교육과정에 때로는 힘들 때도 있었다. 특히 다른 어느 과정보다도 해부학 실험실습은 두렵고 힘든 과정이었다. 또한 임상실습에서 다양한 건강문제를 가진 환자를 대하면서 그들의 고통을 해결해주지 못하는 안타까움과 답답함에 내 능력에 대한 자책감이 들 때도 있었다.

그러나 내가 간호학을 통해 배우고 익힌 모든 것들이 인간의 생애 전반에 직접적으로 사용되어 그 결과를 예측하게 한다는 사실이 나 자신을 나약해지지 않도록 부축하는 큰 힘이 되었다. 나지막한 언덕 하나, 가파른 돌계단 한 층씩을 오르다보니 자연스럽게 학자의 길로 들어서 있었고, 실습을 통해 다양한 인간관계를 접한 경험들이 졸업 후 사회에 내딛는 첫걸음을 낯설지 않게 인도해주었다.

이처럼 간호학은 순수과학이라기보다는 응용과학이요 실천적 학문이다. 최근에는 간호의 창조적이고 독창적인 특성을 강조하면서 간호학을 과학의 예술이라고도 한다. 현재 간호학의 학문 성장수준을 인간의 성장발달에 비추어보면 학령기에 도달했다고 볼 수 있다. 따라서 이에 따른 과제도 안고 있으나, 성인처럼 스스로 모든 문제를 해결하기에는 어려움이 있다. 신체적인 건강 문제를 해결하기 위한 기초 간호과학 분야에서의 연구, 인체공학적인 면에서의 연구, 의료공학적인 면에서의 연구, 의료기기와 간호용품의 개발 등 많은 과학기술적 연구 문제를 발견할 수 있다.

나는 한때 세브란스병원에서 간호부장직을 겸직한 때가 있었다. 이때 간호 실무에서 환자와 간호사를 위한 간호용품이 개발되어야겠다는 생각에 관심을 가지고 연구가발을 추진하려고 했다. 그러나 간호를 제공할 때 환자와 간호사 모두의 편의를 위해 필요로 하는 기구가 개발되기를 원했던 간호사들도, 실제 일을 추진하는 데는 선뜻 나서지 못했다. 뿐만 아니라 당장 눈앞에 보이는 성과만을 우선시하는 상황에서 어느 기관도 이익이 보장되지 않는 불확실한 개발에 연구비를 투자할 수 있는 여건이 아님을 알고 포기할 수밖에 없었다.

이처럼 간호 현장에 많은 과학기술적 연구문제들이 있음에도 불구하고 연구를 수행하는 데 가장 큰 문제는 연구진행을 위한 연구비 지원의 어려움이다. 이는 현재 과학재단의 학문분류 체계상 간호학이 독립된 영역으로 분류

되지 못했기 때문이다. 이 문제가 해결되어야 간호학이 과학기술 측면에서 더욱 기여할 수 있는 기회가 제공될 것이다. 최근에는 간호사가 개발한 간호용품에 대한 소식을 대중매체를 통해 종종 듣는다. 하지만 간호 실무를 위한 간호용품 개발은 간호학이 응용과학으로, 실천적 학문으로 역할하기 위해 더 없이 중요한 영역으로서 간과할 수 없는 문제인 채 여전히 남아 있다.

이후 나는 인간이 건강을 추구하는 생 형동연구에 관심을 갖게 되었다. 주로 심장질환을 가진 환자의 사회심리적 요인과 건강추구행위, 유방암환자의 사회심리적 간호중재를 통한 스트레스 관리 및 면역기능 증진 등의 연구 주제를 진행하고 있다. 하지만 생 행동연구이도 어려움은 있다. 환자를 대상으로 해야 하기 때문에 환자에게 동의를 얻는 문제와 주치 의사와의 협조체계 구축 등의 몇 가지 난제들이 그것이다. 그러한 문제들을 하나하나 해결하며 좋은 연구결과를 얻을 때의 성취감이 연구를 계속할 수 있게 했다. 지난 30여 년간의 꾸준한 연구와 학문 활동을 학계로부터 인정받아 1994년 11월부터 한국과학기술 한림원 정회원이 되었고, 연세대학교 창립 117주년(2002년)에는 의학 분야에서 연세학술상을 받기도 했다.

나는 어린 시절에 꼭 과학자가 되겠다고 꿈꾸지는 않았다. 다만 막연하게 자연과학 분야에 관심이 있었고 또 가르치는 일에 관심이 있는 정도였다. 지금 나는 간호학 박사로 꾸준히 연구활동을 하고 있으니 과학자라 할 수 있고, 교수로서 학생들 또한 가르치고 있다. 어린 시절의 막연한 꿈을 다 이룬 셈이니 적어도 내 인생 계획에서는 성공한 사람이라 말할 수 있을 것이다.

모든 학문의 궁극적 목표는 인간에게 풍요롭고 안전한 환경과 자유롭고 건강한 삶을 가져다주는 것이다. 간호학은 그 어느 학문보다도 최일선에서 인간과 직접 대면하면서 인간 생의 목표를 달성하기 위한 동반자로 역할을 할 수 있는 학문이다. 인간과학이며 인간의 건강을 다루는 건강과학으로서 신체적·정신적·사회적·영적 존재로서의 인간을 통합적으로 이해하고 건강을 유지 증진할 수 있도록 돕는 학문이 간호학이다. 나는 그러한 간호학을 사랑한다.

간호가 희생과 봉사 정신만을 요구하는 대표적 직업으로서의 이미지를 가지던 시대는 지났다. 이제는 전 세계적으로 사회의 다양한 분야에서 과학자로서 전문인으로서 역할을 할 수 있는 분야로 당당하게 전문직으로 인정받는다. 간호학은 여성들이 택할 수 있는 가장 좋은 학문이다. 어린 시절의 나처럼 갈림길에서 망설이는 젊은이들에게 나는 간호학을 권하고 싶다.

점점 개인주의적이고 이기적인 인간상이 확대되고 있는 이 시대에도 간호학은 누구나 인간을 사랑할 줄 알고 도움을 줄 수 있는 사람이고 싶은 인간 본성을 경험하게 한다. 그래서 나는 간호학을 전공하는 사람은 특별히 하나님께서 선택한 사람이라고 생각하며 감사한다. 내가 선택받은 것처럼 말이다.

김지영

경희대학교 생명과학대학 교수

서울대학교 식품영양학과를 졸업하고 미국 시카고대학교에서 생화학 · 분자생물학 전공으로 석 · 박사학위를 취득했다. 칼텍(캘리포니아 공과대학) 분자생물학 연구원, KIST 유전공학센터 진핵세포유전자 연구실장을 역임했으며 경희대학교 유전공학전공 교수로서 현재 생경과학대학 학장으로 재직하고 있다. 여성생명과학기술포럼 회장이며 한국여성과학기술단체총연합회 이사로 활동하고 있다. 70여 편의 국내외 학술지 연구논문과 단행본, 보고서 등을 냈으며, 최근 주 연구분야는 케모카인의 생성조절, 혈관신생 등이다.

여성생명과학자, 꿈은 이루어지다

이공계로의 진입

1960년대에 여중·여고시절을 보내던 내 삶의 목표는 여성이지만 한 인간으로서 사회에 진출해 원하는 분야에서 당당하게 능력을 최대한 발휘하겠다는 것이었다. 당시는 여성이 대학에 진학하여 전공을 열심히 공부하고 졸업한 후에 전문적인 직업을 가질 수 있는 기회가 매우 드물었고, 대다수의 여성이 결혼하여 전업주부로 생활하던 시절이었다.

고향을 떠나 이화여자고등학교에 다닐 때 나는 문학, 사학, 사회학 등 다양한 분야의 책을 읽는 것을 좋아했다. 뿐만 아니라 수학, 화학, 생물 등 이공계 과목에도 흥미가 많아 장래 진로를 결정하는 데 적잖은 고민을 해야만 했다. 이러한 방황 끝에 결국 이공계열 중에서 여성에게 적합할 것이라는 생각에 식품영양학과로 진학했다. 후에 분자생물학 분야로 전공을 바꾸기는 했으나 일단 이공계열을 선택한 것은 오늘의 나를 있게 해준 아주 훌륭한 선택이었다.

미국유학과 생명과학 연구

대학을 다니면서 유기화학, 생화학, 미생물학 등 여러 가지 기초학문을 배우게 되었는데 그중에서도 특히 생화학에 많은 흥미를 느꼈다. 생화학을 보다 깊게 공부하기 위하여 미국유학을 결심했고 1975년 시카고대학교 대학원 생화학과에 진학하게 되었다. 1970년대 중반은 유전자 재조합 기술 개발, 유전자의 클로닝 및 구조 규명, 전사 조절 등 분자생물학 분야가 급성장하고 있을 때였다. 매주 저명한 학자들이 초빙되어 새로운 연구결과를 발표하는 것을 보면서 생명과학의 발전이 얼마나 빨리 진행되고 있는가를 피부로 느낄 수 있었다. 대학원생이던 나는 세미나에 참석하고 분자생물학 분야의 저명한 학자들을 만나면서 유전자 구조 및 발현 조절에 관한 연구를 하기로 결심했다.

1981년 박사학위를 취득한 후에는 포스트닥터로서 캘리포니아 공과대학교에서 연구를 했다. 인간 유전자 라이브러리 구축, 유전자 지도 작성, 염기서열 결정, 유전자 구조 및 발현 조절에 관한 연구를 하면서, 당시로서는 최첨단 연구를 할 기회를 가지게 되었다. 많은 교수, 연구원, 대학원생들이 오로지 연구에 전념하고, 일상대화에서도 자연스럽게 과학에 대해 서로의 의견을 주고받으며 문제를 해결하는 모습이 대단히 부러웠다. 과학기술 자체가 그들의 삶 자체인 것 같다는 생각이 들 정도였다. 그러한 인재들이 최첨단 과학기술을 선도해 가고 세계 최대강국인 미국을 지탱하는 힘이라는 것을 느낄 수 있었다. 우리나라도 하루 속히 과학기술이 생활화되고 과학기술 분야에 많은 연구비를 투자하여 최고의 인재들이 과학에 몰두할 수 있으면 좋겠다고 생각했다.

한국과학기술원 최초의 여성 유치과학자

1984년 10월에 한국과학기술원 선임 연구원으로 부임하여 약 5년간 생명공
학 분야에서 연구했다. 우리나라에서 유전공학 육성법이 국회를 통과하여
한국과학기술원 부설 유전공학센터(현 한국생명공학연구원) 설립이 추진되고
있을 무렵이었다. 나는 1966년 KIST 연구소가 설립된 이래 최초의 여성 유
치과학자로 임용되어 여러 가지 국가 연구과제를 주도했다. 유전자 재조합
기술을 이용하여 재조합 인터루킨 2, 간염 백신, 트롬빈 생산 연구를 했으며,
1988년에는 국내 최초로 형질전환 동물인 슈퍼마우스 생산에 참여했다.

이와 같이 유전공학센터 설립 초창기에 유전공학 핵심 분야의 연구에 주
도적으로 참여할 수 있었던 것은 큰 행운이라고 생각한다. 임용된 지 몇 년
후에는 여성과학자로서는 처음으로 연구실 실장으로 임명되어 진핵세포유전
자 연구실장으로 활동했다. 과학기술계 정부출연연구소인 남성위주의 조직
에서 여성으로서는 매우 환영할 만한 인사발령이었으며 바람직한 변화였다.

생명과학대학의 홍일점 여교수

1989년 9월 경희대학교 자연과학대학 유전공학과 교수로 임용된 이후에는
교육뿐 아니라 효모세포를 모델로 하여 진핵세포 유전자의 발현 조절, 기능
등의 연구를 계속했다. 2000년대 들어서는 과학기술 분야의 연구투자가 증
대되었고, 교육부 BK21의 프로그램으로 대학원생 지원이 전폭적으로 이루
어져 대학의 연구여건이 아주 좋아졌다. 이에 따라 연구비도 많이 소요되고
고급인력이 필요한 분야인 면역, 암, 동맥경화 등에 중요한 역할을 하는 케
모카인(chemokine)의 기능 등에 관한 연구를 시작할 수 있었다. 케모카인의
혈관신생 활성, 신흐전달, 생성조절 등에 관한 연구를 하면서 여러 명의

석 · 박사를 배출했으며 연구가 활발히 이루어지고 있다.

학부제 개편 등으로 현재는 생명과학대학에 소속되어 있으며 30여 명 교수 중 여교수는 아직도 한 명뿐이다. 하지만 그동안 전혀 위축됨이 없이 동료 남성 교수들과 스스럼없이 지냈고, 최근에는 생명과학대학 학장으로 활동하고 있다. 여성도 자기 직업에 최선을 다해 노력을 하다 보면 남성 못지않은 능력을 발휘할 수 있다는 것을 보여주게 되어 매우 기쁘다. 앞으로 후배 여성 과학자들이 지도자로서 활동할 수 있는 기회가 확대되도록 여성도 연구, 교육뿐 아니라 행정을 잘 할 수 있다는 것을 보여주는 것이 나의 책임이고 임무라고 생각한다.

여성단체 활동과 리더십

남성위주의 학술단체 조직에서 여성과학자가 리더십을 발휘할 수 있는 기회를 가지는 것은 매우 드물고 어려운 상황이다. 여성과학자의 리더십 함양과 네트워크 구축을 위해 2001년도에 여성생명과학기술포럼이 창립되었다. 여성생명과학기술포럼은 900여 명의 석사과정 이상 생명과학기술 분야의 여성과학자들이 참여하고 있다. 창립 당시 나는 부회장으로 활동했으며, 2004년부터는 2대 회장으로 활동하면서 과학기술계, 여성계, 정계 등 다양한 분야의 인사들을 만나고, 정부에 여성과학자 관련 정책제안을 하는 데도 참여했다. 또한 단체회장으로서 전국적인 여성과학기술인들의 네트워크를 구축하여 힘을 모으고, 우수한 여성 생명과학기술인에게 로레알-유네스코 여성생명과학진흥상을 수여하며, 차세대 여성인력의 과학기술 분야로의 유입촉진에 관한 심포지엄, 여성과학기술인의 리더십에 관한 심포지엄을 개최했다.

여성생명과학기술포럼 등 13개 여성단체(2005년도 현재 기준)를 포함한 여성과학기술단체총연합회가 2003년도에 창립되었는데, 이때도 여성생명과학기술포럼이 주도적인 역할을 했다. 또한 2002년도에는 경희대학교 여교수의 친목과 권익을 위해 수원캠퍼스 여교수회를 발족하여 초대회장으로 활동했으며, 이공계열의 여교수 비율을 높이고 여학생들의 멘토링을 통하여 차세대 여성과학자들을 육성하는 데 심혈을 기울이고 있다. 지난 몇 년간 여러 단체 활동을 하면서 많은 시간과 노력을 들였지만 그 이상으로 얻은 것이 많았다. 그중에서도 가장 중요한 사실은 여성 스스로 리더십이 배양된다는 것을 확실하게 체험한 것이다.

21세기 여성과학자의 역할

여성은 대학까지는 남성과 같은 조건에서 경쟁을 하고 좋은 교육을 받을 수 있다. 하지만 졸업 후 결혼과 육아 부담 등으로 사회에 진출하는 데 여러 어려운 점이 있다. 우리나라가 선진국으로 진입하기 위해서는 과학기술 강국이 되어야 하고, 이를 위해서는 우수 여성과학자의 육성과 활용이 필수적이라는 인식이 확산되고 있다. 따라서 최근 정부에서는 정책적으로 여성과학자를 위한 많은 지원을 하고 있다.

여성에게 과학기술 분야는 기회이면서 큰 도전이라고 생각한다. 여성도 원하는 분야에서 높은 목표를 설정하고, 자신의 능력을 최대한 계발하여 자신의 행복한 삶을 영위하고 국가 발전에도 적극적으로 참여해야 할 것이다. 21세기는 지식기반사회이며 과학기술 분야는 여성 친화적으로 변화했다. 과학기술계에서 여성은 주도적인 역할을 할 수 있을 것이다. 특히 생명과학 분야는 21세기 주요 산업으로서 젊은 차세대 여성과학자들의 국가과학기술 분야에서의 핵심적인 활동이 기대된다.

높은 목표와 노력하는 삶

이제 쉰을 넘긴 지도 오래되는데 생명과학자로서 대학에서 젊은 학생들을 가르치고 연구실에서 대학원생들과 연구과저를 수행하며 여러 사회활동을 하면서 세월 가는지를 느낄 새도 없는 생활을 계속하고 있다. 그래서 그러는지 이 나이에도 30~40대와 마찬가지로 활력 있는 삶을 누리고 있으니 정말 감사하고 행복하다.

나는 산을 좋아한다. 가끔 산을 오르는데, 산 정상을 바라보면 과연 올라갈 수 있을까 생각되지만 한걸음씩 땀을 흘리면서 오르다 보면 결국은 정상에 올라가게 된다. 우리가 살아가는 인생도 마찬가지다. 젊을 때 큰 목표를 세우고 그 목표를 향해 장애물을 극복하며 포기하지 않고 한걸음씩 나아가다 보면, 반드시 자기의 목표를 달성하게 된다. 나는 36여 년 전에 이공계로 진입하여 목표를 향해 한걸음씩 올라가면서 여러 가지 어려운 관문을 통과했고 마침내 교수이자 여성생명과학자가 되었다. 그동안 교육 및 연구분야에서 내가 이루어놓은 것은 미약하지만 대학에서, 사회에서, 가정에서 하고 싶은 일들을 모두 다 할 수 있으니, 여고시절에 품었던 나의 꿈은 이루어지고 있는 것이다.

김화숙

김화내과의원 원장

이화여자대학교 의과대학을 졸업하고 국립의료원에서 인턴과 레지던트를 수료한 후 1976년까지 혈액 암내과 스태프로 재직했다. 1982년 덴마크 코펜하겐 의과대학 혈액 암내과에서 연구원으로 있었으며, 독일 프랑크푸르트 혈액 암내과에서 암 표시인자에 대한 논문을 발표했다. 중앙대학교 의과대학에서 석·박사학위를 취득한 후 고려대학교와 한양대학교 의과대학에서 외래교수를 지냈으며 1985년에 김화내과의원을 개원했다. 대한 내과의사회 부회장, 서울시 내과의사회 부회장 등을 역임했으며 현재 한국여자의사회 이사, 대한의사협회 중앙윤리위원회 위원, 이화여자대학교 의과대학 동창회 회장 등으로 활동하고 있다. 저서로는 《요즘 이런 병이 늘고 있다》(공저) 등이 있으며, 2001년 이화여자대학교 의과대학에서 '올해의 이화인'으로 선정되었다.

일곱 가지 빛깔을 만들어가는 나

제1의 인생은 부모에게서 태어나 이미 만들어진 인생이요, 제2의 인생은 자기 자신이 만들어가는 인생이다. 모든 여성들, 특히 전문직을 가진 여성 모두가 그릴 수 있는 삶을 색깔로 한번 표현해보자. 무지개 일곱 가지 색을 어느 정도의 농도와 배열로 조화를 이루어 나가느냐에 따라 각자 개인이 어느 색깔에 중점을 두고 살고 있는지를 알게 될 것이다. 이 일곱 빛깔을 자기 자신이 만들어갈 때 참 재미있는 삶이 될 것 같다.

의사가 되기 전 우리는 한 여성으로서 그 어느 누구보다 아름다움을 가꾸고 자아를 키워나가고 건강한 여성이 되어야 한다. 여성의 빛깔은 아름다움의 빛깔(빨간색)이다. 아름다움은 누리려는 자세를 갖춘 이만이 누릴 수 있다. 멋내기를 하는 것은 단지 10퍼센트 정도일 뿐, '자기 자신을 잘 알기'가 가장 중요한 포인트이다. 단순히 겉모습만을 말하는 아름다움이 아니라 내적으로 어떤 빛깔과 어떤 품성을 갖추었느냐가 문제이며, 내면적으로 존재하는 아름다운 성격과 품성이 외적으로 조화롭게 이루어졌을 때 '멋' 이라는 말을 할 수 있다.

소피아 로렌은 어릴 때 소문난 못난이에다 천덕꾸러기로 자랐다고 한다. 그러나 그 아이는 미인대회에서 최고의 미인으로 뽑히고 난 후 개성 있는 특별한 이미지의 여배우로 인생을 살게 된다. 그녀는 자신의 있는 그대로를 최대한 살려 최고의 멋쟁이로 변한 것이다. 아무리 못난이라도 멋내기와 함께 못난 부분을 잘 활용하면 개성 있는 멋쟁이가 되는 것이고, 아무리 아름다워도 가꾸지 않으면 시들어버리기 마련이다.

의사가 되는 순간 우리는 전문직업인이 된다. 이 사회는 고도로 세분화된 전문직 빛깔(주황색)을 요구하는 시대다. 우리는 아름다운 여성이라는 점을 바탕으로 남녀의 성차별에서 벗어나 이 사회를 이끌어나가는 동등한 시대를 만들어야 한다. 의과대학 여학생이 전체의 50퍼센트를 차지하고 있는 현실에서도 현 의료사회는 여전히 남성위주이다. 이러한 상황에서 여의사들의 목소리를 높이는 데는 한계가 있다. 따라서 여의사가 적극적으로 참여하는 시대를 만들어야 한다. 우리가 소홀히 했던 분야에도 적극 참여하여 여성의료 참여를 확대시켜야 한다.

그동안 평등하지 못하다는 생각을 하면서도 당연시되었던 관습들이 이제 수면 위로 떠올라 여의사의 문제점이 나타나기 시작했다. 예를 들어 출산과 육아문제로 법적 휴직을 3개월 하면 전문의 자격시험에서 탈락한다. 이러한 점은 응급으로 해결되어야 할 성(gender) 문제다.

여의사와 전문직은 이미 우리에게 주어진 의무이다. 이제 사회에서 요구하는 '리더'로서의 빛깔(남색)을 창출해야 한다. 대학병원의 교수와 학장, 개인의원의 원장과 경영인, 기업의 대표이사, 정치인, 방송인 등 각계 각 분야에서 화려하게 활동하고 있는 여의사가 많이 있다. 이 사회에서 목소리를 높이려면 좀더 많은 여의사가 한국의 여성 단체에 참여하여 자리를 넓혀나가야 한다. 대학교수도 개인의원 원장도 이제는 서비스업에 종사하는 경영 마인드를 가져야 한다. 가만히 옛날처럼 목에 힘주고 있다가는 알아주는 사람이 없을 것이다. 좋은 학생을 유치하여 학교의 위상을 올리고, 많은 환자를 모으기 위해서는 나만의 경영철학을 개발하여야 한다. 출산율 저하와 노령화시대에 우리나라의 현 의료보험 체제로는 옛날처럼 수많은 환자를 보기란 어렵고, 흑자 경영을 하기란 더더욱 어렵다. 이제는 가능한 한 학술세미나와 강연 등에 참석하여 앞서가는 새로운 의료기술을 습득함으로써 한발 앞서 나가는 길을 모색하여야 한다.

여의사를 아내로 맞이한 남편은 대개가 "내 아내는 자랑스럽고 당당하고 능력 있다고 생각한다"고 이야기한다. 과대망상일지 모르지만 그만큼 고행길로 들어서는 것이다. 그러나 순진하고 세상물정 모른다는 여의사도 많이 있다. 여의사의 남편도 외조를 한몫 하여 아내의 빛깔(초록색)을 살려내야 한다.

수련의 과정 동안 여의사의 역사는 이루어진다. 밤잠 자지 않고 당직하랴, 공부하랴, 환자 보랴, 여기에 부모님은 결혼하라고 성화이다. 결혼과 출산은 다른 모든 여성과 다를 바 없다. 그러나 어머니가 되는 고행은 이루 말할 수 없는 힘든 과정이다. 아기를 키워주는 어더니의 대리 역할은 대개 친정 부모님, 시부모님, 아니면 가정부다. 이제 각 병원에 안심하고 일할 수 있는 유아원, 탁아소 등이 활성화되어야 한다. 출산휴가도 남편과 함께 나누어하면 육아 문제 해결에도 도움을 주리라 생각한다. 여의사가 자녀들에게 주는 어머니와 주부의 빛깔(파란색)은 특별하다고 생각된다. 자녀들은 스스로 독립성을 키울 수 있고, 커리어 우먼으로 일하는 어머니를 예사로이 보지 않을 것이다. 입으로 하는 잔소리보다 행동으로 보여주는 것이 좋은 본보기가 된다. 없는 시간을 쪼개 집에서는 가정주부로서의 역할까지 해야 하니 의사는 참으로 바쁜 인생일 수밖에 없다.

태어날 때부터 우리는 병아리(노란색) 같은 딸자식이다. 딸자식은 평생 애프터서비스한다고 한다. 특히 여의사는 본의 아니게 더욱더 친정 부모님께 의존하는 경향이 있다. 모든 딸이 다 그렇지만 지극히 정성스럽게 뒷바라지한 여의사를 가진 부모는 딸을 유독 대견스러워하고 자랑스러워한다. 그러한 부모님께 과연 얼마나 보답할 수 있을지?

개인에 따라 다르겠지만 며느리로서의 빛깔(보라색)은 친부모님과 달리 만들어나가기에 따라 상황이 달라진다. 20여 년 이상을 다른 환경에서 성장한 사람들이 하루하루를 사랑과 믿음으로 쌓아가다 보면 끈끈한 가족애와 천만 가지의 미운 정, 고운 정이 다 스며들어 표현할 수 없는 빛깔로 융해해버릴 것이다.

이러한 과정을 거쳐 일곱 가지 빛깔이 아름답게 조화를 이루어 빛날 때 햇빛처럼 흰색으로 깨끗하게 빛을 발휘한다. 그러나 크레파스로 일곱 가지 색을 조화 없이 마구 칠한다면 깜깜한 암흑의 검은색으로 변할 것이다.

인생을 살다보면 어느 누구에게나 좌절과 시련은 찾아온다. 이러한 시기에는 아무 색도 칠할 수 없는 검은색이 지속될 수 있다. MBC에서 방송한 '늪'이라는 드라마에서는 한 성형외과 여의사가 남편 외도 문제로 시련을 겪는 도중 결국 헤어나지 못하고 죽음이라는 검은 암흑의 세계로 빠져버린다.

우리가 삶을 완벽한 무지개 색으로 만들 수는 없지만 자기 인생에서 어느 부위를 강하게 칠하고 살아갈 것인가는 생각해볼 문제이다. 역경과 좌절이라는 검은색이 드리워진다 하더라도 자신이 추구하고 그리고 싶은 원래의 아름다운 색깔을 지속적으로 그려간다면 우리의 인생은 아름다운 흰색으로 조화를 이루어 밝게 빛날 것이다.

나도선

한국과학문화재단 이사장

서울대학교 약학과를 졸업하고 동대학원에서 생약학 전공으로 석사를 받았으며, 미국 북일리노이대학교 화학생화학과에서 박사학위를 취득했다. 앨라배마 의과대학 연구원, KIST 생화학연구실장, 울산대학교 의과대학 교수 등을 역임하고 현재 한국과학문화재단 이사장으로 재직하고 있다. 한국과학기술한림원 종신회원이며 한국여성과학기술단체총연합회 회장이다. 2002년 대한민국 과학기술훈장을 비롯해 다양한 과학상을 수상했으며, 여성과학기술인의 육성과 권익을 위해 남다른 노력을 기울이고 있다. 국내외에 130여 편의 연구논문과 보고서를 냈으며, 번역서로는 《생물정보학》《생화학》《로잘린드 프랭클린과 DNA》 등이 있다.

능동적 참여와 봉사는 리더십 배양의 지름길

들어가는 말

평생을 과학기술 현장에서 생명과학 분야 연구에 몰두하면서 살아온 나는 2005년 3월 한국과학문화재단의 이사장이 되었다. 언론은 '과학기술계 최초의 여성 기관장'이라는 타이틀로 앞다투어 기사를 게재했다. 취임 이후 지난 5개월간은 기관장으로서 기관경영이라는 본연의 업무 이외에도 많은 인터뷰, 원고 요청, 방송 출연, 그리고 수많은 회의 참석 등 참으로 바쁜 일정을 소화해내야만 했다. 또한 늘 느끼던 바이지만 가는 곳마다 홍일점이라거나 극소수의 여성 중 한 명이라는 사실에 여성의 과학기술계 리더십이 아직도 얼마나 척박한 실정인가를 새롭게 인식해야만 했다. 오랫동안 과학기술계에서 여성의 리더십 증진을 위해 많은 노력을 해왔지만 이제부터 나의 역할은 지금까지와는 또 다른 국면으로 접어들고 있는 것을 실감하고 있다.

과학기술계는 여성의 리더십 불모지

오랫동안 과학기술계는 여성의 리더십 불모지였으며 지금도 그렇다. 과학기술계의 리더십은 각 연구기관의 기관장을 비롯한 연구소의 고위직, 정부의 고위 관료, 산업체의 고위직 등이며, 민간부문의 대표적인 리더십은 각 학술단체의 대표 및 임원진이다.

한국과학기술단체총연합회에 소속된 370개 학회 및 단체의 대표로 구성된 약 950명의 대의원 중 여성은 전통적으로 여성회원이 대부분인 간호학회, 가정학회 등을 제외하고는 손꼽을 정도인 실정으로 1퍼센트에도 못 미치고 있다. 한국과학기술한림원과 한국공학한림원의 여성회원수도 미미한 수(2퍼센트 미만)에 불과하다. 과학기술계의 여성 인력이 전체의 11퍼센트임을 감안하면 여성의 리더십 부재가 심각한 수준임을 알 수 있다.

과학기술계 여성 리더십의 불균형은 우리 사회에 만연되어 온 가부장제의 병폐에 기인한 바 크지만, 이를 극복하기 위한 여성들의 적극적인 노력이 부족했음도 부인할 수 없다. 조직사회에서 리더십 배양은 멘토 역할을 해주는 선배들을 통하여 자연스럽게 이루어지는데, 선배는 학연이나 지연으로 끈끈하게 엮여져 있는 경우가 많다. 동문과 고향 선배가 포진해 있는 남성들에 비하여 여성들은 멘토 역할을 해줄 선배가 없는 경우가 태반이어서 직장이나 학회 등 조직에서의 리더십 배양에서 불리한 위치에 있다. 더구나 직장과 가정의 이중고에 시달리는 여성들은 학술단체 임원 등의 기회가 주어졌을 때도 잘 활용하지 못함으로써 더 이상 기회를 얻지 못하기도 한다.

여성과학기술인들에게 기회를 제공하는 정부정책

불과 4~5년 전만 해도 여성과학기술인은 리더십은 고사하고 취업 자체가 바늘구멍이었다. 취업의 불평등이 다 사라졌다고 말할 수는 없지만 앞으로는 상황이 점점 개선될 것이라는 점은 분명하다. 정부에서 시행하고 있는 '여성과학기술인 채용목표제'도 여성의 고용을 늘리는 데 상당한 기여를 할 것으로 기대된다.

지난 4년간 정부에서 여성과학기술인의 육성에 많은 관심을 기울여 온 결과 정부 부문의 여성과학기술인의 리더십은 이제 새 시대를 맞이하고 있다. 특히 참여정부는 여성과학기술인을 발탁하여 고위직에 임명함으로써 과학기술계의 여성 리더십 배양에 앞장서고 있다. 여성과학기술인들의 고위직 진출은 앞으로 순차적으로 늘어날 전망이다. 이러한 분위기에 편승하여 국책연구소와 기업들도 고위직에 여성을 임명하는 사례가 하나둘 나타나고 있다. 이는 새로운 시대가 열린다는 희망의 메시지임에 분명하다. 그러나 이러한 분위기의 불씨를 살려내 여성의 과학기술계 리더십을 늘려 나가는 것은 이제 여성들의 몫이다.

리더십 개발의 밑거름이 된 나의 학회 활동

학술단체 활동은 상당부분이 무보수 봉사활동이고, 일과 후의 저녁시간에 모임을 갖는 경우가 많으므로, 과증한 업구로 고달픈 여성과학자들은 적극적으로 참여할 동기가 약하다. 그러나 학회 활동으로 봉사를 하는 동안, 각 분야를 선도하는 학자들과의 교류와 네트워크가 자연스럽게 형성되고, 이러한 네트워크는 종종 고급 정보를 교환하고 커리어의 성장을 돕는 멘토를 만나는 기회를 제공하기도 한다. 나는 전공분야인 한국생화학분자생물학회에서 오랫동안 임원으로 활동하면서 리더십을 키웠는데, 내가 이러한 활동을 하지 않았다면 오늘의 나는 없었다고 해도 크게 틀린 말이 아니다.

내가 박사학위와 박사후연구원 과정을 마치고 KIST의 연구책임자가 되어 미국에서 귀국한 것은 1985년이었다. 당시는 여성이 과학기술계에서 번듯한 직장을 얻기도 어려웠으며, KIST에도 여성이 몇 안 되고, 또 사회분위기도 매사에 성차별적 요소가 당연시되던 시절이어서 직장생활에 애로가 많았다. 그중에서도 흔히 저녁 술자리에서 나누어지는 중요한 정보로부터 소외되는 경우가 많았는데 이를 극복하는 것이 문제였다. 나는 여러 학술대회에 빠지지 않고 참가하여 학자들과 교분을 쌓으려고 노력했는데, 학회에 참여하는 여성의 수가 극히 적었으므로, 나의 이러한 노력은 학계의 선도그룹으로부터 주목을 받게 되었다.

한국생화학분자생물학회는 1967년에 창립된 우리나라 생명과학분야의 대표적 학회로서, 나는 1993년 학회 26년 역사상 여성으로는 최초로 임원(편집간사)이 되어 창립 이후 남성들만의 무대였던 학회 운영에 참여하게 되었다. 편집간사는 학회지를 출판하기 위해 필요한 모든 실무를 맡아 처리하는 막중한 책임이 있는 자리로, 업무에 상당한 시간을 할애해야 한다. 학교 일과 연구로 바쁜 나날 속에서도 나는 2년간을 학회지 편집간사로 일하면서 잘한다는 평가를 받았으며 전현직 회장님을 비롯한 임원들과도 친분을 맺게 되었다. 이후 나에게는 계속 다른 역할이 주어졌다. 학술토론회 위원과 위원장, 국제위원회 위원과 위원장, 선거관리위원회 위원과 위원장, 학술지편집 위원회 위원과 위원장, 그리고 간사장, 부회장 등이다.

이러한 직책을 맡아 봉사한 10년이 넘는 세월을 지나면서 나의 리더십도 차츰 자라게 되었으며, 2005년도에는 회장이 되었다. 내가 학회에서 맡은 역할은 모두 여성으로는 최초였다. 이러한 활동을 통해서 다른 사람을 돕고 또 도움을 받으면서 나의 역량도 자라났다.

그 후 한국생화학분자생물학회 이외에도 생명약학 연구회장 등 여러 학회의 임원으로 활동하게 되었다. 2001년에는 여성 최초로 한국과학재단의 전문위원이 되어 대덕단지에서 1년간 파견 근무를 하기도 했으며, 과학기술부 생명공학 종합정책 심의회, 교육인적자원부 과학교육위원회 등 정부 위원회의 위원이 되는 기회도 주어졌다.

학회 활동은 학문적 업적에도 도움

학회 임원으로 활동하면서 형성된 인적 네트워크는 나의 학문에도 많은 도움이 되었다. 우선 과학자들과의 인간적 신뢰관계는 최신 정보교환과 공동연구를 가능하게 하여, 혼자서는 해결하기 어려운 문제에 큰 도움을 얻곤 했다. 연구비를 신청하고 심사를 통하여 지원받는 데 있어서도 서로 아이디어를 나누고 협조함으로써 각자의 역량을 배가할 수 있었다. 무엇보다도 과학자들과의 우정을 통하여 학문의 즐거움과 애환을 나눌 수 있는 것이 큰 기쁨이었다. 학문적으로는 지난 20년간 100편 이상의 국내외 논문과 특허, 보고서, 학술 발표를 학계로부터 인정받아, 2002년 과학기술계 최고 석학들의 전당인 한국과학기술한림원 정회원, 그리고 2004년에는 종신회원에 선임되는 영광을 얻었다.

여성과학기술인의 리더십 배양을 돕기 위한 활동

과학기술계의 리더십은 전공분야의 학문적 수월성을 바탕으로 오랜 세월에 걸쳐 배양되는 것으로, 여성 할당제 등에 의해 어느 날 갑자기 만들어지지 않는다. 나는 과학기술계에서 리더십을 키워오면서, 기회가 될 때마다 후배 여성과학기술인들을 학회 임원, 위원회 위원 등으로 추천하여 이들에게 리더십 배양의 기회를 제공하고자 했다. 그러나 이러한 노력만으로 큰 성과를 거두기는 어려우며, 여성과학기술인들이 리더십을 배양할 수 있는 활동무대가 필요함을 절감하게 되었다. 여러 해 동안 선후배의 우정을 쌓으면서 함께 활동을 해온 몇몇 여성과학자들과 의논 끝에 2001년 '여성생명과학기술포럼'을 창립했다. 이 단체는 심포지엄 개최와 '여성 생명과학 진흥상' 수여 등 여성과학기술인들에게 리더십 훈련의 기회를 제공하고 있으며, 여성과학기술단체의 모범사례로 꼽히고 있다. 2003년에는 '한국여성과학기술단체총연합회(여과총)'를 결성하여 국내 약 2만여 명에 달하는 여성과학기술인의 네트워크를 구축함으로써 여성과학기술인의 리더십 배양의 인프라를 구축했다.

대중과의 의사소통은 과학기술인의 의무

오늘날의 첨단과학은 상당한 지식인들에게도 이해가 어려워서 일반인들은 과학으로부터 점점 멀어지고 있다. 과학을 이해하지 못하는 데서 오는 오해가 사회의 갈등을 야기하기도 한다. 이러한 문제의 상당부분은 과학기술인들이 자신들의 일을 일반인들에게 잘 설명하지 않는 데서 비롯되는데, 선진국에서는 대중과의 의사소통이 과학기술인의 의무로 받아들여지고 있다. 예를 들어 영국에서 정부 연구비를 받아 연구를 수행하는 모든 연구자들은 1년에 수 차례 이상의 대중강연을 해야만 한다. 정부가 지원하는 연구비는 전적으로 국민의 세금으로 조성된 것이므로 과학기술인들은 자신의 연구에 대하여 납세자들에게 설명할 의무가 있다는 것이다.

나는 과학기술계의 리더로서 대중강연, 신문기고, 대중과학서 출판 등 나의 능력이 허락하는 모든 노력을 기울여 대중과의 의사소통을 실천해왔다. 지금은 한국과학문화재단 이사장으로서 나의 전심전력을 다하여 과학대중화에 앞장서고 있다.

차세대 과학기술인에 대한 지도 및 봉사 활동

어린 시절과 젊은 날을 되돌아볼 따 나에게 멘토가 있었더라면 참으로 좋았을 것이라는 생각이 든다. 나에게 조언을 해주고 길잡이를 해주는 사람이 있어서 '너는 과학자가 될 소질이 있으니 열심히 해봐' 라고 한마디만 해주었더라면 큰 용기를 얻었을 것이다. 나는 이공계 전공 학생들에게 희망의 메시지를 전하고, 그들이 험난한 길을 걷다가 돌부리에 채여 포기하지 않고 올바른 길로 가서 성공할 수 있도록 돕는 데 가능한 한 많은 시간을 할애하고 있다. 나는 '이화여자대학교 WISE 온라인 멘토링' 에서 만나는 이공계 여학생들, 그리고 나에게 이메일로 문의를 해오는 남녀 학생들에게 상담을 해주고 있다. 또한 이공계 여학생 및 젊은 여성과학자들을 대상으로 '21세기 여성과학자의 기회와 도전' 이라는 제목의 대중 강연들을 통해 도전정신과 미래 비전을 심어주기 위해 노력하고 있다.

맺음말

과학자로서, 또 주부로서, 나의 과학 인생은 하루하루가 새로운 도전의 연속일 정도로 치열한 삶이었다. 그러나 고생보다는 즐거움이 많았고 보람도 컸다. 여성으로서 한국과학기술한림원 종신회원, 한국생화학분자생물학회장이 되어 과학기술계의 리더십을 개척한 일, 이러한 노력으로 대한민국 과학기술훈장, 생명약학 학술상, 올해의 여성과학기술자상 등 여러 명예로운 상을 수상한 일, 이 모든 경험을 바탕으로 여성과학자들의 리더십 배양과 차세대 여성과학자들의 성장을 돕고 과학 대중화에 앞장서온 일이 큰 보람이었다. 돌이켜보면 내가 나름대로 과학기술계에서 리더십을 개척할 수 있었던 데에는 특별한 비결이 있었다기보다는 전공분야 학회 활동에 능동적으로 참여하여 다른 사람을 돕고 또 도움을 받으면서 형성된 인적 네트워크가 큰 기반이 되었다는 생각이 든다.

과학자로 살아온 나날은 행복한 날들이기도 했다. 과학자인 덕분에 첨단 생명과학의 발전을 생생히 느끼고 경험했으며, 과학 발전을 위해서 도전하고, 학자들과 우정을 나눌 수 있었던 것은 내 생애의 큰 축복이었다. 젊음과 늙음을 도전정신의 유무로 구분한다면 나는 아직도 젊음을 만끽하고 있다. 사람은 어려서는 호기심이 많다가 13세 전후에 호기심이 상당히 없어진다고 한다. 이러한 기준으로 보면 호기심이 아직도 많은 내 나이는 몇 살일까? 나는 과학자의 특권인 호기심과 도전이 즐겁고, 새로운 도전이 있는 내일을 설레는 마음으로 기다린다.

민병주

한국원자력연구소 연수원장

이화여자대학교 물리학과를 졸업하고 동대학원에서 고체물리실험을 전공으로 석사를 받았으며, 일본 구주대학교 물리학과에서 원자핵물리 실험을 전공하여 박사학위를 취득했다. 일본원자력연구소와 일본 이화학연구소에서 연구원을 역임하고 한국원자력연구소에 유치과학자로 입소하여 현재 한국원자력연구소 연수원장으로 재직하고 있다. 한국엔지니어클럽의 정회원이며, 한국여성원자력전문인협회 부설연구스장, 대한여성과학기술인회 부회장, 한국원자력학회 평의원이다. 2002년 원자력 안전의 날 과기부장관상을 수상했으며, 원자력을 바르게 알리기 위하여 남다른 노력을 기울이고 있다. 특허출원, 프로그램 등록 및 국내외에 150여 편의 연구논문, 보고서 등이 있다.

어머니가 심어준 여성과학인의 길

원고 청탁을 받고 모처럼 따뜻한 커피 한잔과 바흐의 무반주 첼로연주에 빠지는 여유를 가져본다. 그리곤 왜 과학자의 길을 택하게 되었나를 뒤돌아보았다. 어려서부터 나는 수학을 좋아했던 것 같다. 초등학교 4학년 때 처음 주산을 배웠는데 재미가 있어 열심히 했더니 배운 지 1년도 안 되어 3급자격증을 땄다. 3급자격증만 있어도 은행에 취직할 수 있던 시절이고 보면 제법 주산을 잘했던 모양이다. 주산을 잘해서 암산도 남보다 잘했던 것 같고, 그래서인지 계속 주산을 배우고 싶었지만 학원 다니는 걸 싫어하신 어머니의 강요로 그만둬야만 했다. 초등학교 시절에는 기계를 만지는 것도 좋아해서 6학년 때는 집에 있는 자전거의 브레이크를 분해해서 다시 조립하기도 하고, 사소한 고장은 직접 고치기도 하는 등 기계에 친숙했던 기억이 난다.

고등학교 시절에는 생물, 화학 등의 과학과목에 흥미를 많이 가졌으나 대학은 미대로 가고 싶었다. 손재주가 좋았던 어머니의 영향이었는지 나는 구성이나 장식미술에 관심이 많았다. 어머니는 숙명여전을 졸업하면서 이방자

여사 상을 받을 정도로 재주가 뛰어났으나 결혼하고 아이들 키우느라 본인이 하고 싶었던 공부를 계속 못한 것을 늘 후회했다(지금은 타계하셨지만 어머니가 만든 작품들 중 일부는 숙명여자대학교 박물관에 기증했다). 그러나 미술은 취미로 하고 여성도 전문직을 갖는 것이 좋다는 어머니의 권유로 이과계통으로 진학을 하게 되었다.

초등학교를 제외하고는 대학까지 줄곧 여자학교를 다녀서인지 학창시절에는 남녀의 차별을 잘 인식하지 못하고 생활했다. 그러나 일본유학을 준비하기 위해 일본의 대학교수님에게 서신을 보냈을 때 실험물리 분야는 여성이 감당하기 힘들다는 내용의 답신을 받고 처음으로 남녀차별을 느꼈다. 그러나 이에 굴복하지 않고 여러 차례 요청하여 마침내 승낙을 받아 연구를 할 수 있었다.

그러한 과정을 통해 교수님은 원자핵둘리 실험분야에도 여성의 섬세함이 필요하다는 생각을 갖게 되었고, 나는 일본 여자 후배들에게도 원자핵물리 실험분야에 들어올 수 있는 기회를 주었다는 데에 자부심을 느꼈다. 그 당시의 연구를 통해 새로운 핵종(83, $85Nb$, Mo 등)을 발견했으며, 처음으로 $89Nb$에 대한 핵의 구조를 밝혀내는 성과를 냈다. 그 결과 일본원자력연구소, 일본 이화학연구소에서 특별연구원(비정규직)으로 연구의 첫발을 디디게 되었다. 그러나 당시 일본에서는 외국인 채용이 많지 않았고, 일본 또한 여성에 대한 차별이 많아 정규직으로 일하기가 어려웠다.

일본뿐만 아니라 우리나라에서도 남녀차별이라는 현실의 벽에 부딪치게 되었다. 박사학위 취득 후 원자력연구소에 응시하는 과정에서 외국에서 박사학위를 받으면 면접 없이 특채되던 관행에도 불구하고 여성이라는 이유로 면접을 봐야만 했다. 당시 2000여 명이 근무하던 원자력연구소(1959년 설립)

에 박사학위 소지자만 600여 명이었으나 여성 박사학위자는 한 명도 없었다. 내가 30여 년 만에 처음 입소(1991년)하는 여성박사였던 것이다.

문민정부가 들어서면서 여성우대 정책이 펼쳐지고 정부 각 위원회에 여성을 참여시키기 시작했다. 여성 원자력전문가가 귀하던 시절이라 나는 비교적 젊은 나이에 원자력안전전문위원, 원자력이용개발전문위원 등 원자력 분야에서 위원으로서 활동을 시작했다. 그 후 협회의 필요성을 인식하여 원자력 분야에서 여성원자력전문인협회(WIN-Korea)를 설립해 부회장으로서 활동도 했다. 이밖에 연구개발 활동으로는 중수로 핵연료 개발연구에 참여하여 중수로형 원자력발전소(경북 월성군에 소재한 원자력발전소)에 공급할 핵연료개발에 기여했으며, 이어 중수로형 원전에 대한 안전성을 평가하는 기술개발의 연구과제 책임자를 맡아 국내 중수로 안전해석체제를 구축했다.

현재는 원자력연수원 원장으로서 소내 원자력 교육훈련뿐만 아니라 베트남 등 원자력 개발도상국의 전문가들에게 우리나라의 선진 원자력기술을 공여하는 차원에서 교육훈련을 하고 있고, 국내 방사선 작업종사자들에 대한 안전 및 직무교육을 과학기술부로부터 위탁받아 실시하고 있다.

여기서 우리나라 원자력에너지에 대해 잠시 살펴보면, 우리나라의 주력 에너지원인 원자력발전은 가동중인 20기의 원자력발전소로부터 총 발전량의 43퍼센트를 공급하고 있으며, 이는 세계 6위로 우리나라는 원자력 선진국으로 자리매김하고 있다. 그러나 오늘날 신 고유가시대와 기후변화협약 등 지구환경의 보전, 에너지 수급 무한경쟁 아래서 원자력 발전에 대한 필요성을 '찬성' 또는 '반대'로만 보는 이분법적 판단보다는 국가의 장래와 후손에 미칠 전망을 정확히 평가하여 재조명하는 성숙된 자세가 우리 사회에 필요할 때인 것 같다.

최근 여성과학기술인들의 원자력 분야 진출이 확대되어 우리 연구소의 경우 '1990년 0.5퍼센트에서 현재 4퍼센트르 증가' 되었으며, 기타 원자력산업 분야에도 여성과학기술 전문인의 활동이 증가하고 있다. 여성과학기술 전문인들의 참여율이 증가하는 것을 계기로 원자력산업이 위험산업이 아니라 우리와 더불어 사는 산업이라는 올바른 인식이 정착되기를 희망한다.

특히 국민소득 2만 달러를 달성하기 위해서는 여성의 역할이 중요하다고들 한다. 그러나 여성이 일터에서 강당하게 활동하는 것은 아직도 그리 쉬운 일은 아닌 듯하다. 그간 여성에 대한 사회적 편견이 많이 개선되었다 해도 육아 등 우리의 현실에 놓여 있는 문제는 여전히 많다. 이런 면에서 여성과학기술인들이 헤쳐가야 할 일들이 많지만, 변화의 주체로서 당당히 자리매김하는 데 노력을 하면, 앞으로 여성과학기술인들은 지금보다 좀더 좋은 여건에서 자기의 주어진 재능과 능력을 충분히 발휘할 수 있을 거라는 희망을 갖는다.

박금자

박금자 산부인과 원장

연세대학교 의과대학을 졸업하고 동대학원에서 박사학위를 취득했다. 연세대학교 의과대학 외래교수, 한국성폭력위기센터 대표 및 제16대 국회의원을 역임하고 현재 박금자 산부인과 원장으로 근무하고 있다. 한국여자의사회 부회장 및 서울시의사회 부회장으로서 의료계의 발전을 위해 봉사하고 있으며, 1990년부터 한국성폭력상담소의 자문역과 대표이사를 역임하고 2001년 한국성폭력위기센터를 설립하여 아동과 여성의 인권보호 및 피해를 예방하기 위해 남다른 노력과 봉사활동을 하고 있다. 또한 의료지식 전달을 위해 많은 저술활동을 하고 있으며, 《귀가 예쁜 여자》《여성도 모르는 여성의 몸》 등 약 10여 권의 저서를 발간했다.

어느 날 병원으로 한 임산부가 긴급하게 실려 왔다. 뱃속의 아이는 이미 숨을 거둔 상태였다. 문제는 죽은 태아의 몸무게가 4킬로그램에 달할 정도로 커서 제왕절개 수술을 해야 하는 것이었다. 사산된 아기를 꺼내려고 산모의 몸에 칼을 댄다는 것이 못내 나의 마음에 걸렸다. 그 순간 뇌리에 떠오른 것은 오래전 의학 책에서 본 구식 수술방식이었다. 다소 위험이 따르지만 전통방식인 '수술적 분만 방식'을 시도할 만하다고 판단했다. 주변의 만류에도 불구하고 나는 이를 시도했고, 결국 개복수술 없이 사산아를 산모의 몸에서 꺼내는 데 성공했다. 이 사실을 전해들은 교수들은 "정말 용감하다"고 격려를 아끼지 않았다. 그때 나는 "의료 진로에서 새로운 시도를 한다는 것은 쉽지 않다. 환자의 생명이 걸려 있기 때문이다. 하지만 진정 환자를 위한다면 콜럼버스와 같은 용기가 필요하다"는 것을 깨닫게 되었다.

중학교 입시 낙방이 도전정신을

나는 어렸을 때부터 공부를 잘하는 편이었지만, 무엇보다도 남에게 지는 것을 싫어했다. 이러한 승부욕은 아마도 부모님의 영향이 아니었나 생각한다. 아들을 중요시하던 일반적인 가정들과는 달리, 부모님은 딸에게도 항상 자신감을 넣어주셨고 존중해주시는 편이었다. 그런 분위기는 내가 무엇이라도 할 수 있다는 자신을 가지게 했고 나는 초등학교 내내 우등을 놓치지 않았다. 하지만 나는 중학교 입시에서 내가 원하던 학교에 진학하지 못했고, 당시에는 이류라고 불리던 숭의여자중학교에 입학했다. 그 일로 인해 나는 어린 나이에 실패의 아픔이 어떤 것인지 깨닫게 되었고, 지금도 생생한 그 실패의 아찔함은 살아오는 동안 가장 큰 자산이 되었다.

남들이 놀 때, 남들이 자는 시간에, 나는 그때의 쓰라림을 잊지 않고 열심히 공부했다. 고등학교에 진학하고 나서, 일류여고에 진학한 친구들이 자신 있게 가슴에 배지를 달고 찾아온 날, 나는 가슴속에 "내가 원하는 대학에 꼭 가리라" 하는 목표를 설정했다. 부모님은 "여성들도 직업을 가지고, 특히 전문가가 되어야 한다"는 확실한 가치관을 가진 분들이었다. 고등학교 1학년 때 나는 스스로 전문가의 길을 가기로 진로를 선택했다. 즉 의사의 길을 인생의 목표로 정했고 거창하게 노벨의학상을 꿈꾸었던 소녀였다.

열심히 한 덕분이었을까? 재수해도 들어가기 힘들다는 연세대학교 의과대학에 무난히 합격을 했다. 합격발표가 있던 날 아버지와 함께 눈물을 흘리던 기억은 지금도 생생하다.

돌이켜보면, 첫번째 도전의 실패와 두번째 도전의 성공, 그리고 그 중간에 내가 기울인 노력들이 도전을 겁내지 않고, 용기 있게 전진하는 콜럼버스형의 사람으로 나를 만들어준 것이라고 생각한다.

여성과 함께하는 산부인과 선택

의과대학을 다니는 학생들은 누구나 어떤 과를 선택할까 고민하게 된다. 나는 예비 여의사라서 그랬는지 여성들을 만나 상담하고 진찰하는 것이 치료에 큰 도움이 될 것으로 판단하여 산부인과를 선택했다. 막상 산부인과 수련의를 밟다보니 밤낮 없이 태어나는 아이들 때문에 육체적으로나 정신적으로 너무나 고달팠다. 이틀에 한번씩 당직을 하면 남자의사들도 힘들다고 쓰러지기 일쑤였지만, 힘든 일정 가운데서도 임신, 출산, 부인과 암을 가진 환자들을 치료한다는 것에 강한 자부심을 느꼈다. 지금도 나는 내가 선택한 산부인과 진로에 자긍심을 느끼고 있다. 여의사이기 때문에 여성 환자들의 아픔을 구석구석 알아낼 수 있고, 그들의 아픈 마음을 진정으로 달래줄 수 있기 때문이다.

수련 후 나는 교수의 길을 걷기로 결심했다. 강사로서 3년 동안 연구와 진료를 열심히 했다. 하지만 삶이란 목표했던 대로 되는 것이 아니었다. 여러 상황으로 인해 교수의 길을 접고, 나는 1934년 11월 영등포의 조그만 빌딩에 박금자 산부인과를 개원했다. 막상 개원하여보니, 여성들이 자신의 몸에 너무 무지하다는 것을 알게 되었다. 조금만 일찍 알았어도 큰 병을 예방할 수 있었던 여성들을 보면서 나는 교육과 지식의 전달이 중요하다고 생각했다. 이때부터 나는 적극적으로 방송매체를 통해 의료정보를 전달했고, 언론활동을 통한 여성교육에 전념했다. 당시 가족계획협회의 성교육 상담원을 맡아, 성교육상담자를 양성해내는 일에드 적극적으로 몰두했다.

그동안 2만여 명에 육박하는 신생아를 출산시키면서 태교의 중요성을 알리기 위한 태교아카데미 설립, 아기를 낳은 후 제대로 양육하기 위한 신생아 베스트 베이비스쿨설립, 좋은 부모를 만들기 위한 좋은 부모모임 결성 등을 꾸준히 해옴으로써, 감성지수 높은 신생아 출산과 양육을 할 수 있도록 힘을 기울여왔다.

피임연구회 설립

1980년대 초반만 해도 여성들은 피임방법에 대해 잘 알지 못했을 뿐만 아니라 좋은 피임방법들이 우리나라에 소개되지도 않은 실정이었다. 원치 않는 임신과 출산 그리고 낙태는 심각한 수준이었다. 나는 1996년 의료계 전문가 및 교수들로 구성된 대한민국 최초의 피임연구회를 발족했다. 외국 전문가들을 초빙하여 강연개최 및 피임정책들을 연구하고, 효과적인 피임의 필요성을 홍보하기 시작했다. 약 10여 년 동안 대한민국 여성들에게 피임이라는 단어를 낯설지 않게 생활화시키고, 질 좋은 피임방법을 우리나라에 도입하게 하는 등의 역할이 중요한 활동 중 하나였다고 생각한다.

국내 최초의 원스톱 성폭력지원기관의 설립

산부인과를 운영하면서 나는 여성문제에 조금씩 눈을 뜨기 시작했고, 자연스레 시민운동에 나서기 시작했다. 1990년 우리나라 최초로 성폭력 피해 상담을 하기 위해 한국성폭력상담소가 개소되었다. 초창기부터 나는 한국성폭력상담소의 의료활동을 적극 지원했고, 1995년 대표이사로 일하면서 여성문제 해결을 위해 노력했다. 이 기간 동안 느꼈던 문제점들을 보완하기 위하여 2001년 3월 나는 구로동에 한국성폭력위기센터를 설립했다. 이 기관은 성폭력피해자들에게 의료지원은 물론 법적인 지원과 상담을 무상으로 제공하는 대한민국 최초의 원스톱 성폭력피해지원 센터였다. 특히 유아 성교육과 성폭력 예방을 위하여 약 3000명의 유아교사들을 교육시키는 데 힘을 쏟아 대통령 표창을 받기도 했다.

이러한 노력에도 불구하고 아동과 여성은 사각지대에 놓여 있어서 나는 좀더 많은 조력자와 합쳐진 힘이 필요하다고 생각했다. 2003년 나는 각 분야의 전문가 및 교수들로 구성된 '아동과 여성을 지키기 위한 100인 전문가클럽'을 발족했다. 이를 통해 가정폭력과 성폭력에 고통 받는 아동들과 여성들에 대한 문제점과 대책을 한국사회의 수면 위로 끄집어내는 역할을 해냈다고 자부한다. 물론 아직도 체계적으로 해야 할 일이 많이 남아 있다.

의정활동을 통한 복지활동

시민운동을 하면서 정책을 효과적으로 이루어내기 위해서는 정치 참여가 필요함을 절감했다. 그리고 2000년 총선을 앞둔 1999년 말 의료계, 여성계 전문가들의 추천으로 새천년민주당에 입당하게 되었다. 4년이 지난 2003년 12월 나는 16대 비례대표 국회의원 선서를 했다. 나는 보건복지위원으로서 조류 독감 등의 의료정책을 담당했으며, 여성 정치인의 양성을 위해 17대 비례대표 여성국회의원의 비율을 50퍼센트로 확정시키는 일에 무엇보다도 노력을 기울였다.

2003년 말 종로에 있는 세실다방에서 여성단체 지도자들과의 수없는 토론과 대책 상의 끝에 비례대표를 11석 늘리고 이의 절반을 여성의원으로 배정하자는 안을 도출해냈다. 결국 이 안이 관철되어 17대 국회의원 선거부터는 꿈에 그리던 여성할당제 50퍼센트가 이루어졌다. 여성문제 해결을 위한 가장 큰 숙원이 어느 정도 성취된 것이고, 이를 통해 많은 문제가 정책적으로 해결될 수 있는 기반이 마련된 것이다.

2004년 4월 17대 국회의원 총선에 나는 도전장을 냈다. 비례대표가 아닌

지역구로. 물론 주변에서는 불가능한 일에 도전하지 말라고 다들 만류했다. 하지만 양성평등을 주장해온 의사, 여성운동가, 정치인의 위치에 있었던 나로서는 여성의 지위향상과 가능성을 입증하고 싶었다. 이를 위해서는 결국 힘든 과정을 극복해야 했기 때문에 또 다시 도전장을 낸 것이었다. 힘들었지만 여성으로서 영등포 을구 지구당 위원장 자격을 따내고 17대 국회의원 선거에 민주당 영등포 을 지역구 후보로 출마했다. 아쉽게도 결과는 실패였다. 탄핵의 후폭풍에 밀려 제대로 평가되지 못한 아쉬움이 크지만 나는 그 과정을 통하여 나의 확신이 옳다는 것을 배웠다. 거센 탄핵의 역풍 속에서도 13.5 퍼센트나 되는 지지자들, 나의 정책과 생각을 지지해준 수많은 여성들, 그리고 그 필요성을 인정해준 남성 유권자들의 반응 속에서 여성정치인의 중요성은 불가능한 일이 아니라 절대적으로 필요한 부분이라는 것을 배우게 된 것이다.

도전이 즐거운 삶

돌이켜보면 나의 삶은 목표에 대한 끊임없는 도전과 극복으로 점철되었고, 나는 노력과 열정으로 그 도전을 극복하고 달려온 것 같다. "그렇게 일을 하면 피곤하지 않으냐?"고 묻는 사람들이 많지만 내가 해온 일은 오직 하나였다. 그것은 국민들, 특히 여성들의 삶을 더욱 건강하고 평등하게 하는 것이었다. 이 모든 것이 의료라는 기반을 통해 이루어졌음은 당연한 일이다.

지금 내 자리로 돌아와 지역주민들에게 성숙한 의사로서, 중년여성의 완숙함과 어머니의 강인함으로 진료활동을 할 수 있음을 행복하게 생각한다.

열정과 뜨거운 마음으로 지내온 40년이었다. 20년 후의 또 다른 내 모습은 아직 비추어지지 않지만, 그것은 내가 그려야 하고, 책임져야 할 몫이라

고 생각한다. 분명한 것은 내가 또 다른 도전을 하고 있다는 것이다. 꺼지지
않는 열정으로.

박기영

청와대 정보과학기술보좌관

연세대학교 생물학과를 졸업한 후 동대학원에서 식물생리학으로 박사학위를 취득했다. 이후 미국 퍼듀대학교 박사후연구원을 거쳐 순천대학교 자연과학대 생명과학 교수를 역임하면서 경실련 등 폭넓은 시민단체 활동을 했다. 대통령직 인수위 경제2분과 위원으로 참여정부와 인연을 맺은 후 과학기술중심사회 구축 등 국정과제 수립과 추진을 주도적으로 추진했다. 또한 참여정부 출범 이후 국가과학기술위원회 수석간사로 과학기술계의 각종 현안을 책임지며 대통령자문 정책위원회 미래전략분과위원장을 역임했다. 2004년 1월 여성으로서는 처음으로 보좌관에 임명되어 현재까지 청와대 정보과학기술보좌관을 맡고 있다.

삶을 스스로 개척하는 여성이고 싶다

나이 쉰이 다 된 지금도 어머니를 '엄마'라고 부르고, 아직도 존댓말을 쓰지 않는 것은 엄마와 더 친근해지고 싶기 때문이다. 엄마는 내가 당당한 여자, 실력 있는 여자로 자라서 스스로 인생을 개척하는 독립적인 여성으로 살기를 바랐다. 엄마 뜻대로 내가 성장했는지는 들어보지 않아 모르겠지만, 결혼도 하지 않고 지금까지 혼자 이곳저곳을 아둥바둥거리며 다니는 모습을 그렇게 안쓰러워하지는 않는 것 같아 보인다.

어렸을 때는 낭만과 정열을 갖고 자연의 아름다움을 화폭에 담아내는 화가가 되고 싶었다. 초등학교 때부터 미술대회에 참가해 여러 번 수상했고, 중고등학교 때에는 그림 전시회가 개최될 때마다 출품할 정도여서 미술반 선생님들도 미술 전공을 권했다. 고등학교 대 전시회에 출품했던 유화 그림은 지금도 집에 걸어 놓고 있다.

그러나 정작 전공을 선택할 때 모든 부분에서 좀더 독립적으로 내 삶을 영위할 수 있는 길은 무엇인가를 생각했다. 어쩐지 그림으로는 성공할 것 같지 않아 미술은 나중에 공부하기로 하고 좀더 전문적인 부문의 영역을 선택하고자 했다. 그 결과 평소 꽃과 풍경을 그리는 것을 좋아했기에 자연과 철학을 연결할 수 있는 심오한 학문으로 보이던 생물학을 선택했다. 훗날 교수가 되어 다시 그림공부를 시작했지만 사회활동에 바빠 결석을 자주하게 됐고, 급기야 선생님이 오지 말라는 지경에 이르렀다. 결국 화가의 꿈은 실현될 수 없을 것 같다.

다양한 분야의 독서를 통한 자기훈련이 나의 경쟁력

최근 이공계 전공자도 사회과학 분야의 학문에 관심을 가져야 할 필요성이 강조되고 있다. 물론 교육제도도 보완돼야 하겠지만 무엇보다도 자기만의 가치관 설계가 필요하다.

나는 중고등학교 시절 가끔 담임선생님에게 심한 야단을 맞을 정도로 학과공부보다는 소설읽기에 몰두했다. 17세기부터 20세기 초반까지의 국내외 유명 소설가들의 명작들은 대부분 그때 읽었다. 프란츠 카프카, 헤르만 헤세, 알베르 카뮈, 앙드레 지드 등의 유명한 명작소설들을 닥치는 대로 읽었다. 카뮈의 《이방인》을 읽은 후에는 태양 때문에 살인을 했다는 뫼르소 생각으로 나도 밝은 햇빛에 나가면 머리가 멍해지는 것을 느끼곤 했다.

연애중이던 사서선생님이 일찍 퇴근할 때에는 나에게 열쇠를 맡기고 갈 정도로 방과 후에도 도서실에 늦게까지 남아 소설책들을 읽었다. 늦게까지 공부하는 줄 알고 부모님이 저녁 간식비를 주면 그 돈으로 문고판 책을 사서 읽기도 했다. 삼성문고, 범우문고 등 값싼 문고판 서적이 나의 청소년 시절 가장 소중한 추억거리가 되었다. 얼마 전 우연한 기회에 범우사 사장님을 만났을 때 문고판 서적을 발행해주었던 것에 감사를 드렸다.

도서실을 애용하던 버릇이 있어 대학에 가서도 도서관에 열심히 다녔다. 시험 때에는 자리잡기가 어려운 까닭도 있었지만 새벽에 일찍 문 앞에서 가로등을 기대고 서 있다가 첫번째로 들어가 열람실의 형광등을 켜는 것에 희열을 느끼기도 했다. 그때는 소설보다 인문과학과 사회과학 서적에 더 몰두했다. 또한 여대생들이 한때 많이 심취하는 것처럼 나도 쇼펜하우어의 허무에 상당히 매력을 느끼면서 가장 허무하게 사고하고, 또한 가장 철저하게 허무를 극복하고 싶어했다. 사르트르를 읽으면서 실존철학에 심취하기도 했다. 중학교 교사를 하며 대학원을 다닐 때는 YMCA에서 시민운동을 하며 독서그룹을 만들어 당시의 사회적 담론에 관한 유명서적들을 읽으면서 밤 깊은 줄도 모르고 토론을 하곤 했다. 그때 종로 2가 뒷골목에서 먹었던 라면과 김치찌개의 맛은 지금도 잊을 수 없다.

생물학을 전공하면서도 끊임없이 몰두했던 타 학문에 대한 외도는 나만의 경쟁력을 만들어주었다. 가끔은 사회과학 분야에 대한 나의 관심을 원망한 적도 있었다. 전공에 좀더 전념했다면 뛰어난 과학자가 될 수 있었을 것 같은 아쉬움 때문이었다. 그러나 과학 데이터를 분석하거나 논문을 쓸 때, 또 대학에서 보직업무를 수행할 때, 그리고 지금처럼 과학기술정책을 담당할 때도 냉철한 분석과 나름대로 논리적이며 합리적인 사고를 훈련했던 것이 많은 도움이 된다고 생각한다. 무엇보다도 내가 어떻게 인생을 살아야 하는지, 이 세상의 어떠한 가치관이 더 소중한 것이며, 인류와 국가, 사회를 위해서 내가 어떻게 사고해야 하는지에 대한 행동과 판단을 하는 데 인문사회과학 서적을 탐독했던 경험들과 그때 형성된 가치관이 많은 영향을 주었다.

과학은 몰두할 매력이 있는 학문

나는 가끔 생각해본다. 내가 과학자의 길을 선택한 것이 내 적성과 특성에 맞는 것인가? 왜 과학을 전공했느냐는 질문에 내가 항상 말하는 답이 있다. 과학은 정열을 아낌없이 바칠 수 있는 매우 훌륭한 대상이라는 점이다. 과학은 거짓말을 하지 않는다. 예상한 결과와 다른 답이 나왔다면 십중팔구 지식의 부족이나 해석의 잘못으로 자신의 예측이 틀렸거나 우연히 새로운 발견을 한 것이다.

고등학교 때 물리를 배우러 새벽에 학원을 다녔는데 그 당시 가장 유명하던 물리 참고서의 저자가 직접 하는 강의를 들었다. 그때 나의 취미는 문제풀이가 틀린 답을 찾아내 저자에게 알려주는 일이었는데 무척 흥미롭고 매력적인 일이었다. 결국 틀린 답 몇 개를 찾아드리고 보상을 받은 적도 있었다.

나는 고등학교 때 공부를 열심히 하지 않았기 때문에 암기과목인 국사, 지리, 세계사 등 사회과목의 성적은 많이 나빴다. 하지만 물리, 화학, 생물, 지구과학은 100점을 받은 적도 있을 정도로 성적이 좋았다. 고등학교 3학년 말에 본고사 준비로 문제풀이를 할 때, 화학선생님은 아예 문제풀이를 나에게 맡기셨다. 반 친구들은 물리 문제를 풀다가 안 풀리면 나에게 가져왔고, 나는 정성껏 문제를 풀어주는 친절을 베풀기도 했다.

어려운 문제에 도전하고 싶어 하는 나의 특성은 지금도 마찬가지다. 순천대학교 생물학과 교수로 10여 년간 학문에 전념하면서 학생들과 같이 실험실에서 열심히 연구했고, 나름대로 학문적인 성과도 있었다. 그때 동고동락한 위수진, 최유진 등의 대학원생들을 나는 지금도 잊지 못한다. 내가 전공하고 있는 분야는 크게 두 가지다. 하나는 노화억제를 위한 생리활성물질들의 작용기작을 연구하는 것이다. 다른 하나는 진핵생물에서는 보기 드문 bicistron

형태의 유전자 발현 조절을 연구하는 것인데 이 부분은 수렁과 같은 연구분야다. 연구가 진행될수록 수렁은 더 깊어만 갔는데 그것에 더 많은 매력을 느끼면서 아주 열심히 연구했다. 하지만 "고지가 바로 저기야"라는 지점까지 도달했을 때 정책분야의 일을 하게 되면서 논문을 쓰지 못하고 있다.

과학은 노력한 만큼 응답해준다. 과학에도 우연과 행운이 존재한다고 하지만, 피나는 노력이 없다면 운도 따르지 않는다는 것이 과학을 전공하면서 깨달은 진리이다. 그래서 나는 과학, 생물학을 아주 사랑한다. 특히 식물을 대상으로 연구하면서 생리학에서 분자생물학 분야로 전공을 바꾼 다음에는 과학의 정확성과 예측 가능성에 더욱 매력을 느끼게 되었다. 과학은 '적당히'를 용납하지 않는다. 그래서 나는 과학이 더욱 사랑스럽다. 이 세상에서 이렇게 정확한 응답을 얻을 수 있고 몰두할 매력도 느낄 수 있는 대상을 찾기란 쉽지 않을 것 같다.

새로운 학문인 분자생물학을 공부하기 위해 포스트닥터로 미국 퍼듀대학교에 갔다. 그곳에서는 사회 분야에 대한 관심을 전혀 갖지 않고 공부에만 몰두하며 2년 정도의 행복한 기간을 보냈다. 에틸렌 유전자를 공부했는데 주변의 외국 학생들이 에틸렌에 인생을 건 사람 같다고 이야기할 정도였다. 당시 나는 정말로 행복했다. 에틸렌 유전자를 이용하여 생리학을 연구하는 과정에서 학문의 정확함에 더욱 매력을 느끼고 몰두할 수 있었기 때문이다.

최근 정책분야를 담당하면서 정책도 '적당히'를 용납하지 않는다는 것을 느꼈다. 정부의 정책에는 너무나 많은 변수가 작용한다. 따라서 적당히 만든 정책은 이후 계속 땜질을 할 수밖에 없고 그러다보면 정책을 만들었을 때의 애초의 취지는 사라지고, 변질되고 퇴색되면서 실패하게 될 가능성이 높다.

나는 대학을 졸업하고 한때 컴퓨터 프로그래머로 회사에 다닌 적이 있었다. 최근에는 대부분의 학생들이 컴퓨터를 활용 중심으로 공부하지만, 초기에는 순서도와 프로그램을 만들면서 컴퓨터의 원리를 익혔다. 컴퓨터 프로그램을 만드는 것도 무척 매력 있는 작업이다. 프로그램이 어느 한곳이라도 논리에 어긋나면 컴퓨터는 반드시 멈추게 되어 있기 때문이다. 이 세상에서 가장 거짓말을 안 하는 것이 컴퓨터 프로그램이며, 논리 공부를 하기에 가장 적합한 공부가 바로 이것이라고 생각한다.

나의 또 다른 전공, 과학기술정책

우리 집의 분위기는 온화하거나 화목했다고 생각되지 않는다. 특히 고향이 평안북도 신의주인 아버지는 항상 정치와 사회문제 및 남북분단에 대해 불만이 많았던 것 같다. 그래서 대학에 들어간 후 나는 아버지의 불만 내용을 알고 싶어 올바른 민주주의가 무엇인지에 천착하게 되었다. 아버지는 1년에 두 번 명절마다 우리 형제를 철책선에 데리고 가서 남북분단이라는 현실을 결코 잊어서는 안 되고, 탄드시 통일이 되어야 한다고 강조했다. 이런 아버지로부터 나의 정치의식이 시작된 것 같다.

생물학을 전공하면서도 나는 사회서적을 탐독했고 정치학, 사회학, 경제학, 행정학 등의 개론강의를 섭렵하고 다녀서 '생물정치학과'를 다닌다는 평도 들었다. 또한 경제나 정치 등 사회문제를 토론하는 모임에 적극적이었기에 친구들 대부분이 그쪽 분야를 공부하는 학생들이었다. 운동권 주변도 기웃거렸고, 1980년 '서울의 봄' 시절에는 한때 여학생회를 결성해 시위에도 적극 참여했다. 원래 사회에 대한 문제의식이 많아서 그런지 나는 대학이나 대학원 다닐 때, 그리고 졸업한 이후 교수가 된 다음에도 늘 새로운 단체를 만드는 일에 열심히 참여했다.

대학에 다닐 때는 과학전문기자가 되고 싶었다. 졸업한 다음 공해추방운동이 일어나면서 과학의 사회적 책임에 관심을 가졌고, 러셀 등 세계적인 지성인들이 문명사회를 비판하는 글을 읽으며 과학기술정책에 관심을 가짐으로써 본격적인 과학사회활동을 시작했다. 이미 1981년부터 친구들과 함께 일제 강점기에 중요한 사회적 역할을 했던 YMCA에서 한국사회에 시민운동을 정착시키기 위한 활동들을 시험적으로 하고 있었다. 모임에서 보기 드문 이공계 전공자였던 나는 대학원 친구들과 스터디 그룹을 만들어 주로 일본에서 발간된 책들을 통해 과학에 관련된 사회적 이슈들도 공부했다. 내가 YMCA에 활동 기반이 있었기에 서울대와 연세대 대학원생들이 주축이 되어 1984년 우리나라 최초의 과학기술 동아리 '두리암'을 만들었다. '두리암'의 창립선언문 기초를 내가 작성했는데, 그 당시에도 이공계 우대정책을 요구했으며 과학 교육문제 등을 걱정했다. 과학기술 분야의 정책 어젠더는 20년 전이나 지금이나 크게 바뀌지 않았다는 생각이 든다.

이후 핵무기의 위험성과 식량문제, 환경문제 등 과학기술의 부정적인 측면을 사회에 경고하는 일들과 함께 올바른 과학, 사회를 위해 건강하게 활용되는 과학을 위한 정책 등을 계속 연구하고 활발하게 활동해 나갔다. 그러나 당시 전국의 대학을 휩쓸었던 NL, PD 논쟁이 우리 모임에도 예외가 없어서 '과학기술운동'이 '과학기술자운동'으로 바뀌고 더 이상 YMCA 테두리 안에서 활동을 할 수도 없게 되었다. '두리암'이라는 이름도 '청년과학기술자협의회'로 바뀌었고, 결국 나도 이 모임어서 멀어질 수밖에 없었다. 그 사이 세월이 흘러 박사학위를 받았다.

순천대학교 생물학과 전임교수가 되어 과학기술운동을 같이했던 예전의 친구들을 찾아보았지만 시국사건에 연루되어 모임은 무척 위축되어 있었고,

활동했던 후배들도 모으기가 쉽지 않았다. 그리하여 미국 가기 전에 잠깐 활동했고, 친구들이 주도적 역할을 하는 경실련에서 교수나 연구원으로 자리를 잡은 분들과 함께 다시 '과학기술위원회'를 만들어 과학기술정책 위주의 연구활동을 했다. 과학기술제품의 안전성 문제로 자동차 제어보조장치인 ABS와 간장 등의 기술성과 안전성 검증, 공산품 품질인증과 관련된 부분 등에 과학자가 정확하게 판단하여 소비자에게 알려주는 사회적 책임을 다하는 것이 필요하다고 생각한 것이 '식품의약품안전청'을 탄생시키는 계기가 되었다.

또한 과학기술인의 연구성과를 제대로 인정받기 위하여 특허제도에도 의견을 활발하게 제시함으로써 '특허법원'이 탄생하는 계기를 만드는 데도 참여했다. 한때 과학기술인들도 정치적인 참여를 확대해야 한다고 해서 '전문인 참여연대'를 만드는 데도 관여했다. '생명윤리법' 논쟁이 한창일 때는 연구는 허용하되, 국가가 철저하게 관리해야 한다는 의견을 개진했는데 이는 훗날 '생명윤리법'에 반영되기도 했다. 지역에서는 지역운동과 환경운동에 앞장서 한때는 순천만 살리기 운동에 몰두했다.

실험실 생활에 많은 시간을 할애해야 하는 과학기술인들이 시민단체 활동을 하기란 상당히 어렵다. 특히 정부의 연구개발 활동이 활발해지고, 연구비도 늘어나면서 점차 회원들의 모임이 시들해졌다. 거기에 지방에 있던 내가 위원장직을 3년 정도 맡다보니 더욱 모임이 어려워졌다.

과학기술운동 1세대라는 이야기를 들으면서 독학과 토론을 통해 과학기술 분야의 정책을 꾸준히 정리해온 나는 자문교수단 단장인 김병준 교수의 제안으로 제16대 대통령선거 때 노무현 후보의 캠프에 참여했다. 참여정부의 과학기술정책 기초를 만들어 후보에게 설명하고, 그것을 알리기 위해 전국을 동분서주했다. 그 결과 노무현 후보의 과학기술 공약은 발로 뛴 정책이라는 호평을 받았고, 드디어 노무현 후보가 대통령에 당선되었다. 나는 이후 제16대 대통령직 인수위원회의 인수위원이 되어 공약을 좀더 발전시켰고, 현재 구체적인 정책화를 위해 보좌관 역할에 전념하고 있다.

내가 경제2분과 인수위원이 된 것을 보고 식물학을 연구하는 동료들은 아주 놀라워했다. 평소 내가 동료들에게 과학기술 분야의 정책과 정치사회적 분야에 관심이 많다는 것을 거의 말하지 않았기 때문이다. 사실 시민단체 활동을 하면서 밖으로 모습을 드러내는 것을 무척 조심스러워했다. 전공분야에서 당당히 실력을 인정받을 만큼 열심히 공부하는데도 공부를 하지 않는 실력 없는 과학자로 평가받을 것이 싫었고, 사회활동이 선입견으로 작용하지 않았으면 하는 생각에서였다.

우리나라의 과학기술정책과 체계는 선진국에 걸맞는 혁신주도형 경제를 위해 한번은 전면적인 재구조화를 통한 새로운 기술혁신체계가 구축되어야 하는데 바로 지금이 가장 중요한 시기라고 생각한다. 선진국형 경제구조를 만들기 위한 한 알의 밀알이 되고자 나는 오늘도 열심히 정책 연구에 골몰하고 있다.

나는 유난히도 어렸을 때부터 고민이 많았던 것 같다. 20대 후반부터는 왜 사느냐에 대한 인생 고민은 접어두고 어떻게 살 것인가만을 고민하기로 했다. 하루하루가 인생의 마지막 날인 것처럼 매사에 최선을 다하기로 마음먹었다. 그리고 자기존중(self-esteem)을 위해 스스로에게 부끄럽지 않게 살겠다고 다짐하면서 늘 내 안의 거울에 나를 비쳐보고 반성하면서 살고자 한다.

박래옥

BH BIOMEDIC 대표이사

가톨릭대학교 의과대학을 졸업하고 성모병원에서 산부인과 전문의 과정을 마쳤으며, 동대학원에서 석·박사학위를 취득했다. 2003년 통일산부인과를 개원했으며 현재 가톨릭대학교 외래교수로서 배석년 교수와 함께 항암 항바이러스 치료제를 개발해 특허를 획득했고 연구를 계속하고 있다. 또한 신개념의 화장품, 냉장보관이 필요 없는 화장품을 만드는 BH BIOMEDIC COMPANY 대표이사를 겸하고 있다. 저서로는 《청소년을 위한 1318이야기》와 《고전무용을 이용한 산후 몸풀이 비디오》 등이 있다.

과학자가 된 나의 어린 꿈

어릴 때의 꿈을 생각하니 다시 젊어지는 느낌이다. 지금 나에게 또다시 학과를 택하라고 해도 나는 이공계를 택할 것이다. 당시 우리나라는 빈곤한 농업국가였고, 경제개발 5개년 계획을 통해 공업국으로 발전하기 위한 공업기술 및 기반시설을 건설하고 있었다. 선진국에서 앞선 공업기술을 배운 학자들과 기술자들이 범국가적으로 초빙되어 우대를 받고 있는 상태였다. 그러한 상황에서 우리가 과학자를 꿈꾸는 것은 당연한 일이었다. 자본이 부족한 경우 인재의 두뇌를 활용하여 기술개발을 하면, 특히 바이오기술을 개발하면 소자본으로도 많은 것을 이룰 수 있다고 생각하던 사회였다.

이공계 중에서도 의학을 택하게 된 것은 내가 가장 좋아하던 외할머니, 친할아버지, 친할머니, 외할아버지가 차례로 세상을 떠나자 다시는 그분들을 볼 수 없다는 사실이 무서워졌기 때문이었다. 재미있는 옛날 얘기로 만인을 사로잡으셨던 외할머니, 눈이 오나 비가 오나 하루도 빠짐없이 유치원과 놀이터로 나와 동생을 데리고 다니셨던 친할아버지, 젊었을 때 중풍으로 오로

지 선민이라는 내 예명만을 말씀하실 수 있던 친할머니, 이분들이 없었다면 아마도 내 미래는 없었을 것이다. 아무리 보고 싶어도 다시는 볼 수 없었다. 또한 부모님조차 언젠가는 잃어야 한다는 생각이 생명에 대한 경이를 불러일으켰다. 사람을 잃는다는 것이 두려웠고, 결코 돌이킬 수 없다는 것도 알게 되었다. 그래서 부모님처럼 사랑하는 사람들을 잃는 슬픔이 없게 하겠다는 절박한 마음에서 의학을 선택했다. 그리고 지금의 나를 이룰 수 있었다.

또 다른 이유 중 하나는 우연히 읽게 된 퀴리부인의 위인전에서 그녀의 열정이 부러워 막연히 그녀를 닮고 싶었기 때문이었다. 과학 중에서 의학을 선택한 나에게 퀴리부인은 오랫동안 내 책상에서 떠나지 않은 채 정신적 지주역할을 했다. 같은 여자로서 나도 열심히 하면 될 것이고, 반드시 그처럼 과학적 업적을 이룰 수 있을 것이라고 믿었다. 특히 임상을 하면서 못 고치는 병으로 너무도 괴로워하고 고통 받는 환자들을 볼 때 그는 끝없는 희망을 보여주었다. 나 자신과 내가 아끼고 사랑하는 모든 사람들도 저렇게 고통 받을 수 있기 때문에 나는 이런 일들을 미연에 방지하고 싶었다.

병원에서 온갖 병으로 고통 받는 사람들을 보면서 이런 일들이 일어나지 않는 세상을 만들어보고 싶었고, 특히 사회적으로 소외된 사람들까지 생각하며 살맛나는 세상을 만드는 것이 내 희망이었다. 엄청난 노력들이 필요했지만 순간순간 해이해지는 자신을 볼 때마다 어릴 때의 꿈을 다시 새겼다. 사랑하는 아이들이 자라고 있고, 그들의 세상에서는 웃음만이 피어날 수 있는 세상을 만들어보는 것이 최종 목표이다.

시간이 흐름에 따라 현실에 안주해가는 자신을 보면서 안타까워하던 가운데 우연히 동문회에서 산부인과 배석년 교수를 만났다. 그분과 함께 항암제를 개발하여 항암 항바이러스 특허를 얻었고 영양성분으로 항암작용을 만들

수 있었다. 정장액 성분에 항암작용이 있고 이의 주성분이 우리 몸에 필수적인 영양성분이라는 사실이 흥미로웠다. 정상세포에는 부작용이 없고 암세포만 선택적으로 죽이는 시자르(Cizar)를 발견하였을 때는 너무도 기뻤다.

이제 내가 할 일은 이것을 모든 암환자에게 적용하여 완전한 약으로 만드는 것이다. 가능성은 충분히 검증되었고, 다행히 질세정제로서 상품화하여 사용했을 때도 좋은 결과를 얻었다. 세상 모든 사람에게 이 사실을 알려 고통으로부터 해방시키는 일이 내 임무가 아닐까 생각한다. 아직도 할 일은 너무나 많다.

세상을 위해 좋은 일을 하기 위해서는 돈이 반드시 있어야 한다는 사실을 일곱 살짜리 아들이 이야기해주기까지는 몰랐다. 하지만 이제는 절실히 느끼고 있다. 많은 분들의 도움으로 우리의 연구결과가 많은 사람들에게 환한 웃음으로 돌아올 수 있게 되기를 바란다. 고통 받는 사람들에게는 내가 경험한 모든 지식을 나누어드리고 싶다. 오늘도 얼마 전까지 근심 가득 찬 얼굴이던 분이 환한 웃음으로 진료실 문을 여는 것을 보면서 온 세상 사람들의 얼굴이 웃음으로 가득차기를 욕심내어 본다.

박미선

국립수산과학원 연구혁신본부장

1982년 부산수산대학교(현 부경대학교) 양식학과를 졸업한 후 1989년 동대학원에서 패류질병학 전공으로 박사학위를 취득했다. 1982년부터 현재까지 국립수산과학원에서 근무하고 있으며 여수수산종묘시험장장, 병리연구과장, 연구기획실장 등을 역임했다. 현재 연구혁신본부장직을 맡고 있으며, 부경대학교 겸임교수로도 활동 중이다. 국내외에 50여 편의 연구논문과 보고서를 냈으며, 저서로는 《한국연근해 유용연체동물도감》《수산양식생물 질병도감》 등이 있다.

과학자라는 전문직 여성으로 살아간다는 것

어릴 때 나의 꿈은 패션디자이너가 되는 것이었다. 그러나 지금 나는 수산생물을 연구하는 과학자로서 해양수산부 소속 해양수산연구기관인 국립수산과학원에서 연구기획·평가·운영·협력 업무를 총괄하는 연구혁신본부장의 직책을 맡고 있다. 가까운 미래에 나의 주 전공인 패류(貝類) 질병에 관한 연구를 계속하리라 기대하면서 바쁜 나날을 보내고 있다.

나는 언니와 단 둘뿐으로 아버지는 어릴 때부터 여자의 독립적 삶을 강조하시는 분이셨다. 아버지는 우리가 어릴 때부터 피아노와 바이올린을 가르치며 대학교수가 되기를 염원하셨다. 언니는 끈기 있는 성격이었던 반면, 싫증을 잘 내는 나는 무엇 하나 진득하게 하는 것이 없었다. 유년시절을 돌이켜보면 친구들과 놀기 위해 나를 잡으러 다니시던 어머니를 피해 다니던 그야말로 전쟁 같은 하루하루였다. 그 와중에서도 나는 일주일에 두 번 그 원수 같은 바이올린 통(당시 나에게 바이올린은 그야말로 지긋지긋한 존재였다)을 들고 레슨을 다녀야만 했다. 초등학교 2학년 때 나는 황달을 앓은 적이 있었다. 그때 한 달 동안 학교는 쉬었으나, 바이올린 레슨은 엄마의 등에 업혀서도 계속 받으러 다녔던 기억이 난다. 그야말로 나에게는 최악이었으며, 부모님에게는 최선이었던 바이올린 레슨을 나는 중학교 1학년 때 그만두었다. 바이올린을 그만두고 난 후 얼마 동안은 홀가분한 마음에 하루하루가 행복의 연속이었다.

고등학교 시절을 떠올리면 뚜렷하게 생각나는 것이 없다. 그때는 예비고사와 본고사가 있던 시절로 대부분의 학생이 무엇이 되어야 하겠다는 뚜렷한 목적을 가지고 공부하기보다는 일단 예비고사 점수에 맞추어 '학과'보다는 '학교'를 선택하는 경향이었다(지금도 그다지 변하지는 않았지만). 어릴 때부터 막연히 패션디자이너가 되고 싶다는 생각은 하고 있었으나, 이와 관련된 준비가 전혀 없었던 나는 고등학교에 들어가서는 여자도 경제력을 가지려면 약사(당시 여자가 가장 선호하는 직업이었다)가 최고라고 생각하여 '이과'를 택했다.

그러나 예비고사 점수가 생각보다 낮게 나와 내가 가고 싶은 대학의 약대에는 원서를 넣을 수 없는 상황이었다. 결국 기왕이면 다른 사람들이 많이 하지 않는 색다른 공부를 하고 싶어 부산수산대학에 들어가게 되었다. 당시 부산수산대학은 입학할 때는 수산계열로 들어가 2학년이 되면서 전공을 나누는 교과시스템을 운영하고 있었다.

내가 부산수산대학에 입학할 당시(1978년)만 해도 여자가 수산대학에 다닌다는 것은 생소한 일로 그해에도 입학생 280명 중 여자는 단 4명뿐이었다. 입학 후 나는 거의 1년 정도가 지나서야 학교 분위기에 적응을 할 수 있었다.

1970년대 후반은 원양어업이 번성하던 시기였다. 따라서 부산수산대학 하면 기관학과와 어업학과가 트레이드마크가 되어 학교 분위기 역시 그러한 뱃사람의 정서가 짙게 깔려 있었다. 선후배의 위계질서가 엄격했으며, 단체생활을 매우 중요시했다. 강의가 끝나면 집에 가기 바빴던 나는 그 분위기에 적응하지 못해 힘들었으나, 내가 선택한 학교이니 부모님에게 그만둔다고 말할 수도 없어, 운명처럼 받아들일 수밖에는 별다른 방법이 없었다.

1학년 말에 전공학과를 선택해야 할 때 나는 양식학과(養殖學科)를 선택했다. 당시는 식품공학과, 환경공학과, 수산경영학과, 냉동공학과 등이 가장 인기 있는 학과였다. 내가 선택한 양식학과는 이들 인기학과에 들어가지 못하는 학점이 저조한 학생들이 70퍼센트 이상이었다. 어쨌든 나는 양식학과에 들어가기로 결정을 했다. 이왕 국내 유일의 수산 특화대학에 왔으면, 수산생물에 대한 전반적인 공부와 이들 생물을 기르는 방법을 배워야 한다는 이유에서였다.

2학년부터 졸업할 때까지 3년간 나는 우리나라 담수(淡水)양식 분야의 대부인 김인배 교수의 담수양식 실험실에서 생활을 했다. 일요일이나 방학도 없이 매일 아침 7시에 실험실에 도착하여 오후 9시가 지나서야 실험실 문을 나설 수 있었다. 그나마 이것은 여학생들의 경우에 한했으며, 남학생들은 실험실에서 숙식을 해결하는 경우도 있었다.

학교 정문을 들어서면 오른쪽에 총 3000평 규모의 못양식장과 순환여과식 양식장, 사료제조실이 있었는데 이곳이 우리의 실습장이자 양식기술 개발의 산실이었다. 아직도 나는 양식장의 물고기 한 마리 한 마리에 대해 애정을 가지고 살피던 교수님의 눈망울을 잊지 못한다.

대학을 졸업하던 해인 1982년 4월 나는 국립수산진흥원(현 국립수산과학원) 패조류과(貝藻類科)에 수산연구사로 특채되었다. 여자의 적(敵)은 여자라고 했던가? 당시 수산진흥원의 여직원은 본원과 소속기관을 통틀어 여덟 명의 연구사가 있었고, 대부분은 기능직(사무보조원)이었다. 이들은 대부분 고참이었기 때문에 남자 연구사들도 문서를 작성하려고 하면 이들에게 잘 보여야 하므로 눈치를 살피는 실정이었다(당시는 모든 문서를 타이프로 작성하던 시절이었다).

우리 과의 기능직 고참이 나에게 가장 먼저 시킨 일은 매일 아침 큰 물주전자를 들고 당직실로 가서 보리차물을 담아오라는 것이었다. 나는 이 일에 대해 우리 실 담당 연구관에게 항의했다. "이것은 내가 해야 할 일이 아니며, 나는 연구업무를 하러 왔지 직원들이 마실 물을 떠주러 온 것은 아니다. 그리고 만일 누군가가 이 일을 해야 한다면 여자보다 힘이 센 남자직원이 해야 한다"고 말이다. 그러나 돌아온 대답은 단 한마디였다. "절이 싫으면 중이 떠나라."

지금은 웃으면서 그 시절을 회상할 수 있지만 당시에는 이러한 일들로 스트레스를 받아 자다가도 깜짝깜짝 놀라 일어난 적이 한두 번이 아니었다. 초창기 직장에서 나의 호칭은 '박 양'이었다. 이에 대해 항의하면 처음에는 몇 번 '박 연구사'라고 불러주다가 며칠이 지나면 또 제자리였다.

그러나 연구업무를 수행함에 있어서는 어려운 점보다 보람된 면이 많았다. 현지 양식장에 채집을 가면 어업인들이 '여자도 이런 일을 하느냐?'라고 신기해하며, 채집을 위한 어장 선정 등 업무적으로 많은 도움을 주었다. 아직도 이분들과는 좋은 관계를 유지하고 있으며, 이분들의 도움이 없었다면 오늘의 나도 없었을 것이다. 지금도 기억나는 것은 불가사리 연구를 하면서,

남자연구원도 만지기 싫어하는 불가사리를 마치 사랑하는 생물을 만지듯이 한 결과, 입사 2년 만에 우수연구상을 받은 것이다. 이러한 과정들이 내가 과학자라는 전문가의 삶을 택하는 데 있어 좋은 밑거름이 되었던 것 같다.

지금 와서 나의 직장생활을 돌이켜 보면, 여자라고 차별받았던 일보다는 여자로서 더 유리한 점이 많았던 것 같다. 어떤 일을 하든 여자라서 다른 사람들의 눈에 더 인상적으로 남았던 것 같고, 얼굴을 붉히며 다툴 일들도 내가 여자였기 때문에 조용히 대화로서 풀어나갈 수 있었던 것 같다.

과학기술 분야에서 전문가로 일하는 사람들 중에는 크게 두 부류가 있다고 생각한다. 한 부류는 학교 재학시절부터 그 분야에서 일하기 위해 그에 관한 전공을 공부하여 석·박사학위를 취득하고, 자기가 원하는 직장을 얻은 사람들이며, 또 다른 부류는 대학어서의 전공과 유사한 직장에 들어가 직장에서의 필요에 의해 세부 전공을 택하여 석·박사학위를 받은 사람들이다.

나는 후자에 해당하는 경우로, 부산수산대학에서 양식학(養殖學)을 전공했으며, 굴(oyster)의 난소에 기생하는 기생충에 관한 연구로 석·박사학위를 취득했다. 내가 이 이야기를 하는 이유는 전자든 후자든 모든 사람들은 하고 싶은 일을 할 때 행복과 보람을 느끼며 특히 공부는 자기 자신이 필요를 느껴야만 자기 것이 된다는 것이다. 나는 강초 대학원에 진학할 뜻이 없었으나, 직장생활을 하면서 남들보다 뒤지지 않고 특히 여자로서 남자들보다 앞서기 위해서는 석·박사학위가 있어야겠다는 생각을 했다. 지금 생각해도 어릴 때처럼 부모님이 억지로 시켰거나, 다른 사람들의 압력에 의해 하는 공부였다면 직장생활을 2년도 채 하지 않은 내가 하루에 네 시간 이상 잠을 자지 않고 공부를 하기는 어려웠을 것이다.

내가 직장생활을 하는 후배들에게 선배로서 하고 싶은 말이 있다면, 여자로서의 부드러움을 잃지 말라는 것이다. 남자동료가 아침에 자기 책상을 닦고 있으면 한번씩은 걸레를 빼앗아 닦아주기도 하고, 동료들에게 차도 한 번씩은 타주는 아량(?)을 보이라는 것이다. 여자들이 무거운 물건을 들 때는 남자동료들의 도움을 당연한 것처럼 청하지 않는가? 전문가적 근성을 제외하고는 가정에서나 직장에서나 여자는 여자답고, 남자는 남자다울 때 가장 아름답고 보기가 좋다. 자기에게 마땅히 주어진 일 외에는 남자여자 구분 없이 할 수 있는 능력이 있는 사람이 먼저 찾아서 하는 것이 가장 보기 좋은 것이다.

나는 비교적 다혈질이며 와일드한 편이다. 그래서 그런지 자기 일은 칼같이 하면서도 여성스러움을 잃지 않는 사람들을 보면 너무나 부럽다. 여성이 남성처럼 되는 것이 남녀평등은 아니며, 더욱이 능력 있는 여성이 되는 길이라고는 어느 누구도 말하지 않을 것이다. 나는 전문직에 종사하는 여성일수록 여자의 장점을 십분 발휘하고 좋은 쪽으로 이용하라고 말하고 싶다. 여자들 역시 남자다운 남자에게 호감을 느끼며, 여성스러운 남자들을 보면 왠지 거부감이 들지 않는가?

마지막으로 과학자로서의 일에 대한 내 생각은 세상에 이만큼 보람 있고 좋은 일은 없다는 것이다. 이 세상의 과연 몇 퍼센트에 해당하는 사람들이 자기가 하고 싶은 일을 하면서 월급을 받을까를 한번 생각해보라! 과학자가 하는 일은 비록 과정은 힘들지만 국가적으로 도움이 되며, 우리 자신에게도 경제적 혜택을 준다. 이 세상에서 과학자라는 전문직 여성으로 산다는 것, 살 수 있다는 것은 신이 준 축복이자 감사할 일이다.

박세문

한국수력원자력(주) 부장

고려대학교 지질학과를 졸업한 후 1979년부터 1985년까지 영국 런던대학교에서 지질학 석·박사학위를 취득했다. 1985년 귀국 후 5년간 고려대학교에서 강으와 연구를 수행했고 그 후 2년간 벨기에 브뤼셀대학교에서 연구원으로 지질환경 연구와 강의를 했다. 1993년부터 한국원자력연구소의 선임연구원을 역임했고 현재는 한국수력원자력(주) 부장으로 재직중이다. 원자력계 여성들의 도제적 조직인 세계여성원자력전문인회 집행위원이고 (사)한국여성원자력전문인협회 부회장으로 활동하고 있다. 국내외에 지질 분야를 포함하여 방사성폐기물 처리·처분 관련 50여 편의 연구논문이 있다.

어머니의 본성이 여성을 과학계의 리더로

지금 나는 학창시절 생각했던 분야와는 너무나 동떨어진 세계에서 일을 하고 있다. 현재 원자력발전회사인 한국수력원자력(주)의 한 사업소로서 원전수거물 처리·처분 연구를 주 업무로 하는 원자력환경기술원, 그 조직 안에서도 원전수거물처분 연구업무를 수행하고 있다. 물론 여성단체인 (사)한국여성원자력전문인협회에서 부회장으로서 맡은 바 임무를 수행하며 단체 활동에도 기여하고 있다. 나름대로 단체와 원자력의 발전을 위해 사명감을 갖고 열심히 생활하고 있으며, 이 분야에서는 여성이라는 희소성 때문인지 외부에도 꽤 알려진 편이라 여겨진다.

어린 시절에 난 의사가 되고 싶었다. 그 이유는 여성에 대한 차별이 덜하겠다는 단순한 생각에서였다. 어려서부터 여성들의 삶이 남성에 의해 좌우되고 법적으로나 현실적으로 차별받고 있다는 생각을 많이 했고 그런 차별에서 탈피하고 싶었다. 그래서 삶의 도구로 전문인이 되어야겠다는 생각을 했고 그중에서도 의사가 가장 좋겠다는 논리였다. 고등학교에서는 의사와는 거리가 먼 문학을 전공하고 싶다는 생각으로 문과 반에서 입시를 준비했다. 그러나 1970년대 중반 당시의 우리나라 현실을 고려할 때 문과보다는 취업이 잘되는 이과가 낫겠다 싶어 입시를 한 달 앞두고 과감한 변절(?)을 했다. 전공 선택도 심각하지 않았다. 이과를 대비한 입시준비가 안 되어 있는 점을 고려하여 문과준비생이 그래도 감당할 수 있으리라 여겨진 전공 중 지질학을 택한 것이다. 친구와 찻집에 앉아서 길지 않은 시간을 의논하고 내렸던 그날의 결정이 지금의 내 인생을 만든 셈이다.

난 초등학교 시절부터 아주 앞서지는 않았어도 그다지 빠지지는 않게 학창시절을 보냈던 것 같다. 꿈도 많고 하고 싶은 일도 많았다. 그러나 어린 시절부터 지금까지 변하지 않는 한 가지 생각, 남성이 자기 인생을 책임지는 독립적인 인생을 영위하듯 여성도 남성에 의존하지 않고 나름의 독립적인 인생을 영위해야 한다는 생각만은 변하지 않고 지금의 내 활동에도 영향을 주고 있다. 우리 어머니와 할머니 세대에서 여성이라는 존재는 차세대를 잉태하고 키우는 중요한 일을 맡았음에도 불구하고 사회에서는 제대로 대접받지 못하고 남성에 의해 행·불행이 좌우되는 삶을 살아왔다. 어린 마음에도 여성에 대한 사회의 부정적인 측면이 강하게 각인되어 나의 사고를 지배했던 것 같다.

동기야 어찌되었든 그런 사고가 전문직을 가져야겠다는 생각을 강하게 품게 했고 결국 문학보다는 이공계를 선택하게 했다. 그리고 더 나아가 선택한 전공 학부를 마치는 것에 그치지 않고 전문가가 되기 위한 정해진 길을 걷게 한 것이다. 정해진 길이라지만 그 길의 목적지에 닿는 데는 시간과 노력 및 비용이 필요했다. 내가 대학을 졸업하던 1970년대 후반은 해외 유학생이 많지 않던 때였고 우리나라가 아주 어려웠던 시절이었다. 더구나 내 전공분야에서는 해외로 유학을 가는 여성이 극히 드물었고 내가 다닌 학교에서는 처음 있는 일이었다. 경제가 어려웠던 시절인지라 나는 초기 유학자금을 제외하고는 아르바이트와 장학금으로 공부를 하려고 최선을 다했다. 국내에서 학비를 가져다 쓰는 일은 매국행위가 되는 것처럼 생각했으므로, 당시에는 나뿐 아니라 대부분의 유학생들이 일과 공부를 병행하는 힘든 생활을 했다.

우여곡절도 많았지만 우수하다는 소리를 들으며 학문적으로는 비교적 순조롭게(?) 학위를 다치고 귀국했다. 하지만 그 다음이 문제였다. 귀국할 즈음 난 기혼자였는데 여성, 특히 기혼여성에 대한 냉대를 정말 실컷 겪어야만 했다. 박사학위 소지자의 경우 취업이 비교적 잘되던 20년 전이었지만 내가 전공한 분야는 특히 남성 선호로 인하여 원하는 곳에 취업하기가 쉽지 않았다. 몇 년을 비정규직으로 지내다 정착한 곳이 원자력연구소였다. 지질학 전공자를 필요로 하는 원전수거물 처분연구부서와 인연을 맺게 된 것이다. 부지확보 사업이 난항을 겪으면서 갈등도 많았지만 나름대로 원자력의 현실에 책임감을 느끼며 맡은 바 소임을 다하고 있다.

지질학 전공자로서 원자력 분야에서 일하고 있는 지금 이 순간이 무척 고맙고 다행스럽다. 종합과학인 원자력분야에서 지질학자의 역할은 매우 중요하다. 의사가 병을 진단하듯이 원자력발전소나 원전수거물처분장 부지선정을 위한 기본적인 진단을 지질학자가 하고 있기 때문이다.

난 지금 어려움에 처해 있는 원자력 분야를 알리고자 많은 노력을 하고 있다. 우리에게 없어서는 안 되는 전기를 공급하고, 또 환자를 치료하는 도구로도 사용되는 원자력이 그 효용에 비해 낮은 대우(?)를 받고 있는 현실을 알기에 안타까움과 사명감으로 뛰고 있는 것이다. 원자력은 겉으로는 딱딱하고 어려운 분야인 듯 보이나 의외로 치밀하고 섬세한 분야가 많아 여성들이 활약하고 기여할 부분이 많다. 지금 처한 현실을 살펴보아도 여성의 역할이 절실히 필요하다. 하지만 관련 전공자가 매우 적을 뿐 아니라 원자력 업무를 직업으로 택하는 여성도 적은 실정이다. 여성들이 원자력에 관심을 갖고 공부를 해준다면 우리나라 원자력계의 미래도 아주 밝아질 텐데 말이다.

어려운 시절도 겪었지만 여성으로서 이공계 전공을 한 덕분에 원자력과 인연을 맺었고 또한 지금의 내가 있게 되었다. 모든 과학은 끊임없는 창의력을 필요로 한다. 이 때문에 언뜻 여성에게는 어렵게 느껴질 수도 있을 것이다. 그러나 다소 엉뚱하게 들릴지 모르지만 아이를 양육하며 진정한 어머니가 되는 일보다 훨씬 쉬운 일이 과학이 아닌가 생각해본다. 대부분의 여성은 어머니가 되는 일을 주저하지 않고 갈등도 별로 겪지 않지만 과학을 선택하는 데 있어서는 엄두를 내지 못하는 여성이 많다. 어머니로서 아내로서 한 분야의 전문가로서 경험을 해본 사람으로서 난 여성들에게 이야기하고 싶다. 어린이를 어른으로 키워내는 노력과 정성으로 과학을 대한다면 그 어떤 분야도 여성이 못해낼 일은 없다고.

21세기는 여성들의 사회적 동참을 간절히 바라고 있다. 그래서 여성들이 일할 수 있는 환경을 조성하는 데도 노력을 기울이고 있다. 독립적인 삶을 사는 적극적인 여성, 또 전문지식을 가지고 세상을 살아가고 싶은 여성에게 과학은 빠른 응답을 해주리라 믿는다.

박수경

KAIST 기계공학과 교수

KAIST 기계공학과에서 학사, 석사학위를 취득하고 미시건대학교 기계공학과에서 생체역학 전공으로 박사학위를 취득했다. 하버드대학교 의과대학 MEEI(Massachusetts Eye and Ear Infirmary)에서 선임연구원, 한국기계연구원에서 선임연구원 등을 역임했고 2004년부터 KAIST 기계공학과 교수로 재직하고 있다. 관심 연구 분야는 인체의 균형제어, 신경신호통합, 생체모사 바이오 센서개발 등이다.

공학도의 길을 걷고자 하는 여학생들에게

소수자로서의 여성 공학도

"이공계에 몸담아 교수가 되기까지 소수인 여성으로서 많이 힘들지 않았나요?" 이것은 5년 전 미시건대학교 기계공학과 유학시절 공과대학 여교수들과 여자 대학원생들의 미팅에서 당시 기계공학과 여교수 돈 틸버리(Dawn Tilbury)에게 내가 던진 질문이다. 당시 나는 기계공학 분야에서 소수자인 여학생으로서 '향후 나의 인생은 온갖 편견과 부당함에 맞서 싸워나가는 전투의 연속일 것'이라고 생각하던 터여서 당시 여성 교수들이 이러한 나의 신념에 동의할 것이고, 고난을 극복한 그들의 '무용담'을 통해 위로를 받겠다는 은근한 기대를 하고 있었다.

하지만 교수님의 대답은 뜻밖에도 '그런 경우는 별로 없었다'는 것이었다. 학회 등에서 발표를 하면 여자라서 더 깊은 인상을 주기 때문에 오히려 유리한 점이 많다며 빙긋 웃으시기까지 했다. 그 얘기를 듣고 나는 연구 내용이 아니라 단지 '여자'라는 이유만으로 기억된다는 것은 매우 자존심 상하는 일이고 기분 나쁜 일이라고 생각하며 한동안 혼란을 겪었다.

지금 이 글을 읽고 있는 독자들 가운데 나와 비슷한 생각을 하고 있는 여학생이 있다면 여러분보다 먼저 길을 걸어가고 있는 선배로서 경험에서 나온 얘기를 들려드리고자 한다.

내가 잘 할 수 있는 것은 내가 좋아하는 것

"방과 후 1시간씩만 같이 물리 공부를 해볼까?" 고등학교 1학년 때 전교에서 물리를 가장 잘 하던 친구가 뉴턴의 운동법칙을 어떻게 문제풀이에 적용해야 할지 수업시간에 미처 이해하지 못해 난감해 하던 나에게 한 제안이었다. 역학의 개념을 이해하고 적용하는 방법을 그 친구와 두 달 가량 복습하고 난 후, 물리는 내가 가장 좋아하고 또 자신 있는 과목이 되었다.

이후 KAIST에 진학하여 역학이라는 원리를 실제 시스템에 적용하여 해석하고 설계하는 학문이 기계공학이라는 것을 알게 되었다. 당시 기계공학과는 여학생들의 진학률이 매우 낮은 학과여서 처음 학과지원을 할 때 주변 선배들의 만류와 걱정이 많았다. 하지만 '내가 좋아하는 것을 하겠다' 라는 생각으로 기계공학과를 전공으로 선택했고, 그것이 오늘까지 기계공학을 연구하게 된 계기가 되었다.

KAIST에 부임한 지 약 1년 정도가 되었는데, 모교출신이라는 이유에서인지 진로상담을 해오는 학생들이 많다. 학과선택을 하는 데 있어서 물론 사회적으로 이슈가 되는 학문을 하는 것도 중요하지만, 가장 중요한 요소 중 하나는 '내가 이 분야를 좋아하는가?' 라는 질문에 대한 소신이라고 생각한다. 자신이 좋아하는 분야를 공부할 때는 학업과 연구에 생명력이 부여되어 좋은 성과를 낼 수 있고 외부 환경에 민감하게 영향 받지도 않는다. 또한 문제를 만났을 때 그것을 해결하고자 하는 의지와 지혜를 이끌어낼 수 있다.

내가 학생이었을 때에 비해 지금은 여성 공학도에 대한 사회적 인식이 많이 달라져 있고 또 특정부분에서는 오히려 더 대우를 받는 시대가 되었다. 당시에는 이러한 시대가 올 것이라는 확신도 많지 않았고, 또한 이렇게 역동적으로 사회가 변화되어 갈 것이라고도 생각하지 못했다. 따라서 '시대적 흐름과 유행'이라는 코드보다 더 우선시해야 할 진로선택의 고려요소는 내 마음속의 목소리에 귀 기울이는 것이라고 말하고 싶다.

실패의 경험이 나의 무기

내가 KAIST에서 학생들을 가르치며 모델로 삼는 스승의 역할은 고등학교 때 나에게 역학의 재미를 느끼게 해준 바로 그 친구의 역할이다. 모든 학생들의 집단에서는 상대적 열등감이 필연적으로 생겨날 수밖에 없다. 불행히도 이러한 열등감이 오래 지속될 경우 학업 의욕을 상실할 수도 있다는 것을 나 자신의 경험으로 알고 있다. 늘 기본에 충실하라는 부모님의 학습 지도로 인해 나는 중학교 때까지 반장과 전교 1등을 놓쳐본 적이 없이, 위풍당당하고 자신감 충만한 어린 시절을 보냈다.

내가 '열등감'이라는 것을 처음 경험한 것은 영재들만 모인 특수목적 고등학교인 서울과학고등학교에 입학한 후부터였다. 내로라하는 영재들이 모인 학교에도 1등과 꼴찌는 있게 마련이었다. 그곳에서는 더 이상 1등이 내 자리가 아니었고, 나는 선생님들의 관심의 중심에 있지도 않았으며, 생전 처음 중하위권의 성적을 받기도 했다. 그때 비로소 관심의 중심이 아닌 아웃사이더의 심정을 이해하게 되었다.

이러한 경험이 대학진학 후 '대학생활만큼은 열등감에서 자유로워지자'라는 결심을 하게 했고, 학업과 과외활동에 적극적으로 참여하는 계기가 되었다. 이때 내가 깨달은 것은 '실패의 경험이 미래의 삶에 동기부여의 계기로 사용된다면 예전의 실패는 더 이상 실패라고 할 수 없다' 라는 것이었다. 또한 어려운 상황에 처했던 경험은 자신의 발전은 물론 다른 사람들을 섬기는 데도 활용될 수 있다. 지금도 내가 생각하는 나의 소명 중 하나는 학생들을 격려하고 지도하여 그들의 잠재력을 발휘할 수 있도록 동기부여를 해주는 것이다. 학생들이 자신의 가능성을 믿게 되면 스스로 하고 싶다는 의지를 가지고 열심히 하게 되고, 하고 있는 일의 의미를 찾을 수 있게 된다. 어렸을 때는 "실패와 아픔이 나의 강점이다"라는 말을 이해하지 못했다. 그러나 이제는 나도 나의 경험이 학생들을 이해하고 지도하는 데 커다란 장점으로 활용될 것이라고 생각한다.

Look on the bright side

꼭 말하고 싶은 또 하나는 "Look on the bright side of being woman", 즉 여성이라는 사실을 장점과 기회로 활용하라는 것이다. 여성으로서 이공계에 몸담고 있다는 사실은 우리가 인정하든 그렇지 않든 간에 앞으로도 한동안은 주목받는 소수자로서 살아간다는 것을 의미한다. 이것은 아무리 인정하기 싫어도 바꿀 수 없는 사실이고, 전문인으로서의 길을 걷는 데 난관으로 작용할 수도 있다. 하지만 요즘처럼 여성인력을 중시하는 사회에서는 많은 경우 장점으로도 작용할 것이다. 이러한 사실은 동전의 양면처럼 아이러니하게 내가 어떠한 시각으로 바라보느냐에 따라 완전히 다른 요리를 만들어내는 재료로 쓰이게 된다.

나는 내 연구결과나 학업성취도가 실력 자체보다 여성이라는 이유로 주목받는다고 생각되면, 내가 쓴 드라마가 첫 방송에서 시청률 확보에 성공한 것이라고 생각한다. 그리고 앞으로도 지속적으로 관심과 인정을 받기 위해서는 계속해서 실력을 쌓아 나가는 것이 최선의 방법이라고 생각한다. 아무리 '비'나 '박신양' 같은 멋진 남성이 등장하는 드라마라고 해도 내용전개가 너무 진부하거나 수준 이하의 연기가 계속된다면 끝까지 시청하기가 쉽지 않을 것이기 때문이다. "내가 아닌 나의 연구를 봐 주세요"라고 확실하게 말할 수 있는 방법은 질적으로 우수한 연구, 학업성과를 계속 보여주는 것이다. 이 문제는 가장 큰 도전이고 나도 이를 위해 노력하고 있다.

또한 여성의 부드러움과 배려를 인간관계의 장점으로 활용하고 적극적으로 참여해서 많은 후원자를 확보해야 한다. 내가 오늘까지 기계공학을 공부할 수 있었던 데는 정말 많은 동료들과 교수님들의 배려와 후원이 있었다. 처음 기계공학과 수업을 들을 때는 남학생들만 있는 강의실에 혼자 앉아 있자니 주눅이 들지 않을 수 없었다. 그때 학과일이나 기타 코임 등에 참여할 수 있도록 기계공학과 동기들의 배려와 격려가 없었다면 무척 힘든 학과생활을 했을 것이다. 학부 2학년 때 기계과 내에서 5~6명의 학과 친구들이 무리지어 무슨 얘기를 하고 있으면 "무슨 얘기해?"라고 물으며 편안하게 그 사이에 끼어들기 위해 그전에 얼마나 많이 심호흡을 하고 다가갔는지 아무도 모를 것이다. 남성이 대부분인 학과와 직장에 있어보니 의외로 이공계 분야의 남성들은 여성동료나 선후배가 생겼을 때 어떻게 대해야 하는지 몰라서 주저하는 경우가 많았다. 이럴 때 머뭇거리지 말고 조금만 적극적으로 다가가서 참여하고 도움에 대해 감사를 표현한다면 나도 모르는 사이에 든든한 후원자가 많이 생길 것이다.

마지막으로, 이공계 내의 여성 동료들과의 네트워크를 잘 형성해야 한다. 얼마 전 주말에 시트콤을 보는데, 노처녀 상관을 둔 부하 여직원이 처음에는 사사건건 트집을 잡는 상관을 적으로 생각하다가 그 이유가 같은 여성으로서 먼저 겪어온 어려움들을 후배가 겪지 않도록 하기 위한 가르침의 표현이었다는 사실을 깨닫고 "그래 저 사람은 나의 적이 아니다. 나의 아군이다"라고 독백하는 장면이 있었다. 정말 많은 공감을 했다.

학과 내에 여학상이 적은 경우에는 종종 서로 경쟁관계가 될 수도 있다. 하지만 학과 내 동기 여학생의 장점을 그대로 받아들이고 칭찬해주라. 사실 쉽지는 않다. 나의 박사과정 실험실 동기 중에 캐서린 보비(Catherine Bauby)라는 정말 독특한 프랑스 여학생이 있었다. 석·박사학위 전과목 A⁺를 받을 만큼 공부도 잘했지만 성격도 좋고 얼굴도 예쁘고 영어도 아주 잘하는 친구였다. 한 1년 동안은 그 친구에게 열등감도 느끼고 시샘도 나서 겉으론 표현을 못하고 속으로만 속상해 했다. 뭘 물어보더라도 자존심이 상해서 옆자리에 앉은 그 친구에게 물어보지 않고 멀리 앉은 다른 친구에게 묻고 하던 시절이 있었다.

지금 생각해도 웃음이 난다. 그때 나의 멘토역할을 하던 선배언니가 "하나님께서 그 친구에게 주신 장점들을 인정하고 받아들이고 네가 배울 수 있는 것을 배우는 것이 현명하게 인생을 살아가는 방법"이라고 말해주었다. 생각의 패러다임을 바꾸기까지 시간이 걸렸지만 덕분에 캐서린의 장점을 많이 배울 수 있었다. 같은 이유로 선배나 후배 여학생들과의 관계도 돈독하게 유지하는 것이 좋다. 같은 여성으로서 여성만이 겪게 되는 어려움을 가장 잘 이해해주고 후원해줄 든든한 동료가 될 것이기 때문이다. 학과 내에서, 실험실 생활 중에, 그리고 졸업 후 직장에서 여성으로서 겪는 어려움, 심지어는 결혼 후 여성에게 일반적으로 더 부과되는 육아의 부담 등에 대해서도 여러분의 고민을 함께 고민해줄 수 있는 동료는 바로 동기 여학생이기 때문이다.

소수자로서 여성이 불이익이나 차별을 당하는 경우는 분명히 있다. 혼자 힘으로 해결하기에는 문제를 풀기가 쉽지 않고, 그런 부당함에 맞서다 불평불만만 많은 사람으로 오해를 받기도 한다. 이런 어려움을 극복하는 혜안을 이미 사회에 진출해 있는 선배 여성 과학기술자들과 함께 찾아보라고 권하고 싶다. 그들은 스승이자 선배로서 언제나 후배에게 도움을 줄 준비가 되어 있는 분들이다. 많은 여학생들이 이공계 분야에서 여성으로서의 장점을 십분 발휘해 자기 목표를 성취하기를 기대한다.

박순화

(주)신일 대표이사

1972년 경북대학교 사범대학 과학교육과를 졸업하고, 현재 동대학원 과학교육학과 석사과정에 있다. 1981년부터 (주)신일 대표이사로 재직중이며, 2003년 7월 동탑산업훈장을 수훈했다. 현재 경북대학교와 공동으로 은나노를 이용한 '은나노-글라스 비드 복합체'를 연구 개발중이다. 또한 대구경북여성과학기술인회의 부회장직을 수행하고 있으며, 대구경북의 여성과학기술인 및 영재 육성에 힘을 쏟고 있다.

드러나지 않되 소중한 유리구슬

“동탑산업훈장, (주)신일! 박순화 대표” 2003년 7월 4일, 제7회 여성경제인의 날 기념식장. 회사명과 내 이름이 호명되는 짧은 순간 내 머릿속에는 수상의 기쁨보다 가족과 회사와 같이한 지난날들이 주마등처럼 스쳤다. 감동으로 가슴은 떨렸고, 꼭 잡은 두 손에는 진한 땀이 배이고 있었다.

대학 졸업 후 잠시 교직에 몸담았다. 그러다 1981년 건설업을 하고 있던 남편의 권유로 차선 도색 일을 하는 신일건업을 창업했다. 도로 도색을 위해서는 글라스 비드(Glass-Beads)를 꼭 사용해야 하는데, 당시만 해도 글라스 비드의 국내 생산업체는 한 곳밖에 없었다. 게다가 품질도 형편없으면서 가격은 비쌌으며, 공급면에서도 불공평한 거래로 애를 많이 먹었다. 따라서 우수한 품질의 글라스 비드를 자체생산하면 충분히 승산이 있으리라는 판단을 했다.

자료를 모으기 시작했다. 국내에는 자료가 거의 없어 거의 외국에서 수집한 자료였다. 그것들을 충분히 검토하고 자신감을 얻었다. 2년 후 회사명을

(주)신일로 변경하고 글라스 비드를 개발해 생산하게 되었다. 그러나 만만치 않았다. 밤낮을 잊은 연구에도 수많은 실패를 맛보았다. 후회와 좌절은 몸과 마음 모두를 지치게 했다. 그때마다 할 수 있다는 초심으로 되돌아갔다. 남편과 아이들의 격려도 실패를 이기게 하는 힘이 되었다. 2년여의 연구결과 우수한 품질의 글라스 비드를 생산할 수 있었다. 곧이어 KS마크를 획득해 품질로 승부할 수 있는 진정한 기업의 경쟁력을 갖추었다.

그러나 세상은 그렇게 호락호락 교과서적인 것만이 아니었다. 이젠 상대업체의 방해가 장애물이었다. 그 난관을 극복하는 것 또한 또 하나의 산을 넘는 고난을 요구했다. 결국은 그것까지도 나의 능력으로 삼을 정도의 노하우가 생겼다. 이제는 도로 도색용 글라스 비드뿐만 아니라 공업용 글라스 비드까지도 생산할 수 있게 되었다. 그리고 우수한 품질을 인정받아 국내기관과 업체는 물론 1986년부터는 일본에까지 수출하고 있다. 현재 일본의 공업용 글라스 비드는 100퍼센트 (주)신일의 제품이다. 2004년부터는 미국에 현지 공장을 설립할 계획을 수립하여 차근차근 준비하고 있다.

글라스 비드란 말 그대로 유리구슬이다. 유리구슬이라고 하면 흔히 여성들의 장신구에 소용되는 일상적 소모품을 떠올린다. 여성의 아름다움을 더욱 빛나게 하는 유리구슬이 공업용으로도 사용된다는 것은 이 사업을 하기 전엔 나 역시 전혀 몰랐다.

0.8~2.5밀리미터의 작은 공업용 유리구슬은 페인트 안료, 제지, 비디오, 오디오, 영상 필름 테이프, 코팅용 마그네틱 페인트를 만드는 데 반드시 필요한 소재다. 도로의 차선이나 교통 표지판이 야간에 환하게 빛나는 것은 도로용 글라스 비드와 고굴절률 글라스 비드 때문이다.

공업용 글라스 비드는 백색 탄산칼슘, 잉크, 안료 원자재를 곱게 가는 맷

돌 역할을 한다. 빛을 반사하거나 단단한 원자재를 곱게 갈아 주어야 하는 글라스 비드의 기능은 품질의 정밀성이 가장 중요하다. 조그만 기포나 흠집만 있어도 가공과정에서 깨어지면서 그 파편이 다른 글라스 비드까지 못 쓰게 한다. 글라스 비드는 고도의 기술력을 요구하는, 대단히 까다롭고 정밀한 공정을 요구하는 산업이다.

이제 나는 이렇게 생각한다. 우리 회사가 생산하는 공업용 글라스 비드가 장신구용 유리구슬보다 훨씬 더 아름답다고. 장신구로 사용되는 유리구슬은 알록달록하고 예쁘긴 하지만 인간의 삶에 꼭 필요한 것은 아니다. 하지만 도로용 글라스 비드, 공업용 글라스 비드는 비록 아름답게 눈에 뜨이는 것은 아니지만 우리의 일상에 없어서는 안 되는 것이기 때문이다.

우리의 삶도 마찬가지 아닐까? 세상에는 남들보다 많이 배워서, 돈이 많아서, 권력이 있어서 많은 이들의 눈에 띄는 장신구용 유리구슬처럼 빛나는 사람이 있다. 그들의 삶과 행적이 훌륭하지 않다는 것은 아니다. 그러나 우리네 삶엔 남들의 눈에 띄지 않을 뿐, 세상을 위하여, 사회에 기여하며 사는 사람이 훨씬 더 많다. 그들의 일과 삶은 유리구슬처럼 빛나지 않는다는 점에서 공업용 글라스 비드와 같다. 그렇다그 해서 그들의 삶이 보잘것없는 것은 결코 아니다. 드러나지 않되 자신의 삶을 충실하고 견고하게 사는 공업용 글라스 비드 같은 삶이 더욱더 아름답다. 우리 모두 그렇게 생각한다는 확신을 가지고 오늘도 나는 보석보다 더 아름다운 공업용 글라스 비드를 만들고 있다.

박인숙

울산대학교 의과대학 학장

서울대학교 의과대학을 졸업하고 1974년부터 1989년까지 미국 휴스턴의 베일러대학교 의과대학과 교육병원인 텍사스 아동병원, 텍사스 심장연구소에서 소아과 인턴, 레지던트, 소아심장 전임의, 임상조교수를 역임하고 1989년부터 현재까지 울산다학교 의과대학과 서울아산병원에서 소아심장과 교수로 재직중이다. 2004년 3월부터 울산대학교 의과대학 학장직도 맡고 있다. 《선천성 심장병 교과서*Pictorial Textbook of Congenital Heart Disease*》로 대한의사협회 동아의료저작상을 수상했으며, 최근에는 《생명의 환희: 출생 전 진단을 둘러싸고》를 발간했다. 현재 보건복지부 선천성 기형 및 유전질환 유전체연구센터장과 대한선천성기형포럼 대표직도 맡고 있다.

잊지 못할, 잊어서도 안 될 아이들과 엄마들

의과대학을 졸업한 지 벌써 32년째다. 원래 암전문의가 되고자 했으나 '암환자는 치료가 어려우므로 모두 불쌍하다' 라는 잘못된 선입견 때문에 암환자들을 대할 때 내가 감정 조절이나 치료를 냉정하게 잘할 수 있을지 자신이 없어서 암 전공을 포기했다. 지금이야 백혈병을 비롯한 많은 종류의 암환자들의 생존율이 좋아져서 암 진단이 곧 죽음을 의미하지는 않는다. 그러나 30년 전만 해도 암의 치유는 대부분 매우 어려웠다. 이런 이유로 암환자를 피해서 전공을 소아심장학으로 결정했고, 한참 흐에야 나의 이런 생각이 얼마나 잘못된 것이었는지를 깨달았다. 하지만 지금 되돌아 생각해보아도 동기야 어찌되었든 간에 소아심장학을 전공한 것은 참으로 잘한 일이라는 생각에는 변함이 없다.

전공이 신생아와 영유아의 복잡 심장기형이다 보니 불행히도 수술 전후로 사망하는 아이들을 경험하며, 그때마다 죽음에 대해 생각한다. 그런데 자식의 죽음을 접하는 태도를 보면 종교적 배경 때문인지 민족 간에 큰 차이가 있다. 전에 사우디아라비아 리야드의 한 병원에서 잠시 근무했는데 그곳에서는 아이가 죽어도 아빠들은 절대 울지 않는다. 알라신이 아이를 더 좋은 데로 데려 갔다고 생각하므로 항의는 생각도 못할 일이었다. 하지만 엄마는 역시 달라서 남의 눈에 띄지 않는 구석에 몰래 숨어서 우는 엄마들을 발견하곤 했다.

또 한번은 미국에서 동료 여의사의 아이가 경련발작 후에 사망했다. 이 여의사가 장례를 치르고 1주일 후에 주위 친지들에게 그동안 아이와 함께 행복하게 지낼 수 있었던 것에 대해 하느님에게 감사한다는 내용의 편지를 써 보내면서 마음을 달래는 것을 보고 큰 감동을 받았다.

이에 반해 우리나라에서는 비록 드물기는 하지만 치료하기 힘든 암이나 심장병으로 아이가 죽은 후 온 가족이 병원에 몰려와 아이를 살려내라고 농성을 하는 경우가 있다. 심정은 이해하지만 매우 씁쓸하고 안타까운 일이다. 반면에 아이가 죽은 후 최선을 다해주어서 고맙다고 부모가 찾아온 경우도 몇 번 있었는데, 정말 훌륭한 부모라는 생각이 들면서 저절로 머리가 숙여지고 함께 눈물을 흘리기도 했다.

"환자를 많이 죽인 의사가 명의다"라는 말이 있다. 표현이 과격하고 그다지 좋은 말은 아니지만 약간은 사실인 부분도 있음을 완전히 부인할 수는 없다. 즉 '중한 환자를 다룬 경험이 많은 의사가 훌륭한 의사' 라는 뜻의 다른 표현이라고 할 수 있다. 물론 처음부터 잘 고쳐서 모두 낫게만 해준다면 죽는 사람도 없고 좋겠지만 이는 현실적으로 어려운 일이다. 사실 의료행위의 많은 부분은 자기나 남의 실수에서 배운다. 그래서 의사들의 학회발표 중에는 'my nightmare case' 라고 하여 자기가 경험한 최악의 상황을 남들에게 알

림으로써 다른 의사들이 같은 잘못을 저지르지 않도록 예방하고자 하는 매우 효과적인 교육프로그램이 있다. 이런 맥락에서 나는 가끔 소아심장학을 전공하기 시작한 1978년 이후 기억에 남는 환자들을 곰곰이 되새겨보곤 한다. 전공의나 학생들에게도 딱딱한 강의보다 이들의 이야기를 해주는데 이는 무척 효과적인 교육방법이다.

선천성 심장병의 많은 종류는 저절로 좋아지거나 또는 치료가 필요 없다. 그리고 약 절반 정도는 개심수술이나 도관을 이용한 비수술적 치료로 완쾌가 된다. 그러나 아무리 발달한 현대의학으로도 치료가 어렵거나 또는 수술을 여러 번 해야 하는 경우가 있다. 특히 내가 근무하는 울산의과대학 서울아산병원에는 고치기 어려운 환자들이 전국에서 모인다. 그러다보니 복잡 심장기형을 가진 아이들이 많고 한 번의 수술로 치료가 끝나지 않는 경우도 많아서 병실과 외래에서 자주 보게 된 아이들과 그 부모들의 사연이 오래도록 내 기억에 남아 있다. 아이 아빠들의 감동적인 사연도 물론 있지만, 《신은 모든 곳에 있을 수 없기에 어머니를 만들었다》라는 책처럼 나를 감동시키고 숙연하게 만드는 애절한 사연들과 극적인 삶의 주인공들은 대부분 엄마이다. 특별히 기억에 남는 사연들을 여기에 소개한다.

어느 토요일 저녁 늦게 연구실 전화가 울려서 약간은 짜증이 나려는데 전화선 너머에서 들리는 목소리가 차츰 이상해지고 울먹이기 시작한다. 심장병 가진 아기를 낳았다고 방금 시집에서 쫓겨났다며 하소연하던 엄마, 외래에서 마지막 순서로 들어와서 한없이 울던 엄마, 부부 모두 중증 장애인으로 산모가 생명의 위험을 무릅쓰고 어렵게 출산을 했는데 생후 1년 만에 심장병으

로 사망한 아이, 태아 초음파검사에서 심장병이 발견되었지만 그래도 치료
해 잘 길러보겠다고 했는데 막상 태어나자 손가락 기형이 발견되어 멀리 해
외로 입양시켜달라고 조르다가 끝내 아이를 병원에 버리고 간 젊은 부부, 불
임시술로 어렵게 얻은 세쌍둥이 중 한 명만 온전하고 다른 두 명은 뇌성마비
와 복잡심장병이었는데도 세 아이를 정성스럽게 키우고 있는 젊은 부부와 조
부모님들, 쌍둥이 모두 염색체 이상과 심장병을 가져서 수술 등 재활치료를
해가면서 힘겹게 그러나 열심히 살고 있는 장한 부모, 뇌성마비로 꼬인 다리
를 펴주기 위해 보톡스 주사를 계속 맞아야 하는데 엄청난 재정적 부담을 견
디지 못하고 치료를 포기해야 하는 부모, 어릴 때에는 아무런 증상이 없거나
가난해서 병원에 가지 못하고 심장병을 그대로 방치했다가 수술시기를 놓쳐
시한부 삶을 힘겹게 살아가는 성인 환자들, 다운증후군과 동반된 심장병을
가지고 출생한 아이를 신이 준 선물이라고 생각하면서 더 잘 키우기 위해 둘
째아이를 갖지 않고 온갖 정성으로 키우는 목사부인인 아이엄마, 치료 가능
한 심장기형임에도 불구하고 치료를 거부하고, 만류하는 의료진들을 뿌리치
고 퇴원했다가 아이가 계속 살아 있으니 다시 병원에 데리고 와서 결국 수술
받고 완쾌된 아이, 산전초음파 검사로 심장병이 있다는 것을 미리 안 상태에
서 엄마 자궁 안에서 곱게 키워 출생 즉시 수술 받고 지금은 건강하게 살아가
는 아이들. 그들의 믄소리가 들려온다. 스쳐간 많은 아이들과 부모들이 생각
나면 가슴이 뭉클해지고, 지금 이 순간 모두 어디에서 어떻게들 살고 있는지
궁금하기도 하고 애틋한 생각에 가슴이 저려온다.

사실은 이런 아이들과 부모들의 어려움을 가까이에서 목격하면서 느꼈던 우
리나라 의료전달체계의 문제를 어디엔가 항의하고 싶었다. 의사들은 많은

환자들을 짧은 시간에 진료해야 하기 때문에 아이의 심각한 상황에 대해 성실하게 상담하고 질문에 답변해줄 시간이 절대 부족하다. 어렵게 예약하고 만나게 된 심장전문의가 아기의 심장병이 수술을 세 번이나 해야 할 정도로 심각하다는데 고작 10분 미만의 진료시간에 모든 것을 이해하고 만족할 부모가 세상 어디에 있겠는가? 외래 진료실에서 이런 식의 초스피드 상담을 하고 나면 나 자신도 아주 꺼림칙하다. 그리고 괜히 이해하지 못한 표정으로 다음 대기환자 때문에 쫓겨나가다시피 진료실을 나가는 부모들에게 참으로 미안하다는 생각이 들면서 동시에 이러한 의료제도에 대해 분개하게 된다.

아울러 이런 모순을 개선할 수 있는 어떠한 방법도 강구하지 못하는 나 자신에 대하여 더욱 답답함을 느낀다. 이런 때에는 은퇴한 후에 심장병 환자와 가족들의 상담만이라도 제대로 해주고 살아도 소아심장의사로서의 보람된 삶이 되겠다는 상상을 해본다. 그래도 위와 같은 안타까운 경우보다 나로 인해 건강하게 잘 살아가는 아이들이 훨씬 더 많기에 오늘도 희망을 가지고 출근한다.

위의 사연들에서 알 수 있듯이 지금 같은 제도 안에서는 환자와 부모, 특히 엄마의 희생으로 심장병을 가진 아이들의 치료와 재활이 이루어지고 있다. 즉 사회와 국가가 부담해야 하는 부분이 분명히 있음에도 불구하고 지금은 의료보험 이외의 모든 부담을 환자 개인과 부모가 떠안고 있는 상황이다. 의사가 열심히 공부하고 연구하여 환자 한 사람 한 사람의 치료를 잘 해주는 것도 물론 중요한 의사의 기본적 도리다. 그러나 이들을 좀더 제도적이고 체계적으로 뒷받침할 수 있는 올바른 정책을 만드는 것도 환자 치료 못지않게 중요하다. 따라서 직접 환자를 치료함으로써 이들을 가장 잘 이해하는 의사들이 사회와 국가의 제도를 개선하고 올바른 정책을 수립하는 데 좀더 적극적으로 참여해야 한다.

"병만을 고치는 의사는 소의, 사람을 고치는 의사는 중의, 사회를 고치는 의사는 대의"라는 옛말이 있다. 물론 상아탑 안에서의 연구도 중요하지만 이런 문제들을 일반인들뿐 아니라 언론인, 행정가, 정치인들에게도 널리 알려서 좀더 나은 제도를 만들어주는 것이 환자들과 부모들, 특히 엄마들을 도와주는 길이 되며, 환자 치료 이외에도 의사들이 꼭 해야 할 중요한 사명과 임무임을 많은 분들이 공감하기 바란다.

박행순

전남대학교 약학대학 교수

한남대학교 화학과를 졸업하고 미국 사우스웨스턴대학교 화학과에 교환학생으로 선발되어 1년간 수학했다. 미국 미주리 주립대학교에서 식물병리학 석사를 마치고 의과대학 생화학과에서 박사학위를 취득한 후 동대학원 병리학과에서 박사후 수련과정을 마쳤다. 귀국 후 지금까지 전남대학교 약학대학에 교수로 재직하면서 11대 학장을 역임했다. 과학재단 이사를 역임하고 현재 학술진흥재단의 학술정책자문위원이며 (사)광주전남 여성과학기술인 네트워크의 초대회장으로 활동하고 있다. 사회봉사 활동에도 적극적으로 참여해 외국인 근로자들의 인권, 복지, 한국어 교육에 남다른 애정과 관심을 기울이고, 또한 여성가족부 지원으로 탈북동포를 위한 광주 새터민 센터를 열어서 우리 사회의 약자를 돕는 일에 앞장서고 있다.

감히 하나님과의 약속을 저버리고

어렸을 때 나는 아주 병약한 아이였다. 자주 병원에 드나들었고 열이 나서 학교에 못가고 누워 있던 일, 청소를 면제받고 오전수업만 하거나 아무 때나 조퇴를 하고 집에 오던 일 등이 기억난다. 지금은 다이어트를 해야 할 형편이 되었지만 당시에는 너무 마르고 약해서 살찌는 것이 소원이었고, 그래서 쓰디쓴 익모초도 많이 마셨다. 지질대사 부분을 강의할 때, 레닌저(Lehninger)가 'Fat is beautiful!' 이라고 썼던 부분을 인용하면서 내 이야기를 하고 학생들에게 "소원은 이루어진다!!"라고 말한다.

초등학교 오륙학년 즈음, 나는 하나님께 약속을 했다. 나를 건강하게 해주면 의사가 되어 아프리카 같은 곳에 가서 아픈 사람들의 몸을 고쳐주고 마음도 고쳐주는 슈바이처 같은 의사가 되겠다고. 지금 개념으로는 오지 의료선교사가 되겠다는 서원기도였다.

여자 중학교를 다니는 동안 나는 비교적 건강하게 정상적인 학교생활을 했고 부실장을 거쳐 실장을 맡기도 했다. 고등학교 3학년이 되어 진로상담을 할 때 나는 당연히 의과대학을 가겠다고 했고 부모님은 내가 몸이 약하다는 이유로 적극 말렸다. 그러나 나는 결코 고집을 꺾지 않았다. 그때 아버지는 대학에 근무하면서 미국 선교사가 세운 대전대학(현 한남대학교)에 출강을 했는데 10월에 특차시험이 있으니 의과대학에 갈 수 있을지 실력테스트나 해보라고 했다. 경험도 되고 여러모로 괜찮을 것 같아서 시험을 쳤더니 차석으로 합격하여 4년 장학금에 기숙사비까지 면제받을 수 있었다.

그 후 몇 달 동안 어머니의 대수술 등 집안에 어려운 일들이 겹치면서 나는 의과대학 시험은 치지도 못하고 결국은 한남대학교에 입학했다. 미국식으로 운영하는 미션스쿨의 대학교육은 철저했고 원어민의 영어 강의 외에도 특히 화학과는 좋은 실험시설을 갖추고 있었다. 좋은 대학에 입학하여 공짜로 다니다보니 일단 졸업하자는 쪽으로 방향을 잡게 되었고 열심히 공부했다. 졸업하는 해에는 학교에서 미국으로 유학도 보내주었다.

결혼해서 아이를 낳고 키우면서 장학금을 받아 석사를 마쳤다. 한국에서는 내가 제법 영어를 잘 하는 줄 알았는데 그건 착각이었다. 사회과학도인 남편 쪽은 장학금이 거의 없어서, 내 영어 실력이나 경제적인 면에서 내가 의대에 진학할 형편이 못되었다. 의대 생화학과에 연구원으로 취직하여 언젠가 의대에 진학하면 도움이 될 거라고 생각하며 생화학을 수강했다. 두번째 생화학 과목을 신청하려고 할 때 보스인 캠벨(Campbell) 박사가 풀타임으로 박사과정에 진학하는 것을 생각해보라고 권했다. 그때 1000달러가 좀 넘는 월급에서 세금을 어찌나 많이 뗐는지 박사과정에 들어가면 받는 장학금이 세금을 제한 월급에 약간 모자랄 뿐이었다. 또한 몇 년 후면 학위를 받을 수 있으니 일하는 것보다 진학하는 것이 훨씬 나을 것 같아서 캠벨 박사를 지도교수로 하고 박사과정에 입학했다.

둘째아이까지 생겨 1970년대 말에 한 사람 장학금으로 네 식구 살기가 만만치 않았다. 돈 없고, 시간 없고, 아이들을 제대로 챙겨주지 못하고, 몸은 고달프고, 실험 주제도 힘들었다. 돼지 신장으로 실험을 하는데 미세융모(microvilli)를 만들어서 당일에 Ca^{2+} transport 실험을 하는 날은 아침 일찍 시작하여 다음날 새벽 4시에야 실험이 끝났다. 피곤하고 지친 몸으로 새벽별을 보면서 집에 돌아올 때 그만두고 싶은 생각을 한 적도 있었다. 그때 포기하고 싶었던 가장 큰 이유는 아이들 때문이었고, 포기하지 못한 것 또한 아이들 때문이었다. 엄마가 힘들다고 중간에 그만두면 아이들에게 결코 좋은 본이 될 수 없다고 생각했다. 박사과정을 만만하게 보고 너무 쉽게 선택한 것을 후회하면서 그러나 한번 시작했으니 끝까지 버티기로 작정을 했다. 의대에 가기 위하여 중간 과정으로 시작한 대학원 박사과정이 이제는 전심전력을 다해야 성취할 수 있는 나의 새로운 목표가 되어버렸다.

과정을 어렵게 마치고 졸업논문을 마무리하던 어느 날, 지도교수가 MSD(Merk Sharp & Dohme) 제약회사의 초청을 받아 특강을 하고 오더니 거절하기 어려운 제안을 했다. 즉 내가 돼지 신장으로부터 정제한 renal dipepti-dase(RDPase로 약칭, EC 3. 4. 13. 19)라는 효소가 MSD에서 개발한 새로운 베타락탐(β-lactam) 항생물질인 thienamycin을 분해하는 것 같으니 한 학기만 더 머물면서 이를 규명할 수 있느냐는 것이었다. 그간 베타락탐 항생제를 분해해서 내성을 유발하는 β-lactamase는 세균에만 존재하는 것으로 알고 있었는데 포유동물 β-lactamase의 존재를 확인하는 과제이며 신약개발과 관련된 것이었다. 만약 내 효소가 thienamycin을 분해한다면 MSD는 RDPase를 견제하지 않고는 새로운 베타락탐 항생제를 세상에 내놓을 수 없는 일이었다. 나는 설명을 듣고 기꺼이 졸업을 늦추겠다고 대답했다. 그리고

실제로 포유동물 β-lactamase의 존재를 실험으로 증명하고 발표했다. MSD
는 내 실험에 근거하여 RDPase의 경쟁적 저해제인 cilastatin과 함께 1 : 1
복합제제를 만들어 페니실린, 세팔로스포린에 내성을 가지는 세균들에 유효
하게 사용하고 있으며 우리나라에서는 중외제약에서 티에남(Tienam)이라는
이름으로 생산했다.

석·박사학위, 연구원, 포스트닥터 과정까지 14년을 살면서 내린 결론은
미국에서의 의과대학 공부는 박사과정보다 더 어려우면 어려웠지 결코 쉽지
않다는 것이다. 그리고 그간 미국 정부로부터 빌려 쓴 대출금도 갚아야 했다.
남편은 처음부터 미국에서 살 뜻이 전혀 없었다. 첫 아들의 이름을 '한국'이
라고 지은 것만 봐도 분명했다. 남편은 나보다 1년 먼저 귀국하여 대학에 자
리를 잡았고, 나는 두 아이와 함께 1983년 정부로부터 유치교수 이사비용을
지원받아서 전남대학교 약학대학에 부임했다.

귀국 후 아이들은 학교생활에 적응을 못해 스트레스로 자주 아팠다. 나 역
시 처음 대학 강단에 서서 똑똑한 대학생들을 가르치기 위하여 새롭게 공부
를 해야만 했다. 신설대학이기 때문에 연구시설이 전혀 없음에도 매년 의무
적으로 연구논문을 한 편씩 써야만 하는 것은 엄청난 스트레스였다. 조직파
쇄기 대신 믹서를, 전기교반기 대신에 작은 선풍기의 날개를 떼고 거꾸로 매
달아 사용했다. 열악한 실험실 조건에도 불구하고 미국에서는 돼지 신장에
서 효소를 정제하여 실험을 했는데 여기서는 병원에서 수술 제거하는 사람의
신장을 확보하여 human RDPase를 정제할 수 있었다. 몇 년 후에는 영국의
IBRD 차관으로 대학에서 연구에 필요한 실험기기를 대부분 갖추었다.

1990년대 후반의 어느 날 동아제약 연구소에서 나에게 특강요청을 했다.
뒤이어 동아제약에서 개발한 새로운 베타락탐 항생물질이 RDPase에 얼마나

안정한지, 미국의 thienamycin, 일본의 meropenem과 비교해달라고 요청했다. 나는 기꺼이 동아제약과 위탁연구를 체결했다. 연구결과는 DA○○○○1131이 thienamycin이나 meropenem보다 RDPase에 대하여 훨씬 안정하여 별도의 저해제가 필요 없었다. 이를 통하여 새로운 베타락탐 항생제 개발에는 RDPase에 대한 안정성 연구가 필수 단계임을 다시 확인했다. 이는 10여 년 전 지도교수와 MSD와의 관계가 나와 동아제약 사이에 이루어진 셈이었다. 과거에 MSD를 위해서는 돼지의 RDPase를 사용했지만 이번에는 사람의 RDPase를 사용했고 내가 연구 책임자라는 사실만이 달랐다.

50대 중반을 향해 가면서 내 삶을 뒤돌아보고 정년 이후의 삶을 준비해야 한다는 생각과 함께 어릴 적 하나님께 드렸던 서원기도가 생각났다. 나를 건강하게만 해주면 의료선교사가 되겠다던 하나님과의 약속을 지키지 못한 것이 마음에 걸렸다. 의료 봉사를 나가면 내가 가르친 졸업생들이 나보다 훨씬 더 유용했다. 나는 그저 약사보조로서 약이나 쌀 수밖에 없었으니 말이다.

근래에 우리나라에는 세계 각국에서 40만 명 가까운 외국인 근로자들이 와서 일하고 있다. 나는 그들에게 가는 대신 우리에게 온 이들 중 일부에게 가서 한국어를 가르치고 성경을 가르치며 함께 하려고 노력한다. 감히 하나님과의 약속을 저버린 뻔뻔한 나를 책망하지 않고 참아주시는 그분이 고맙고 죄송하여 나름대로 성의를 보이려는 것이다. 앞으로 몇 년간은 여가시간과 주말을 활용하지만 정년 후에는 그 곳이 나의 새로운 일터가 되기를 소망하면서.

배은희

(주)리젠바이오텍 대표이사

서울대학교 자연과학대학 미생물학과를 1983년에 졸업하고 미국 뉴욕 주립대학교 스토니부룩에서 유전학 박사학위를 받았으며, 한국과학기술연구원 의과학연구센터에서 박사후연구원 과정을 거쳐 2002년까지 선임연구원으로 재직했다. 현재 (주)리젠바이오텍의 대표이사로 재직하고 있으며 (사)바이오벤처협회의 부회장 및 단국대학교 분자생물학과 겸임교수를 맡고 있다.

딸에게 전문인이 되라고 자신 있게 충고하는 엄마

나의 첫 기억은 커다란 솥을 싣고 부모님과 언니와 어딘가로 차를 타고 이사를 가는 것이다. 아마 두세 살 때의 일인 것 같다. 그때부터 약 40여 년이 흐른 지금 되돌아보면 어렴풋한 어릴 때의 기억과 학창시절의 기억, 그리고 사회생활을 시작하면서부터의 여러 가지 기억들이 현재의 나를 있게 한 필연과 우연의 날실과 씨실을 엮어내고 있었다는 것을 깨달을 수 있다.

나는 모범적 국민인 부모님의 1남4녀 중 둘째로 태어나 평균적으로 순탄한 삶을 살아왔다. 어찌 보면 행복하기만 했던 어린 시절에도 둘째라는 위치 때문에 위아래 형제들과의 경쟁과 협동을 통해 현재의 성격과 가치관이 생성되었는지도 모르겠다. 지금 아이 둘을 키우면서 항상 경이롭게 생각하는 것은 그리 넉넉하지 않은 살림에도 부모님이 다섯 자식을 하나같이 용기와 희망으로 부족함을 느끼지 않고 성장시켰다는 것이다.

아버지가 2대 독자였기 때문에 아들을 끔찍이도 원하셨겠지만 성장하면서 한순간도 부모님으로부터 딸이라고 차별을 받아본 적이 없다. 따라서 나는 당연히 대학을 졸업하면 직업을 갖고 사회활동을 하는 것으로 내 인생을 정했고, 옆도 돌아보지 않고 전문여성의 길에 합류할 수 있었다. 부모님은 항상 남들 앞에서 자식 자랑을 해서 우리가 송구해했던 기억이 많이 난다. 그 때는 왜 그러시는지 이해가 되지 않아 창피하기도 했는데 이제와 생각해보면 그 칭찬이 크나큰 동기부여로 우리에게 작용했던 것 같다.

집과 학교밖에 몰랐던 답답한 모범생으로 고등학교까지 보내면서 나는 일류대학에 꼭 가야겠다는 일념으로 그야말로 악착같이 공부에 매달렸다. 어려서부터 다른 형제들과 달리 병약했던 나는 엄마의 정성어린 챙기기에도 불구하고 고 3에 결핵을 앓게 되었다. 하지단 끈질긴 집념으로 일류대학 진학은 이루어졌다. 입학하자마자 1년을 휴학하는 후유증을 남기기는 했지만.

'새옹지마(塞翁之馬)'라는 말이 있다. 나의 인생에서 어려움이 닥치고 지나갈 때마다 나는 무릎을 치면서 이 말에 담긴 현명함과 긍정적인 사고에 동감하고는 한다. 지금 생각하면 이 1년간의 휴학기간이 그야말로 각박하게 살아온 나의 인생 중 황금기가 아니었을까 싶다. 여행도 하고 고등학교 때까지 한번도 생각해보지 않았던 다양한 취미생활도 했다. 부모님과 많은 시간을 보내며 부모님의 마음과 철학을 느끼기도 했고, 주위의 사회를 돌아보고 또한 그냥 공부만 하는 것으로 알았던 내 생활을 한번 되돌아보는 기회도 가질 수 있었다.

이때 대학 졸업 후의 유학, 그리고 박사학위를 가진 전문직장인으로서 미래에 대한 구체적인 계획을 세웠던 것 같다. 이 1년간의 휴학 때문에 고등학교까지의 친구들은 78학번이지만 대학교 이후의 친구들은 79학번이다. 남들의 두 배의 친구를 갖게 되었다고나 할까? 이 또한 '새옹지마'라고 할 수 있을 것이다.

다행히도 나의 적성테스트는 내가 이과를 택하도록 되어 있었다. 더욱이 당시 유전자재조합 기술이 한국에 들어와 새로운 학문 분야로 소개되기 시작한 시기라 막연하나마 분자생물학 분야가 강한 미생물학과를 전공으로 선택했다. 유학의 구체적인 계획은 학교 선배이자 몇 년 후 형부가 된 중학교 친구 오빠의 부추김(?)이 많은 도움이 되었다. 졸업 후에는 회사에 취직할 뻔했으나 수석졸업한 내가 아니라 F학점을 맞아 졸업도 어려웠던 남학생을 회사에 추천한 교수님 덕분에 유학 계획을 꿋꿋이 진행할 수 있었다.

졸업과 결혼 후 우학생활을 시작했다. 양가 부모님의 적극적인 지원과 남편의 물심양면의 도움으로 딸, 아들 두 아이를 낳아 기르면서 6년 만에 박사학위를 취득했다. 디펜스 세미나에서 지도교수님이 "매우 생산적이었다"고 농담한 것이 아직도 기억에 생생하다. 미국에서 생활할 때는 남편과 가사를 분담했고 사회적 분위기도 아이 양육을 엄마의 전유물로 보지 않았기에 아이들을 키우면서 여자이기 때문에 더 힘들다는 생각이 들지 않았다. 남성위주의 한국 사회에 부딪히기 시작한 것은 나의 박사후연구원 과정 계획이 남편의 귀국으로 취소되면서 예정보다 일찍 한국에 오면서부터였다.

한국에 오자 20개월 차이인 세 살, 한 살 두 아이를 키우기가 너무 힘들었다. 우선 두 아이를 데리고 외출하기도 힘들었다. 아이들을 귀찮아하는 택시기사, 유모차를 끌고 나가면 반은 들고 다녀야 하는 보도며 건물들, 아이 둘을 데리고 다니는 엄마의 느림을 참지 못하는 사람들. 도저히 아이들을 키우면서 일을 할 엄두가 나지 않았다. 그래서 일을 접어두고 다시 한번 1년을 집에 있기로 결심했다. 그때는 내가 너무 젊었을까. 잠시 '새옹지마'의 의미를 잊어버리고 내가 속한 사회와 단절되는 것에 초조해하면서 아이들 키우는 재미를 전혀 즐기지 못했다.

마침내 나의 초조함이 아이들에게 악영향을 끼치기 시작할 무렵 우연히 KIST 의과학연구센터에 박사후연구원 고정으로 나가게 되었다. 새로 생긴 부서라 아무것도 없는 실험실을 하나씩 채우면서 어려운 1년이 지나갔고 정식 선임연구원으로 발령을 받았다. 새로 생긴 부서여서 어려운 점이 많았지만 그 덕분에 오히려 정식 직원자리에 여유가 있어 내가 발령받는 행운을 얻지 않았을까 생각한다.

이때부터 왠지 모르게 밥을 먹을 때도 불편하고 회의시간에도 나만 모르는 뭔가가 있는 것 같고, 크게 돌아가는 내부 일들 가운데 어느 한 조각씩은 내가 모르는 부분이 있다는 것을 느끼기 시작했다. 아이들 양육에서도 남편은 조금씩 물러서기 시작했고, 남편의 사회활동 시간이 점점 많아지면서 가사에 대한 부담은 전적으로 나의 몫이 되어가고 있었다. 이 시기에 친정엄마의 도움이 없었다면 현재의 나는 없었을지도 모르겠다. 아이들에 대한 죄책감과 사회적인 성취감 사이에서 평형을 유지하도록 나의 역할을 대신해준 엄마에게 진심으로 감사드리고 싶다.

KIST 선임연구원 생활이 5년 정도 되었을 무렵 사회적으로 벤처붐이 일기 시작했고, 연구원 겸직 창업제도가 생기면서 그 전까지 나 자신도 모르고 있던 나의 어떤 부분이 꿈틀거렸다. '내가 하고 있는 연구의 끝이 무엇일까? 적지 않은 연구비를 쓰면서 이 결과가 과연 어디에 쓰일 수 있을까?' 하는 의문이 들기도 했다. 그동안의 연구결과를 사회적으로 유용하게 만들 수 있을 것 같다는 야무진 다짐과 새로운 도전에 대한 설레임, 그리고 당시 자기 사업을 하던 남편의 적극적인 격려로 2000년 4월에 겁없이 창업을 했다.

그렇게 설립된 회사가 '(주)리진바이오텍'으로 조직재생에 필요한 지지체 개발, 단백질 개발, 천연추출물 개발을 하고 있다. 또한 진피재생지지체를 식품의약품안정청으로부터 판매허가 받아 시판하고 있으며, 재생단백질을 이용한 진단시약 개발을 완료하여 현재 식품의약품안정청의 판매허가를 기다리고 있다. 신기술을 이용한 제품개발이라 한 단계 한 단계가 정말 어렵게 진행되었다.

지금도 그렇지만 당시에는 부모님을 비롯한 많은 분들이 그 좋은 직장을 왜 그만두고 고생길로 들어섰냐고 말했다. 그러나 지난 5년은 정말 역동적으로 사회와 밀접하게 연결된 삶을 살았다는 느낌이다. 물론 힘든 시기도 많았지만 어려움을 잘 극복할 수 있도록 도와주는 많은 분들도 만났다. 적절한 도움을 받을 수 있었던 부분적인 이유는 여자로서 지닌 장점 덕분이 아니었을까 하는 생각도 한다. 사회통념상 여자들이 남자들에 비해 술수를 짜지 못하고 타협을 하지 못하며 자식을 키우는 입장이라는 것이 기업의 투명성과 윤리적인 측면을 부각시키는 데 많은 도움이 되었을 것이다. 이제야 어느 정도 기업의 모습을 갖추어가고 있으며, 더욱더 주위의 전문가들의 도움을 받으며 더 역동적으로 길을 가야겠다고 다짐한다.

내일 또 어떤 모습일지 모르지만 현재의 나는 적어도 딸이 닮고자 하는 엄마이고 싶다. 앞에서도 밝혔듯이 현재의 내가 있게 된 것은 우연과 필연이 적절히 연결된 결과이지만 각 순간의 결정 또한 매우 중요했다. 그중에서도 과학기술 전문직을 택했던 것이 사회적·시기적으로 매우 중요했다. 나는 지금도 직원이나 딸에게 여자가 직장을 가지려면 전문직을 가지라고 이야기한다. 어중간한 상태로는 우리 사회에서 여성 직장인으로 살아가기가 쉽지 않다. 가사 및 육아에서의 모자람이 어중간한 직장생활로는 채워지기 어렵기 때문이다.

앞으로는 '여자이기 때문에' 라는 수식어가 필요 없는 사회가 되기를 바라

면서, 성공적으로 직장생활을 할 수 있는 조건을 가질 수 있었음에 감사하고,
나의 오늘이 있게 해준 주위의 모든 분들께 감사드린다.

백양순

(주)엔원 대표이사

한국 시스템 통합연구소에서 1999년 관리과장을 역임했고, 현재 IT벤처 기업연합회 이사와 한국 IT여성 기업
인협회 이사를 역임하고 있다. 2000년부터는 자체 개발한 기업용 솔루션을 바탕으로 한 시스템통합 및 컨설
팅 전문 IT회사인 (주)엔원 대표이사직을 맡고 있다.

미래 IT사업은 여성이 주도한다

오늘날 우리가 누리고 있는 현대문명의 기반은 과학이다. 과학의 발달에 우리 인류의 미래가 달려 있다. 우리나라처럼 부존자원이 없고 인적 자원이 핵심인 경우에는 더욱이 그렇다. 헤르츠가 전자기파의 존재를 증명하지 못하고, 패러데이가 전기와 자기의 관계를 규명하지 못했다면, TV나 휴대폰 같은 과학의 혜택을 경험하지 못했을 것이다. 최근 인간 줄기세포에 관한 연구가 초미의 관심사다. 인간 줄기세프 연구는 1억 8000만 명 이상의 장애자들에게 새 삶을 줄 수 있고, 경제적 부가가치는 무려 3000억 달러에 이른다고 한다. 다행히 그 중심에 우리나라 학자인 서울대학교 석좌교수 황우석 박사가 있다. 얼마나 자랑스러운가! 이 모든 것이 다 과학의 산물 아닌가! 특히 세계화, 지식정보화사회, 지구촌에서는 모든 세계가 글로벌 망으로 형성되어 인터넷이 필수다. 시공을 초월한 인터넷이 없으면 글로벌은 상상도 할 수 없다. 그런데 다가올 IT(Information Technology Yet to Come) 세상에서는 여성의 감성의 조화가 IT기업의 큰 몫으로 자리매김할 것이다.

다니엘 골먼(Daniel Goleman) 같은 학자는 인생의 성공을 100퍼센트라고 했을 때, 그중 20퍼센트는 IQ(지능)가 작용하고, 나머지 80퍼센트는 EQ(감성)의 요인에 의해 성공이 결정된다며 EQ의 중요성을 강조했다. 또한 창의성 학자들도 80퍼센트의 EQ와 20퍼센트의 IQ가 어우러져 창의성이 나온다고 했다. 이렇듯 21세기 지식정보화 사회에서의 경쟁력은 바로 창의력이다. "창의력이 있는 개인, 창의력이 있는 사회, 창의력이 있는 국가만이 부강해질 수 있다." 이처럼 창의력의 바탕이 되는 감성의 중심에 바로 우리 여성이 우뚝 서 있다.

힘센 노동이 요구되던 농경산업사회에서는 육체적 힘이 강한 남성이 중심이었지만, 지식정보화 사회에서는 정신적 아이디어가 집단적으로 사람을 지배하는 기본요소가 되고 있다. 짐을 지는 지게는 남성이 유리하겠지만, 컴퓨터의 마우스 조작은 섬세하고 가냘픈 여성의 손이 훨씬 더 유리하다고 생각한다. IT와 여성의 감성이 조화롭게 어우러지면 아파트도 부드러워진다. 실제로 아파트가 종래처럼 삭막한 도시 주거공간이 아니라 어른들의 지친 일상을 달래고 아이들에게는 감성을 키워주는 공간으로 탈바꿈하고 있다. 이것은 감성을 고려한 섬세한 여성 디자인이 있기에 가능한 일이었다. 여성의 오감(시각, 청각, 후각, 미각, 촉각)은 삶의 질을 높이고 만족도를 높일 뿐더러 감성 충족까지 중요시하고 있다.

노벨 물리학상 수상자로 현재 KAIST 총장인 로버트 러플린(Robert B. Laughlin)은 '벤처코리아 2004'에서 행한 기조연설에서 "미래 정보기술(IT)의 핵심은 놀라운 전자제품이나 인터넷 환경을 만들어내는 것이 아니라 이를 활용해 기업의 비용을 줄이고 이윤을 극대화할 수 있는 사업 전략을 창출해내는 것이다"라고 말했다. 다시 말하면 IT란 "기계 안에 들어 있는 특정한 과학기술이 아니라 돈을 벌 수 있도록 사람과 기계, 그리고 시스템을 연계하는 전략이 되어야 한다는 것"이다. 세계적인 과학자이면서 미래학자인 그가 시장 경제원리에 바탕을 두고 철저한 실용주의에 입각하여 말했을 때 나는 가슴속 깊이 감동할 수밖에 없었다. 인류 역사상 21세기 디지털시대의 특성에 걸맞게 가장 스피디한 변화를 가져온 IT혁명은 세계를 점점 더 작은 시장으로 축소했으며, IT기반의 여성들이 경제, 사회중심으로 진출하게 한 중요한 계기를 조성했다. 주위에서는 나를 손꼽을 정도로 성공한 IT 여성 기업 벤처인이라고 한다. 돌이켜보면 최첨단을 달리고 있다는 IT 분야이다 보니 많은 분들의 부러움과 격려가 항상 뒤따른 것 같다.

내가 IT를 접하게 된 것은 아버지의 영향이 컸다. 포병부대에서 군대생활을 한 아버지는 내가 초등학교 때부터 공전식 전화기에 대해 여러 가지를 가르쳐주셨다. 그 덕분에 나는 열여덟 살에 우정국(지금의 정보통신부 소속)에서 실시하는 국가 기술자격시험(전화교환기능 2급)에 합격하기도 했다. 나는 무척 재밌게 배웠다. 그때 감격해하던 아버지를 생각하면 지금도 가슴이 뭉클하다.

나는 가끔 어떤 성격이 최고경영자로 성공할까 하는 의문을 가지고 여러 사장님들을 관찰하고는 했다. 그 결과 IT산업 분야에서 성공한 기업의 CEO들은 모두 '감성', '유머'라는 키워드를 가지고 있다는 것을 알았다. 특히 IT 분야에 종사하는 이들의 감성은 감성적인 의미뿐만 아니라 디지털적이고 유연해야 한다. 또 언제 어디서나 상황대처에 필요한 부드럽고 강한 내면성을 지니고, 항상 창조적인 리더십이 있어야 하므로 여성들에게 가장 적합하다고 생각된다. 하루가 다르게 창의와 개성이 중시되는 방향으로 현대사회가 변화하고 있기 때문이 아닐까!

　IT기업을 경영하는 입장에서 볼 때 돈만 갖고는 사업을 할 수 없다는 것이 나의 지론이다. 튼튼한 자본과 전문경영인, 그리고 기술 등 3박자가 이루어져야 기업의 경쟁력을 유지할 수 있다. 《삼국지》의 '유비'가 성공할 수 있었던 비결은 무엇인가? 그것은 비록 머리는 제갈공명의 근처에도 가지 못하지만 사람들을 끌어들이고 믿게 만든 친화력일 것이다. 그것이야말로 비록 무술이나 학식 등의 전문성은 부족하더라도 사람들의 충성과 신뢰를 이끌어내는 시스템을 엮고, 마침내는 윈-윈(Win-Win)할 수 있는 환경을 조성하는 핵심축이다.

　결국 나의 마음 경영은 IQ가 우수한 사람이 중심이 아니라 어느 누구도 갖고 있지 않은 두툼한 배짱과 톡톡 튀는 아이디어, 그리고 순간순간 냉철한 판단과 실천이었다. 정보와 기술의 싸움현장에서 사람들은 디지털을 기술이라고만 생각한다. 그러나 과학이 합리적이고 논리적인 사고와 철학, 생활방식이듯 디지털도 기술만이 아니다. 그 근본은 마인드에 있다. 마인드는 곧 마음이요, 생각이다. 생각의 속도는 실천의 속도를 가속화시켜야 한다.

　이공계를 지망하는 학생들이여! IT사업을 지망하는 학생들이여! 시련이 있거나 힘이 들어도 기필코 목표를 성취하겠다는 강력한 의지가 있으면 분명히 IT 분야는 성공할 수 있다. 이것이 바로 나의 산 경험이다. 김대중 전 대통령은 《역사의 연구》 저자로 유명한 세계적 석학 토인비의 도전과 응전을 통해 시련을 이길 수 있는 힘을 얻었다고 한다. 사실 운명의 도전에 효과적으로 응전한 사람은 성공하고, 그렇지 못한 사람은 낙오자가 된다. "좋은 인생은 운명에 의해 결정되는 것이 아니라 꿈과 선택에 의해 결정된다."

　용기와 끼가 있고, 꿈이 있는 자는 어서 오라. 특히 이공계를 진학하는 학생으로서 기획, 관리, 생산, 연구분야에 흥미가 있고, 성격적으로는 정서 안

정성, 지도성 등이 있으면 보다 바람직하다. 그 외에 자제력, 행동력, 자주성, 협동성 등의 경향이 강하면 더욱 적합할 것이다. 이 카테고리에 들어 있는 학생은 주저 없이 IT 분야에 와라. 길이 있다. 그리고 도전하라. 앞으로 전력 통신망이 산촌벽지까지 구축되면 유비쿼터스(Ubiquitous) 문화는 앞당겨질 것이고, 이를 정착시키는 데 절대적으로 여성의 손길이 필요하게 될 것이다.

더불어 정책입안자들에게 간곡하게 부탁드린다. 2008년 베이징 올림픽 1등 목표와 세계 최대 경제대국의 꿈을 꾸는 중국은 이공계 출신 국가지도층이 무려 4억 1000만 명의 초중고생을 '과학보급클럽' 회원으로 가입시켜 과학 입국 기초를 만들었다. 수많은 국가기술 과제를 기술전문 정치로 풀어가고 있다. 이공계를 진학하는 학생들에게 국가적인 지원을 간곡히 부탁드린다. 좋은 품질은 좋은 생각과 좋은 환경에서 나온다는 것을 결코 잊어서는 안 된다.

백희영

서울대학교 식품영양학과 교수

서울대학교 식품영양학과 3년을 수료한 후 미국 미시시피여자대학교에서 식품영양학 학사학위를 받았으며 캘리포니아 버클리대학교에서 식품과학으로 석사학위, 미국 하버드대학교 보건대학원 영양학과에서 박사학위를 취득했다. 귀국 후 숙명여자대학교 식품영양학과 교수를 역임하고 현재 서울대학교 식품영양학과 교수로 재직 중이다. 독일 베를린 자유대학교 사회의학연구소에서 1년간 방문교수로, 미국 샌디에이고 주립대학교에서 1년간 겸임교수로 연구했다. 대한가정학회 회장을 역임했으며 현재 한국영양학회 회장을 맡고 있다. 네 차례에 걸쳐 한국영양학회에서 우수논문상을 받았으며 2005년도 한국과학기술단체 총연합회에서 수여하는 제15회 과학기술우수논문상을 수상했다. 국내외에서 150여 편의 연구논문과 보고서를 냈으며 《한국인의 식생활과 질병》 《한국인의 생활문화》 등의 저서가 있다.

이 글을 준비하면서 나도 어린 시절 '어른이 되어서 무엇을 할까?', '어른이 되어서 어떻게 사는 것이 좋을까?' 하고 걱정을 했던 때가 있었음을 기억하게 된다. 또한 오랫동안 내가 선택한 길, 또 나에게 주어진 일과 역할을 하면서도 어린 시절에 생각했던 미래와 맞는지 되돌아보지 못하고 살아왔음을 느끼며 여러 반성도 하면서 이 글을 준비했다. 이 책은 장래를 계획하는 어린 학생들을 위한 것이므로 내가 살아온 길과 경험을 솔직하게 쓰려고 한다. 모쪼록 이 글을 읽는 학생들이 두려움보다 즐거움을 갖고 자신의 미래를 생각하는 데 도움이 되기를 바란다.

문과인가 이과인가

어린 시절 미래에 대한 생각은 즐거우면서도 한편 걱정스럽고 불안하기도 했다. 이러한 걱정, 또는 미래에 대한 불안은 중고등학교 시절을 통해 계속되었던 것으로 기억되지만 가장 직접적으로 걱정을 한 것은 고등학교 1학년을 지나면서였던 것 같다. 고등학교 1학년 2학기에 문과반으로 갈 것인지 이과반으로 갈 것인지를 결정해야 했다. 물론 부모님과 상의했으나 부모님은 공부나 진로에 대해서 별로 간섭을 하시지 않았다. 나는 둘째딸로 언니가 있었으므로 언니가 의논 상대가 되기도 했지만 걱정과 불안을 가장 많이 나눈 상대는 친구들이었다.

자라면서 자신의 적성과 소질을 발견하고 여기에 맞춰 진로를 결정해야 하지만 나는 특별히 어떤 소질이 있다고 생각되지 않았다. 아주 어렸을 때, 당시로서는 드물게 피아노교습을 받고 콩쿠르에도 나가고 했으나 초등학교 고학년이 되고 다른 일들에 관심이 늘면서 이를 중단했다. '내가 뭘 잘하나?' 곰곰이 생각했으나 별로 떠오르는 것이 없었고, 어느 분야에 특별히 흥미나 소질이 있는지도 알 수 없었다.

그런데 친구들은 내가 수학을 잘 하는 편이므로 이과 성향이라고 했다. 듣고 보니 그럴 듯하기도 하고, 더욱이 친하게 지내던 친구 몇 명도 이과반을 선택하기에 나도 이과반으로 결정했다. 부모님은 평소대로 내 결정을 존중해주셨고, 당시의 통념상 이과반이 면학 분위기가 좋은 것으로 알려져 있었으므로 만족하시는 것 같았다. 그때의 결정은 가깝게는 그로부터 2년 후 대학진학을 위한 학과 선택, 궁극적으로는 일생동안 종사할 분야를 결정하는 중요한 것이었으나 지금 생각해보면 당시의 결정은 우연히 이루어진 면이 많은 것 같다. 그러나 평소 나와 가깝게 지내며 비슷한 생각을 하는 그룹의 친구들이 나의 성향을 제대로 파악하고 내 결정에 적합한 도움을 주지 않았나 생각한다.

어느 대학, 어느 학과에 지원할 것인가

내가 당면한 두번째 중요한 결정은 대학진학에 대한 것이었다. 이과반에 올라간 우리는 곧 진학할 대학과 학과를 결정해야 했다. 당시는 대학별 입학시험이 따로 있었고, 대학에 따라 시험과목도 달랐다. 그래서 3학년이 되기 전에 진학할 대학과 학과를 결정해 대비하는 것이 보통이었다. 지금 기억에 일부 대학은 국어, 영어, 수학, 과학, 사회, 기타 선택과목 중 3~5과목을 지정했고, 일부 대학은 분야별로 필수와 선택을 조합하여 10과목까지 지정하기도 했다. 따라서 지원하는 대학을 일찍 정하면 입학시험에 대비하는 것이 훨씬 수월했다.

나는 학비와 입학시험준비 등을 고려하여 일찍부터 서울대학교 지원을 결정했으나 학과에 대해서는 3학년 2학기 후반까지 많이 고심했다. 특별히 잘하거나 못하는 과목도 없었고, 어떤 과목이든지 재미있기도 하고 싫을 때도 있어서 좀처럼 학과를 결정할 수가 없었다. 지금 생각해보면, 중고등학교에서는 각 과목별로 각 학문 분야(예를 들면 생물, 화학, 물리, 역사 등)를 전반적으로 포괄해서 가르치기 때문에 과목마다 재미있고 쉽게 이해되는 부분도 있고 이해하기 어려운 부분도 있었던 것 같다. 그러나 전공을 하면 각 분야 중 자신이 좋아하는 부분을 깊게 공부하고 연구할 수 있으므로 중고등학교 때 생각하던 것과 실제 그 학문 분야를 전공하는 것은 차이가 많다. 그러나 중고등학교 때는 이러한 사실을 모르기 때문에 진로 결정에 특히 어려운 점이 많은 것 같다.

나는 몇 번이고 이 학과, 저 학과를 생각하다가 당시 서울대학교에 새로 설립된 식품영양학과를 지원하기로 결정했다. 신설 학과이므로 자세한 정보를 몰랐으나, 식품영양학과를 졸업하면 '영양사'가 되는데 이 직업은 사람들이 먹는 것에 대하여 '칼로리'를 계산해주는 특별한 직종으로 선진국에서는 대우가 좋은 장래가 유망한 분야라는 얘기를 친구에게 들은 적이 있었다. 아마도 입학원서 마감 즈음에 들었던 것으로 생각되는데, 이 분야는 고등학교에서 배우지 않아 특별히 싫은 점이 없었고, 역시 친하게 지내던 친구 몇 명과 뜻이 맞아 같이 지원하기로 했다. 지금 생각하면 극히 제한된 정보에 의존한 소박한 결정이었다. 다행히 지원했던 학과에 합격을 했고, 이 분야에서 박사학위까지 받고 교수가 되어 평생 재미있게 연구하고 학생을 가르치며 살고 있다.

당시에 들었던 '칼로리 계산'도 가끔은 하지만 식품영양학과는 그보다 훨씬 다양한 분야의 학문이다. 내게 이런 정보를 주었던 친구가 누구였는지, 그 친구는 어디서 그런 얘기를 듣고 전해주었는지 정확히 기억나지 않는다. 아마 그 친구는 자신이 내게 그런 얘기를 했던 것을 기억하지 못할지도 모른다. 평생 종사할 분야를 이렇게 사소한 계기로 결정했다는 것이 지금 생각하면 경솔한 것으로 생각되기도 한다. 그러나 우리 인생의 많은 중요한 결정들이 당시에는 대부분 그 의미나 중요성을 모른 채 이루어진다. 결국 주어진 환경에서 최선의 결정을 하면서 자신의 길을 개척해 나가야 하는 것이다. 어린 시절부터 많은 책을 읽고 다양한 경험을 하면서 좋은 사람들과 교류를 하는 것이 인생의 각 단계에서 좋은 결정을 하는 데 도움이 되는 것으로 생각된다.

어떤 직업을 선택할 것인가

대학에 합격한 나는 친구들도 사귀고 재미있게 대학생활을 시작했다. 성격이 단순하고 약간 적극적이었던 나는 방송반, 합창단, 농촌봉사활동 등 과외 활동에도 많이 참여했고 과대표, 학년 대표, 학생회 등 학생활동에도 참여했다. 3학년 때는 학생회장이 되었다. 당시 학생회는 3선 개헌 반대, 박정희 대통령 3선 반대 운동 등 민주화운동을 선도하고 있었는데 맡은 역할을 충실하게 하는 내 성격에 따라 학생회가 벌이는 민주화운동에도 열심히 참여했다. 결국 나는 1973년 가을 3학년 2학기에 동료 학생들과 같이 제적을 당해 약 1년 반 동안 학업을 중단할 수밖에 없었다.

이 기간은 일찍이 경험하지 못했던 것을 내게 주었다. 그때까지 개인적으로 큰 어려움을 모르고 살았던 나는 사회에는 내가 알지 못하는 많은 일들이 있으며 내가 이해하거나 동의할 수 없는 일들도 일어남을 깨닫게 되었다. 어쨌든 이 기간 동안 나는 내가 살아가야 할 일에 대하여 곰곰이 생각하면서 당시 집안 어른들과 친구들의 조언에 따라 미국유학을 준비했다. 1년 반 후에 복학이 되었고, 동시에 유학을 위해 지원했던 미국 미시시피여자대학에서도 편입허가와 장학금을 받았다.

나는 그대로 서울대학교를 졸업하고 취업을 할 것인가, 먼저 계획했던 유학을 할 것인가 결정을 해야만 했다. 당시에는 비행기 값도 비쌌고 지금처럼 외국여행이 자유롭지 않아 미국유학을 갔다가 10년 이상 혹은 평생 돌아오지 못하는 사람도 많았다. 미국에 친척들이 있었으나 말로만 듣던 유학생활은 기대와 두려움을 갖게 했다. 성공해서 잘 된 사람들 얘기도 많았으나 외로움과 언어 문제로 실패하고 돌아오지도 못한 채 비참하게 되었다는 사람들 얘기도 많았다. 당연히 걱정이 없을 수 없었다. 여러 날을 밤잠을 설치며 고민했던 기억이 난다.

내 삶에서 가장 외롭고 어려웠던 결정이었다고 생각된다. 확실했던 것은 나는 평생직업을, 그것도 전문가로서 사회에 뚜렷한 기여를 하는 직업을 갖기를 원했다. 당시에 내가 아는 범위 내에서 가장 확실하게 다가온 것은 대학교수였다. 대학교수는 많은 학생들을 교육하는 신성한 직업으로 생각되었고, 학생운동 참여 등으로 사회적 시각이 강했던 당시의 나는, 젊은 학생들에게 바른 지식과 바른 가치관을 가르치는 교수가 되고 싶었다. 많은 두려움과 걱정이 있었으나 나는 유학을 결심했다. 다행히 친구가 같은 학교의 대학원으로 가게 되어 나의 두려움을 덜어주었다.

유학 생활은 생각했던 것보다 훨씬 더 어려웠다. 처음 1년 동안은 수업이 끝나고 기숙사에 돌아와 혼자 운 적이 많았다. 대학원으로 갔던 친구와 달리 학부과정에 편입한 나는 꽤 많은 교양과목을 들어야 했고, 전공과목도 더 많이 들어야 했다. 미국에 갈 때까지 외국인을 본 것도 손꼽을 지경이었으므로 언어문제 또한 지금으로서는 상상하기도 어려운 정도였다.

특히 식품영양학은 먹는 음식을 다루는 학문이라 미국 음식을 잘 알아야 했는데 전공과목들은 언어문제뿐 아니라 미국 음식과 문화에 대한 무지 때문에 도저히 따라갈 수 없다는 절망감에 빠진 적이 한두 번이 아니었다. 다행히 나를 특별히 인정해주는 지도교수를 만나 많은 지도와 도움을 받으며 생각보다 빨리 좋은 성적으로 졸업을 할 수 있었다.

졸업 후 나는 대학원을 가기로 하고 캘리포니아 버클리대학교에서 석사학위를, 하버드대학교에서 영양학 박사학위를 받았다. 운이 좋게 소위 일류학교 대학원들에서 석·박사학위를 받았으나 대학원 과정은 처음 유학을 가서 공부했던 학부과정에 비하면 훨씬 어려움이 덜했다. 아마도 그때의 시련으로 내 자신이 매우 강해졌기 때문일 것이다. 대학원 과정을 하면서 결혼을 하고 첫 아기도 낳은 나는 박사학위를 받고 1981년 한국을 떠난 지 8년 만에 귀국했다.

인간을 사랑하는 과학 영양학

귀국 후 나는 젊었을 때 바랐던 대로 대학에서 학생들을 가르치게 되었으며 이러한 기회를 갖게 된 것을 감사하게 생각한다. 또 하나 감사한 것은 내가 '영양학' 이라는 학문을 한다는 것이다. 앞에서 쓴 대로 이 결정은 지극히 소박하게 이루어졌으나 내게는 행운이었다.

내가 영양학을 좋아하는 중요한 이유는 모든 사람의 일상생활과 깊은 관계가 있는 학문이라는 점이다. 건강하거나 아프거나, 어리거나 나이가 들거나, 부유하거나 빈곤하거나 우리는 모두 하루에 몇 번씩 먹는다. 먹는다는 것은 누구에게나 즐거운 일이어야 한다. 그러나 오늘날 우리 사회에서 '먹는다' 는 것은 즐겁기도 하지만 때로는 괴롭고, 두렵고, 외롭기도 하다. 영양학자는 우리가 먹는 것에 대하여 과학적으로 연구하고, 그 과학적 연구자료를 사람들의 생활에 적용하여 모든 사람이 즐겁게 먹으며 건강하게 오래 살 수 있도록 도와준다. 인간에 대한 사랑은 좋은 영양학자가 가져야 할 가장 중요한 덕목이며 나도 그러한 사람이 되려고 노력해왔다.

누구나 좋은 식생활을 통해 건강하고 행복하게 사는 세상, 이것이 내가 영양학자로서 꿈꾸는 세상이다. 나는 지금까지 이러한 세상을 만들기 위해 노력했으나 변화하는 세상은 항상 서로운 식생활 문제를 가져오게 됨을 알게 되었다. 오늘날의 식생활 문제를 해결하기 위해 나는 연구하고 가르치며 노력하고 있으나 앞으로의 세대에서 일어나는 식생활 문제는 미래의 영양학자가 해결해야 할 것이다. 이 글을 읽는 학생들 중 이러한 역할을 해나갈 사람들이 많이 나오기를 기대해본다.

신순희

(주)모든넷 대표이사

부산대학교 의류학과를 졸업한 후 시스템공학연구소 연구원으로 재직했고 현재 계명대학교 경영정보대학원 석사과정에 있다. 1997년 모든넷을 설립하여 현재 (주)모든넷 대표이사로 재직중이며 한국과학기술평가원 이사, 대구경북 첨단벤처기업연합회 부회장, 대구시 여성정책위원으로 활동하면서 계명대학교 사이버무역학과 교수를 겸임하고 있다. 1994년 대한민국 컴퓨터그래픽창작대전 은상을 비롯해 2002년 신지식인상을, 2005년 대구시 목련상을, 중소기업기술혁신대전에서 산자부장관 표창 등 다양한 수상을 했다. 연구물로는 '대구 달서구 5개년(2000-2005) 지역정브화 기본계획 추진 연구문'(공저) 등 다수가 있다.

긍정적이고 열정적인 여성 기술CEO로 탄생

내가 경영하고 있는 회사는 1997년 10월 창업하여 현재 e-러닝(e-learning) 전문회사로서 인터넷 사업과 멀티미디어 사업을 추진하고 있다. 인터넷 사업으로는 관공서, 대학 등의 개발 프로젝트 외에 XML, RFID, 무선 등 첨단 기술개발을 진행하고 있고, 멀티미디어 사업은 멀티미디어 기술을 근간으로 한 독자적인 기술을 바탕으로 대학과 기업에 첨단강의실 시스템과 원격회의 시스템을 설치할 뿐만 아니라 국내 최초로 모니터형 전자칠판인 펜스론을 개발하여 국내에 시판하고 있다.

기술 CEO가 되기까지는 많은 어려움과 시련이 있었다. 나는 평범한 가정주부였다. 그러나 불확실한 미래에 대해 끊임없이 무엇인가 해야겠다고 생각했고, 준비된 자만이 기회를 가질 수 있다는 생각으로 배울 수 있는 것은 무엇이든 열심히 배웠다. 그러다가 컴퓨터의 미래가치에 대한 남편의 조언에 따라 본격적으로 컴퓨터를 공부하기 시작했다. 초기에는 데이터베이스, 루터스 등 소프트웨어 개발을 위한 교육을 받았지만 그에 대한 확실한 비전을 느낄 수가 없었다. 내 적성과 향후 첨단 분야를 고민한 끝에 컴퓨터그래픽이 전망이 있을 것이라는 남편의 조언으로 확신을 가지고 도전하게 되었다.

이때부터 컴퓨터그래픽 전문학원을 다니기 시작했는데 가정주부가 큰 비용을 들여 컴퓨터 학원에 다니는 것이 쉽지는 않았다. 그러나 기술력 없이 좋은 결과를 얻기가 어렵다는 것을 경험한 나는 과감하게 투자하기로 결정했다. 서른넷의 나이가 늦었다고 생각하지 않고 열심히 노력한 결과, 1994년 한국컴퓨터그래픽협회가 주관한 '제2회 한국 컴퓨터그래픽스 대전' 에 응모하여 '은상' 이라는 영예를 안게 되었고, 이것이 정보통신산업 분야에 뛰어들게 된 커다란 계기가 되었다.

나만의 독특한 디자인 기법과 컴퓨터 시스템의 뛰어난 활용 능력을 인정받아 곧바로 대전의 시스템공학연구소(SERI)에서 연구원으로 근무할 수 있었고, 당시 국내에 창영 예정이던 영화 〈구미호〉의 컴퓨터그래픽 부문 프로젝트에 참여하기도 했다. 그곳에서 근무하면서 실력을 키우기 위해 4시간 이상을 자본 적이 없었다. 연구실의 연구원 대부분이 실력이 뛰어난 젊은 사람들이었다. 주부에다가 나이도 많고 여성이면서 장애를 안고 있는 내가 다른 사람들과 어깨를 나란히 하기 위해서는 몇 배 이상의 노력을 해야만 했다. 내게는 목표가 있었고 나 자신을 이겨야 우뚝 설 수 있다는 각오아래 최선을 다해 하루하루를 보냈다. 그때의 노력이 내게는 큰 실력이 되었고 그 후 정보통신 관련 회사를 근무할 때에도 큰 도움이 되었다.

사회생활 4년 후 회사를 그만두게 되는 동기가 있었고 항상 나만의 일을 해야겠다고 생각해왔기 때문에 창업을 했다. 창업 후 처음에는 세 명의 직원과 함께 연구개발에만 몰두했다. 매출은 없고 계속되는 비용지출로 어려움을 느끼고 있을 때 IMF까지 닥쳐 심각한 경영위기에 직면할 수밖에 없었다.

수많은 갈등과 위기 상황 속에서 영업과 기술 마케팅이 중요하다고 판단한 나는 랜 구축, 홈페이지 구축, 통신가입 사업 등 직접 고객을 만나 마케팅 강화와 판매제품의 다양화를 추진했고, 그 결실로 서서히 매출과 이익을 발생시켜 IMF 위기과 수차례의 경영위기를 극복했다.

정보통신사업은 관련 기술의 변화도 빠르고 새로운 아이디어도 지속적으로 창출해야만 하는 속성을 지니고 있다. 최고의 기술과 제품을 개발한 회사들이 많았으나 기업을 지속적으로 발전시키지 못하고 한순간에 사라지고 마는 그런 상황에서 나로서도 많은 고민과 어려움과 결단력이 필요했다. 그래서 경영 방법을 과감하게 변신시켰다. 특히 시장이 요구하는 기술과 아이디어를 수집하고 정리하여 그 착안점을 곧바로 연구개발로 연결시키는 선진 기술경영 기법을 구사했고, 새로운 아이디어나 사업 제안내용을 지속적으로 고객에게 전달하여 이익을 가져다줌으로서 상호 이익을 도모(원원전략)하는 고객위주의 경영을 실천했다.

그러나 일만 어려운 것이 아니었다. 직장생활과 달리 여성대표라는 명함을 보고 남편의 부도로 회사 대표직을 맡은 것이 아닌가라는 의심의 눈도 있었고, 여성 대표와 일을 하면 오해를 받는다는 그런 사고로 대하다 보니 일이 쉽게 진행되지 않을 때도 있었다. 더욱이 나에게는 여성이라는 것만이 아니라 신체에 대한 장애도 커다란 장벽이었다. 그때 나는 하나의 신념을 가졌다. 그것은 여태까지 그랬듯이 실력과 노력과 열정은 사회 통념을 극복할 수 있다는 되새김이었다. 확실한 실력은 상대를 감동시킬 수 있고, 합리적이고 긍정적인 사고는 상대의 선입견을 없앨 수 있으며, 약속과 책임을 목숨보다 중요하게 여기는 신뢰만이 살아남을 수 있다는 생각을 했다.

나 자신의 생각부터 떳떳하고 자신이 있어야 상대도 나를 신뢰하고 믿을 수 있다고 여겼다. 그래서 나는 여성이고 장애자라는 생각보다는 한 회사를 책임지고 있는 대표의 자세로 임했고, 상대가 어떻게 생각하든지 내가 갖고 있는 정보를 제공하고 내가 가진 생각을 표현하며, 책임과 믿음으로 일을 하여 어려움을 극복해 나갔다.

2000년 말에는 회사 자체적으로 모니터형 전자칠판 '펜스론'을 개발·출시하여 국내 멀티미디어 교육의 새로운 교수학습법을 제공했다. 이는 정부의 지속적인 정보통신 발전 정책과 과감한 투자로 멀티미디어 교육 및 인터넷을 통한 원격교육 분야가 매우 활성화되어 관련 기술의 발전뿐만 아니라 제품 개발도 치열한 상황에서 살아남기 위한 기업인으로서의 끊임없는 노력과 열정의 결과였다.

창업 초기 세 명의 개발인력으로 출발하여 8년째 접어드는 지금은 40명 이상 규모의 중견기업으로 발돋움했고, 해외 시장에도 교육 솔루션인 M-Tutor를 수출하여 경영전반에 박차를 가하고 있다. 대외적으로는 한국과학기술평가원이사, 국가기술혁신특별위원회 지역기술실무위원, 대구시 여성정책위원회위원, 대구경북 여성과학기술인회이사 등으로 활동하고 있다.

이렇게 남들에게 좋은 정보와 아이디어를 제공하면서 회사의 뛰어난 기술로 새로운 제품까지 만들게 되었고 벤처기업으로도 우뚝 서게 되었다. 이미 나는 벤처정신인 창의적이고 적극적이며 도전적인 사고로 기업을 이끌어왔기 때문에 벤처기업인이 될 수 있었다고 생각한다. 지금까지 열심히 살아왔지만 앞으로도 장벽은 많을 것이다. 하지만 지금은 예전에 비해 여성이 창업하기에 상당히 좋은 여건들을 정부에서 지원하고 있고, 복지에 대한 많은 투자도 하고 있다. 세상은 우리 여성들에게 기회의 문을 열어놓고 우리를 기다리고 있다.

늦다고 생각할 때 늦은 것이 아니고, 나 자신이 변화될 때 모든 주변이 바뀐다는 생각으로 긍정적이고 적극적으로 자신을 극복할 수 있다면 어떤 일이든 해낼 수 있다고 여겨진다. 사회나 타인기 바뀌기를 바라지 않고 스스로를 바꾸어 세상에 도전하고 보람된 일을 찾아 나아간다면 그 모든 것이 순간 바뀌어 있을 거라고 생각한다.

신혜자

동서대학교 응용생명공학부 교수

부산대학교 화학과를 졸업하고 미국 앨라배마대학교에서 생화학 전공으로 석·박사학위를 취득했다. 앨라배마 의과대학에서 박사후 연수를 마치고 현재 동서대학교 응용생명공학부 환경공학전공 교수로 재직하고 있다. 대한여성과학기술인회 부산경남지부 부회장, 부산시의회 자문위원 및 상하수도 자문위원, 그리고 환경부 환경기술평가위원으로 활동하고 있다. 여성과학기술인의 육성과 권익을 위한 BWISE 사업과 과학 마인드 확산을 위한 생활과학교실에 노력을 기울이고 있다. 국내외에 80여 편의 연구논문과 보고서를 냈으며, 옮긴 책으로는 《일반화학》《일반화학실험》 등이 있다.

나의 나됨은

막상 글을 쓰려고 하자 마음속에 먼저 이는 감정은 망설임과 부끄러움이었다. 무엇 하나 뛰어나게 내세울 만한 성취가 없는 나를 이야기한다는 것은 부끄러움을 넘어 수치에 가까웠기 때문이다. 그러나 결과적으로 이 시간은 내가 누구인가를 새롭게 생각하는 계기가 되었다. 한마디르 나의 나됨은 하나님의 은혜라는 생각이 마음의 수면 위로 떠올랐다. 그래서 부끄러움을 무릅쓰고 나의 이야기, 아니 정확히 내 삶에 역사하시는 하나님의 이야기를 하고자 한다.

성웅 이순신 장군이 장렬하게 생을 마감한 바다가 있는 노량에서 나는 태어났다. 앞으로는 한려수도가 전개되고 뒤로는 임진왜란 때 사용한 봉수대가 있는 금오산이 우뚝 솟은 조그마한 동네였다. 하지만 사람들이 드나드는 항구라서 제법 외지 사람들이 오고가는 번잡한 곳이었다.

내게 고향은 하루종일 뒷산을 놀이터 삼아 놀다가 땀으로 범벅이 되면 앞바다에서 멱을 감고 고동과 물고기를 잡고 놀던 평화로운 곳이었다. 유치원이 없던 시골에서는 예배당이 유일한 교육과 문화의 공간이었다. 나 또한 교회에서 성경 이야기 재미에 빠지고 크리스마스의 설렘에 도취되곤 했다. 그러나 교육의 중요성을 알고 계시던 아버지의 권유로 13살의 어린 나이에 고향을 떠나 부산으로 그리고 나중에는 미국으로의 외로운 유학이 시작되었다.

부산에서 초중고를 졸업하고 부산대에 진학하였다. 변화무쌍한 화학이 모든 이공계 학문의 기본이 될 것으로 생각하고 화학을 전공하였지만 정작 배울 기회를 박탈당했다. 민주화를 향한 연이은 데모로 학교는 문을 굳게 닫아버렸고 무슨 과목이든지 항상 제1장을 하다가 휴교상황으로 책을 덮어야만 했다. 열정이 식고 목적의식이 사라진 대학생활은 무미건조했고 마음은 공허와 허탈로 차 있었다.

그러다 교회에 나가면서 삶의 의미와 활력을 되찾게 되었다. 3학년 말, 진로를 생각하며 걷다가 문득 생명에 관한 신비와 경이에 이끌렸다. 그리고 막연히 그 방향으로 공부하고 싶은 생각이 강하게 뇌리를 스쳐 지나갔다. 마치 누군가로부터 계시를 받은 것처럼. 얼마 지나지 않아 평소 존경하던 화학과 교수님이 대학을 졸업하고 바로 미국으로 가서 생화학을 공부하라고 제안하셨다. 마치 내 생각을 확인하는 것처럼 묘하게 내가 가야 할 길이 정해졌다.

1년 동안 공부한 영어로 토플 시험을 치자니 성적이 썩 좋지가 않았다. 그때만 해도 수요일을 영어로 '웨드네스데이'라고 읽던 시절이었으니. 그래도 영어를 배워보려고 부산의 하야리아 미군부대 앞을 서성거리다가 실제로 외국인이 다가오면 겁이 나서 말 한마디 못한 채 괜한 오해만 받기도 했다. 그래도 용기만은 대단한 시기였다. 하지만 지금 생각하면 젊음만으로 그 모든 것을 헤치고 나온 게 아니라 보이지 않는 손이 있었다는 것을 느낄 수 있다.

부족했지만 미국 남부의 앨라배마대학교에 조건부로 입학했다. 영어도 안

되고 전공도 화학에서 생화학으로 바꿨기 때문에 시작부터 헬렌 켈러가 되어 듣고 말할 수밖에 없었다. 한국에서는 그렇게 뒤떨어지지 않았는데 하나부터 열까지 수업을 이해할 수가 없었다. 그래도 맨 앞줄에 앉아 녹음기로 녹음을 하며 수업을 들었다. 강의가 끝나기 무섭게 옆에 앉은 미국학생에게 노트를 빌려 복사하고 매일 도서관에서 마지막으로 쫓겨나다시피 하며 공부를 했다.

하지만 첫 학기 생화학 시험을 친 결과 내 자존심은 완전히 구겨지고 말았다. 한국에서처럼 미국 생화학 교과서를 거의 외웠지만 완전한 응용문제 앞에서는 4시간 만에 항복할 수밖에 없었다. 오후 4시에 시작해 저녁 8시까지 기다려 준 교수님에게 마지막으로 답안지를 제출하면서 내 눈에는 이슬이 맺혔다. 그리고 집으로 돌아오는 길에 나는 대성통곡을 했다.

그 날 나는 새로 태어났다. 나 자신에 대한 한국에서의 환상을 버리고 바닥부터 다시 시작했다. 학부 3,4학년 생들 관련 과목을 들으며 기초를 다시 시작하고 강의 후에는 교수님들께 손짓 발짓 다해가며 모르는 것들을 물었다. 도서관에서 깊은 잠에 빠졌다가 깨어나 여기가 어디냐고 묻는 사오정이 되기도 하고, 서머타임 제도를 몰라 텅 빈 강의실에 혼자 있는 황당한 바보가 되기도 했다. 그 때의 노트를 보면 너무나 힘들고 외로워서 '하나님 제발 절 좀 도와주세요' 라고 적은 기도문과 눈물 번진 자국이 여기저기서 발견된다.

외롭고 그리워 흘린 눈물만큼 시간이 흘렀다. 1년이 지난 어느 날 정말 귀가 '뻥' 뚫리는 경험을 했다. 아울러 정식 입학과 함께 실험실 시약을 만드는 조교자리를 얻어 경제적으로 자립까지 하게 되었다. 눈물겨운 나의 노력을 교수님들과 같은 반 학생들이 불쌍히 생각하고 도와주었기에 가능한 일이었다. 조금씩 실력이 쌓이면서 여유도 생겼고 마침내 정상 궤도에서 유학을 즐기며 생활할 수 있었다. 넓고 푸른 광장을 거닐기도 하고 실험을 준비하고는 학교 내 스포츠센터에서 운동을 하기도 했다. 또 미국친구의 집에 가서 미국문화를 배우는 기회도 가지곤 했다. 아직까지 교류하고 있는 '시드니'라는 미국 할머니도 그때 만났고, 외롭고 지칠 때 위로받으며 매일의 삶 속에서 실천하는 신앙인이 어떠한지도 깨달았다. 생활 속에서 기독교정신으로 실천하는 사랑과 봉사가 미국을 지탱하는 힘의 바탕이라는 것도 알 수 있었다.

생화학으로 박사학위를 받은 후 버밍햄에 있는 의과대학에서 박사후 연수를 받았다. 박사과정 중에 만나 결혼한 남편이 아직 학위가 끝나지 않아 약 1시간 정도 떨어진 곳으로 박사후 연수를 정했다. 너무나 평화로운 터스컬루사(Tuscaloosa)의 대학에 비해 그곳은 대도시 의과대학답게 복잡하고 경쟁이 치열했다. 보호와 격려를 받다가 경쟁사회에 뛰어들어 분자생물학적 연구를 하게 되었다. 주말에 남편을 보러 갈 때에도 실험할 것을 챙겨 갈 정도로 경쟁적이었고 매주 실험 결과를 보고해야 했다. 그러나 새로운 첨단분야를 공부한다는 흥분이 나를 움직였다. HIV 바이러스에 관한 미국 내 4군데 연구소의 한곳에서 2년 남짓 박사후 연수를 받으면서 또 다른 면의 연구와 사회를 배워나갔다.

한국에 돌아온 후 여성으로서 교수자리를 얻는 것은 남성에 비해 몇십 배나 힘이 드는 일이었다. 그래도 포기하지 않고 기다렸다. 화학에서 생화학 그리고 분자생물학으로 전공을 바꿔가며 혹한 훈련을 겪은 것이 그냥 헛되지는 않으리라고 막연히 믿었다. 그리고 천신만고 끝에 지금의 동서대학교 응용생명공학부 환경공학전공 교수가 되었다. "아니, 하나님. 또 전공을 바꾸라구요?" 사실 입이 튀어나왔지만 그것이 하나님의 뜻이라면 항상 따라야 했다. 달리 뾰족한 수도 없었다. 처음에는 주변의 반대로 마음고생도 심했지만 지금은 학과장을 맡아 그런대로 잘 해내고 있다.

　시대적 흐름은 학제간 공동연구를 필요로 하고 있지만 그렇게 교육을 받은 인력은 턱없이 부족하다. 내 뜻과는 상관없이 세 번씩이나 전공을 바꾸게 하신 하나님의 뜻을 이제는 알 것 같다. 더욱이 동서대학교에서 단독으로는 아마도 처음으로 가장 큰 연구비를 환경부에서 받게 된 것도 틈새를 파고 들 수 있도록 준비해 주셨기 때문이라고 생각된다. 이제 21세기에 필요한 BT와 IT가 융합된 새로운 환경분야에서 실력을 발휘할 수 있는 인력을 양성하여 사회에 필요한 빛을 밝히는 데 조그마한 토램이 되는 것이 나의 사명임을 깨닫는다.

　작은 시골마을에서 태어나 뛰어나게 토여줄 것도 없는 사람이 여기까지 오게 된 것은 순전히 믿고 따랐던 것을 귀하게 여겨주신 하나님의 은혜이니 나의 나됨을 부끄러워하지 않고 감사할 따름이다.

양윤선

메디포스트(주) 대표이사

1989년 서울대학교 의과대학을 졸업한 후 서울대학교병원에서 진단검사의학과(전 임상병리과) 인턴 및 레지던트 과정을 수료하고, 1994년부터 2000년까지 성균관대학교 의과대학 삼성의료원에서 전문의와 교수로 근무했다. 2000년 바이오벤처기업 메디포스트(주)를 창업하여 현재 대표이사로 재직중이며 한국조직공학 재생의학학회 부회장, 한국여성벤처협회 이사직을 맡고 있다.

나는 현재 '줄기세포'를 이용하여 난치병 치료제를 개발하는 '메디포스트'
라는 바이오벤처 기업에서 대표이사를 맡아 실제 연구개발과 경영 전반을 책
임지고 있다. 의학에 대한 동경심으로 의과대학을 선택했으며, 졸업 후에는
서울대학병원에서 인턴과 전공의 과정을 마친 후 임상병리과 전문의 자격을
획득했다. 그 후 삼성의료원에서 교수로 재직하다가 뜻하는 바가 있어 현재
의 기업을 설립했다.

어린 시절 습득된 자신감

나의 어린 시절 추억은 군인으로, 육군사관학교 교수로 근무했던 아버지를
따라 군대 내 관사에서 살았던 기억과 함께한다. 나에게는 군인 아저씨들과
육사생도 오빠들의 훈련받는 모습이 너무나 익숙했고 훈련장, 사격장, 수영
장 등 많은 시설과 넓은 잔디밭을 가진 육군사관학교는 나의 놀이터였다. 친
구들과 몰려다니며 골목대장 역할에 신나기만 했던 어린 시절이었다. 늘 밖

에서 사내아이들처럼 노느라 얼굴은 검게 그을리고 툭하면 온몸에 상처를 내는 첫째 딸 때문에 부모님은 걱정도 했지만 언제부턴가는 아들인지 딸인지 굳이 구분도 하지 않았고 장남처럼 든든하게 생각했다고 한다.

우리 집은 3녀1남이었는데 남아선호사상이 강했던 시절에도 자라면서 부모님이 딸을 차별했던 기억이 없다. 오히려 우리 집은 딸들의 기를 너무 세워 문제라며 주윗분들이 농담처럼 말하곤 했다. 이런 가정환경 덕분이었는지 아니면 타고난 기질 탓이었는지 나는 여자이기 때문에 특별히 한계를 느낀 적이 없었고 오히려 남들을 주도적으로 이끄는 씩씩한 역할에 익숙했다. 어른이 되어서도 웬만하면 남에게 힘들고 어렵다는 표현을 잘 하지 않아서 항상 씩씩한 척, 즐거운 척, 강한 척 하는 습관이 배어버렸다. 그러다보니 언제부터인가는 정말 어지간한 일에는 스트레스를 받거나 좌절하지 않았다.

그런 내 모습을 보고 다른 사람들은 자신감이 넘친다고 하지만 실제 나의 자신감은 무엇이든 해낼 수 있다는 것이라기보다는 실패를 해도 실망하거나 좌절하지 않고 다시 시작할 수 있다는 자신감이다. 실패는 누구나 겪을 수 있는 일이므로 실패를 두려워해서는 아무것도 시작할 수 없다. 따라서 아무런 변화도 가져올 수 없음을 알기에 실패조차 받아들여야 한다는 것을 깨달은 것이 나의 자신감의 본체이다.

공부와 일을 잘하는 비결

나를 유치원에 입학시킨 후 엄마는 천방지축인 줄만 알았던 딸이 남들보다 기억력이 좋고 욕심도 많다는 사실에 깜짝 놀랐다고 한다. 유치원에 다녀온 첫날 내가 신발장에 적힌 50명이 넘는 친구들의 이름을 몽땅 외워 와서 엄마에게 말해주었다는 이야기를 지금도 엄마는 자랑스럽게(?) 이야기한다. 하지만 엄마조차 아직까지 모르는 딸의 모습이 있다. 사실 나는 그 50명의 이름을 한 번에 외울 수 있는 좋은 머리를 가진 게 아니라 그 이름을 외우기 위해 엄청나게 집중하여 반복연습을 했던 것이다.

나는 특별한 분야에서 적성을 찾지는 못했지만 눈앞에 놓인 일에 대해서는 순간순간 최선을 다해 성취감을 맛보는 기분을 최대한 이용할 줄 알았다. 그 덕분에 고등학교 때까지 1등을 놓쳐본 적이 없었고, 막연하게 동경하던 의학공부를 위해 서울대학교 의과대학에 무사히 입학할 수 있었다. 그러나 입학 후 예과 2학년 때까지 나는 학과 공부에서 완전히 손을 놓았다. 내가 모르고 지냈던 우리 사회에 대한 시각을 열어준 서클 활동에 심취하여 출석일수 부족과 형편없는 학점으로 의예과 과정을 간신히 마칠 수 있었다.

본과 1학년이 되자 서울대학병원이 있는 종로구 연건동으로 캠퍼스가 이전했다. 나는 새롭게 전공 공부에 몰두했다. 해부학, 병리학, 생리학 등 방대한 양의 인체와 생명에 대한 학문은 나의 성취 욕구를 또다시 불러일으켰다. 나는 부족한 나의 머리를 믿을 수 없어 수업시간에 절대 빠지지 않았고 교수님들의 강의를 꼼꼼히 노트했다. 또한 두꺼운 의대 교과서들을 이해할 수 있을 때까지 읽은 후 노트에 다시 정리했고, 이 내용들을 전치사와 토씨 하나 빼먹지 않도록 반복하여 암기했다. 본과 4년간 한번도 흔들리지 않고 하루 24시간을 알차게 계획하여 쓰는 습관을 익힌 덕분에 나는 졸업 후 사회생활에서도 나에게 주어진 시간들을 소중하게 즐기고 활용했다. 예과 때 겨우 경고를 면한 나를 알고 있던 친구들은 내가 수석졸업을 하리라고는 아무도 예측하지 못했다. 졸업식날 많은 친구들이 큰 웃음과 박수로 의외의 수석졸업생에 대한 축하를 해주었다.

공부를 잘하는 비결은 간단하다. 1) 계획을 잘 세우고, 2) 계획에 맞추어 아니, 오히려 더 일찍 달성할 수 있도록 철저하게 자신의 시간과 감정을 통제하며, 3) 집중할 수 있는 습관을 기르고, 4) 수업시간에 철저한 노트필기와 기본교재에 대한 반복암기와 학습으로 기초골격을 세운 후, 5) 응용문제풀이와 족보풀이 등으로 가볍게 확인하는 정도로 마무리한다. 물론 위의 원칙을 모르는 사람은 없겠지만 실제 그대로 실천하여 결과에 대한 쾌감을 느끼게 되면 이후에는 중독처럼 그런 과정을 따라갈 수 있게 된다.

사실 나는 일반적인 개념의 창의적인 머리는 부족하여 수학, 물리 등 어려운 이과과목이 많이 힘들었지만 철저한 암기와 반복학습으로 공백을 일부 메울 수 있었다. 공부도 그렇고 사회생활에서의 업무역량도 마찬가지인데, 실제 성과가 잘 나오기 위해서는 머리 좋은 것보다 더 중요하고 핵심적인 요소들이 많다. 성취하고자 하는 열정, 즐겁게 집중하게 해주는 정서적 안정감, 올바른 방법을 선택하고 지켜나가게 해주는 곧은 가치관 등이 그것이다.

의사에서 CEO로

우리나라에서는 의과대학을 졸업하면 병원에서 진료하는 의사로 진로가 한정되어 있었다. 그러나 다른 전공분야들은 전혀 그렇지 않다. 예를 들어 법학 전공자들도 공무원이 되거나 회사원이 된다. 그런 면에서 똑똑한 학생들이 많이 지원한다는 의대 출신들이 좀더 다양한 분야로 진출하게 되면 그만큼 사회적으로 공헌할 수 있는 기회도 많으리라고 생각한다. 현재의 의료제도와 많은 수의 의사 배출로 경쟁이 심화된 환경에서는 더더욱 그렇다. 또한 미래는 생명공학의 시대라고 예측되고 있고, 바이오산업이 국가산업에서도 매우 중요한 부분이 되리라 예상되므로 생명공학 분야를 전공한 사람들에게는 더 다양한 기회가 있을 것이다. 그러한 의미에서 나는 좀더 일찍 그런 기회에 도전해보고자 했다.

1999년부터 2000년에 이르기까지 국내에는 벤처 창업붐이 최고조에 달해 있었다. 실험실에서 연구밖에 모르던 교수들 중에서도 엔젤투자를 모아 벤처회사를 차리는 경우가 생겼고 쉽게 장밋빛 대박을 꿈꾸는 사람들이 많았던 시절이었다. 하지만 나는 그런 방면으로 전혀 관심도 정보도 없었고 그저 다른 세상 이야기려니 하고 생각했다.

그러던 차에 우연히 평소 가깝게 지내던 서울의대 선배 몇 분과 탯줄혈액을 이용한 줄기세포 치료제 분야에 대한 사업 구상을 했고, 단지 상상에 머물던 일을 구체화하기에 이르렀다. 신생아의 탯줄혈액 내의 줄기세포를 보관했다가 난치병 치료에 사용하기 위한 '제대혈은행' 사업과 당시만 해도 전세계적으로 초기 연구 수준이던 줄기세포 치료제를 개발하는 비즈니스 모델이었다. 우리의 사업은 급속도로 진행되었다. 당시 대부분의 교수들은 겸직으로 회사를 시작했고 나 역시 재직하던 대학·병원으로부터 겸직을 권유받았다. 하지만 이왕 시작하는 것, 내 역량으로는 한가지에만 집중해도 될까 말까 하다고 판단했기에 교수와 의사직을 완전히 사직하고 온전히 비즈니스에 전념하기로 결정했다.

초기에는 사업모델이 워낙 새롭고 어려운 개념이라 다른 사람들의 공감과 이해를 받지 못해 영업과 마케팅 전략에 속속 실패를 맛보았다. 이러한 실패들이 기본적으로 열악한 벤처기업의 자금난, 인력난, 시스템의 부재 등과 겹치면서 위기 상황을 맞기도 했다. 그러나 경영진과 직원들이 한마음 한뜻으로 뭉쳐 실패에서 다시 희망을 싹틔웠고 그렇게 버티는 동안 최악의 상황에서 벗어날 수 있는 기회가 우리에게 오기 시작했다. 우리가 제안한 줄기세포 치료제가 국가지원사업으로 선정되면서 국가에서 큰 규모의 연구비를 지원

받아 자금 부족에서 벗어날 수 있었고, 동시에 기술력을 인정한 여러 투자회사에서 투자도 받았다. 때마침 매출이 급증하면서 투자받은 자금을 쓸 필요도 없을 만큼 회사의 재정상태가 회복되었고 본격적인 도약의 발판을 가질 수 있었다.

운이 좋았던 것은 그 사이 줄기세포에 대한 연구가 진보되면서 미래의학에서 유용한 자원임이 증명되고 있다는 점이다. 특히 우리나라는 황우석 박사팀처럼 세계적 성과를 내는 과학자들이 있어 이 분야에 대한 미래가 매우 밝다. 더욱이 정부 차원에서 향후 10~20년간 많은 투자와 지원이 집중될 예정이므로 열정적이고 창의적인 인재를 많이 필요로 하고 있다.

올바른 길을 걷는 과학자와 기업인으로 평가받고 싶다

실패냐 또는 성공이냐 하는 결과도 중요하지만 목표를 이루는 데 있어 올바른 생각을 가진 사람들이 올바른 목표를 위해 힘을 썼는가 하는 과정이야말로 결과를 떠나 우리 모두에게 보람과 의미를 부여한다고 생각한다. 또한 장기적인 성공의 기회는 반드시 그런 팀에게 주어진다고 믿는다. 특히 과학기술은 좋은 쪽으로 사용될 수도 있지만 악용될 수도 있으므로 올바르게 이용하려는 과학자들의 양심과 가치관이 중요하다.

사업도 마찬가지다. 우리 회사가 하고 있는 일이 많은 환자들에게 새로운 생명을 주고 삶의 질을 높여주는 본연의 역할을 다할 수 있게 되어 기업으로서의 위상과 생명존중의 가치관을 모두 드높이길 소망한다.

오가실

한국간호과학회 회장

연세대학교 의과대학 간호학과를 졸업하고 미국 도스턴대학 간호대학에서 이학석사학위를 받았다. 그 후 다년 간 모교 간호대학에서 아동간호학을 가르치다가 미국 텍사스여자대학교에 유학하여 간호학을 전공으로 박사학 위를 받았다. 대한간호협회 이사 활동을 비롯해 모자간호학호 회장, 시그마학회 한국지부장 등을 역임했고, 그 외에도 다학제간 연구회인 인간발달학회의 이사로 활동하고 있다. 지금까지 사회적지지연구회를 15년 이상 이 끌며 우리나라 간호학계에서 사회적 지지에 관한 연구와 이론의 확장에 노력을 기울이고 있으며, 연구논문으 로는 사회적 지지와 아동간호학에 관계된 다수가 있다. 특히 영유아의 성장과 발달, 건강에 관심을 가지고 덴 버 발달사정 도구를 국내에 처음 소개했으며 현재 연세의료은 세브란스어린이집의 원장으로도 봉직하고 있다.

인간의 생명과 삶을 다루는 간호과학

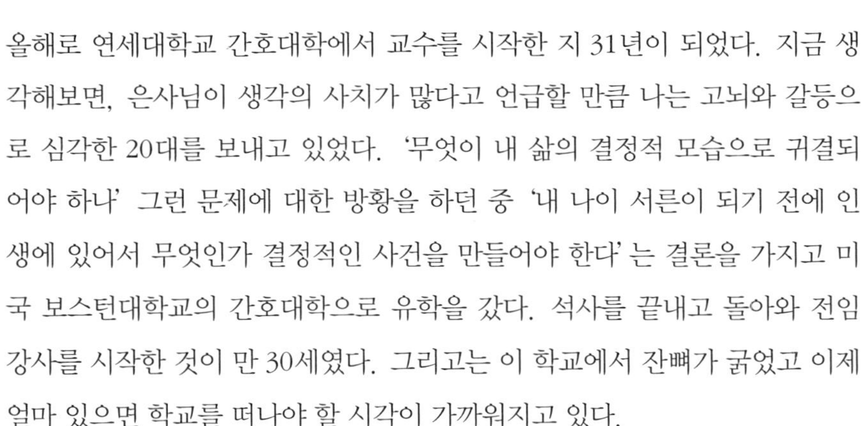

올해로 연세대학교 간호대학에서 교수를 시작한 지 31년이 되었다. 지금 생각해보면, 은사님이 생각의 사치가 많다고 언급할 만큼 나는 고뇌와 갈등으로 심각한 20대를 보내고 있었다. '무엇이 내 삶의 결정적 모습으로 귀결되어야 하나' 그런 문제에 대한 방황을 하던 중 '내 나이 서른이 되기 전에 인생에 있어서 무엇인가 결정적인 사건을 만들어야 한다'는 결론을 가지고 미국 보스턴대학교의 간호대학으로 유학을 갔다. 석사를 끝내고 돌아와 전임강사를 시작한 것이 만 30세였다. 그리고는 이 학교에서 잔뼈가 굵었고 이제 얼마 있으면 학교를 떠나야 할 시각이 가까워지고 있다.

현재 나는 간호학의 학문적 발전을 목적으로 하는 간호계 지도자들의 학술연구 모임인 사단법인 한국간호과학회의 회장직을 맡고 있다. 한국간호과학회는 전국의 1800여 명 회원이 일곱 개 회원학회를 통해 학술과 연구 활동을 하고 있다.

내가 대학의 간호학과를 선택할 때는 '사람을 위해 할 수 있는 학문이 무엇일까?' '여자가 평생 직업으로 할 수 있는 가장 안정적인 분야는 무엇일까?' 등에 대해 고심했다. 간호학과를 결정한 후에도 가족의 반대로 갈등이 심각해 올바른 선택인지에 대한 자신이 없었다. 집안에 의사나 간호사가 많아 그 분야에 대한 이해가 많았지만 나의 성격이나 흥미 분야르는 도저히 안 어울린다는 것이 어른들의 반대 이유였다. 사람과 어울리며 누구를 돌보는 일보다는 혼자서 열심히 하는 분야가 더 적성에 적합하다는 것이 부모님과 가족의 생각이었다.

그런데 정말 대학 3학년이 되어 병원으로 임상실습을 나가기 시작하면서, 건강한 사람도 아니고 질병을 가진, 신체보다도 더 복잡한 심리를 가진 사람을 대하며 간호를 한다는 것이 정말 자신 없는 일로 대두되기 시작했다. 나 자신의 정체성도 확립되지 않은 채 질병을 가진 사람, 죽음과 삶의 갈림길에서 혼란스러워하는 사람을 대하는 일을 과연 일생의 보람으로 삼고 살아갈 수 있을 것인가에 대한 확신이 전혀 생기지 않고 심란하기만 했다. 1학년 때 기초과정으로 물리, 화학, 생물을 비롯한 기초의학들을 교실에서 배울 때는 편할 정도로 아무런 문제가 없었다. 그동안 배운 자연과학과 의학지식을 실습에서 사람의 구체적인 상황에 적용하고 그 결과를 확인하는 일이 응용과학의 매력이라고 하지만, 사람을 만나 그들의 문제에 감정을 이입하며 함께해야 하는 일은 간호학에 대한 두려움과 나에게는 부적합한지도 모른다는 회의에 휩싸이게 했다.

결국 전과를 마음먹고 기숙사에서 짐을 싸들고 집으로 돌아갔다. 하지만 자신의 선택에 대한 책임을 져야 한다는 부모님의 질책은 나를 다시 원점으로 돌아가게 했다. 졸업 무렵 간호는 오래된 전문직이지만 간호를 학문으로 정립해 가기에는 아직도 개척할 분야가 많다는 것을 알게 되면서 끝까지 도전해 보자고 마음을 다시 잡았다.

내가 대학을 졸업하던 1960년대 말에는 간호사의 미국 이민이 한창이었다. 간호학을 공부한다고 대학에 입학한 후 마치 새로운 천지의 발견이라도 되는 듯 너도나도 미국 이민 수속을 하느라 하던 일도 소홀히 할 만큼 어수선하던 때였다. 그런 상황에서 미국에 의사와 간호사 친척이 있는데도 불구하고 이민에 대한 관심이 없는 나에게 교수나 친구들은 왜 이민 수속을 하지 않느냐고 묻곤 했다. 그때마다 나의 대답은 한결같았다. "내가 간호학과에 온 것은 여러 가지로 병들고 어려운 사람을 돕기 위한 것이었고, 우리나라 사람을 위해서 해야 할 일도 많은데 외국 사람들을 위하는 일을 선택하는 것에 대해서는 확신이 없다."

대학을 졸업하고 잠시 조교생활을 하다가 미국 보스턴대학으로 유학을 가게 되었는데, 그때만 해도 간호계에서 20대에 유학을 떠나는 사람은 다섯 손가락으로 꼽을 만큼 적었다. 그것도 미국에 있는 차이나 메디컬 보드(China Medical Board)라는 재단에서 등록금 전액과 생활비, 책값 등 2년간 생활이 보장되는 장학금을 받았으니 나에게는 행운이었다. 물론 그 장학금을 받기까지는 길고도 어려운 절차를 거쳐야 했다.

당시 연세대학교 간호대학과 의과대학을 지원하던 그 재단은 우선적으로 교수 인력 양성이 목적이었다. 미국 뉴욕에 있는 재단의 이사장이 6개월마다 학교를 방문하여 영어로 면접을 했다. 그리고는 미국에 가서 공부할 수 있는 능력이 있는지, 미혼의 여자가 유학을 가서 돌아오지 않는 일이 생기지 않을지, 학교로 돌아와서는 어느 정도 교육에 기여할 수 있는 의지와 책임감이 있는지를 확인했다. 영어 회화에 대한 준비도 전혀 없이 영어로 면담을 하였으니 지금 생각해도 나의 영어가 얼마나 어처구니없었을까 얼굴이 붉어지고는 한다. 2년여의 시간이 흐른 후 장학금을 줄 테니 학교를 선정하여 입학허가를 받으라는 허락이 떨어졌다.

미국의 석사과정은 상상을 뛰어넘는 새로운 세계에서의 학문적 도전이었다. 그때만 해도 해외 학문의 흐름에 관한 정보가 거의 없었으므로 간호학 석사과정에서 어떤 공부를 하는지에 대한 사전 지식도 없었다. 학교에 가보니 우선 학교의 규모가 엄청나게 큰 것부터 놀라웠다. 대학원 신입생이 200여 명이었고, 공통과목은 비디오 스크린이 있는 계단교실에서 이루어졌으며, 한 시간 강의 후에는 10여 명으로 나누어 세기나 형식으로 주어진 강의내용을 가지고 실제적인 문제를 가지고 토의하는 교육방법까지, 모두가 문화의 충격이었다.

동물의 생 행동에서 시작하여 사람이해로 연결짓는 공부를 비롯하여 심리, 사회학의 이론 적용, 간호학 이론 등 모두가 생소하고 이해하기 힘든 내용을 영어로 공부한다는 것은 기쁨과 좌절이 교차되는 연속이었다.

석사과정을 끝내고 박사과정까지 계속할 것인가에 대한 고민을 접어둔 채 나는 귀국했다. '지금 나는 한국 간호계가 어떤 인력을 필요로 하는지도 모른다. 어떤 분야에서의 연구가 우선되어야 하며 무엇을 더 공부해야 한국 간호계에 기여할 수 있을지에 대한 아이디어도 없으면서 박사 공부는 좀 이른 감이 있다. 귀국해서 현실을 좀더 확인한 후 다시 와도 늦지 않을 것이다' 그때 나는 이렇게 자신을 정리했다.

나이 서른에 은사 교수님들과 기라성 같은 선배들이 있는 모교에 돌아온

미혼의 미국 유학생은 관심과 질시의 대상이었다. 설익게 배워온 모든 것을 어디엔가 풀어놓고 싶은 의욕이 넘쳤지만 아직 어리고 잘난 척하는 듯한 풋내기에게는 기회가 거의 주어지지 않았다. 그때의 내 모습을 상상해보면 꽤나 좌충우돌하며 헤집고 다니지 않았을까 하는 생각이 든다. 그래도 당시 학생들의 기억에는 긴 머리에 진 바지, 티셔츠를 입고 돌아온 그 철없던 선생이 상당히 신선한 충격이었다니 다행으로 생각한다.

간호는 간호학의 지식을 기반으로 건강한 사람이나 건강에 문제가 있는 사람의 건강회복과 건강증진을 위하여 일하는 실천적 학문이다. 따라서 간호학의 가장 기본 지식은 인간이해에 관한 것이다. 인간 이해는 신체, 정신, 사회, 문화, 발달적 측면이해를 위한 지식을 필요로 하며 이는 여러 관련 학문의 흐름과 맥을 함께 하여야 하는 응용학문이다. 따라서 간호학자들에게는 자연과학, 생물 과학, 사회과학 등의 지식을 간호에 사용할 수 있도록 간호학 이론을 개발해야 하는 엄청난 과제가 주어져 있다. 이것이 내가 간호학에 머물러 있게 된 가장 큰 이유이며 도전이었다.

간호과학은 사람의 생명과 삶에 대한 학문이다. 또한 의료시설이나 지역사회에서 사람을 돌보는 간호 실무를 이해하고 개발된 지식을 실무에 사용할 수 있게 해야 하는 의무와 책임이 있다. 이 점이 학문하는 사람으로서 자신의 생산지식의 성과를 확인함으로써 성취감을 만족시키는 간호과학의 매력이기도 하다. 그러나 얼마나 오랜 시간과 노력을 기울여야 이 같은 성과를 확인할 수 있는지는 상상에 맡길 수밖에 없다. 그러한 난점으로 인해 젊은 간호학도들은 실무 현장을 떠나고 학문의 길을 포기하기도 한다.

그러나 오늘도 나는 "인간 최후의 지식은 생명에 관한 지식이다. 사랑의 불꽃과 향기로 숨 쉬고 있는 생명을 바라보며 나는 늘 외경에 떨었다. 개별화된 사랑의 존재와 경험이 이웃에 대한 사랑이 되고 혹은 우주 전체로 확산되는 것을 바라보면서 나는 또한 전율했다"라고 한 어느 학자의 말을 잊지 않으려고 한다. 이것이 지금도 나를 간호과학의 연구와 교육에 머물게 하는 가장 큰 이유이다.

유영숙

한국과학기술연구원 생체대사연구센터장

이화여자대학교 화학과를 졸업한 후 동대학원에서 석사를 마치고, 미국 오리건 주립대학교에서 1986년에 박사 학위를 취득했다. 1986년부터 1989년까지 미국 스탠퍼드대학교 의과대학에서 포스트닥터를 지냈으며, 1990년 한국과학기술연구원(KIST) 도핑콘트롤센터를 시작으로 현재 KIST 생체대사연구센터 책임연구원이자 센터장으로 재직하고 있다. 현재 여성생명과학기술포럼의 부회장이면서 2005년 6월 총회에서 차기 회장으로 선출되었고, 한국생화학분자생물학회 이사와 학술위원장 등으로 활동하고 있다. 지금까지 국내외에 70여 편의 연구논문을 게재했으며, 국내외 학술대회에서 150여 편의 논문을 발표했다.

세 가지 보물: 꿈, 열정, 그리고 감사함

돌집에 들어서니 서늘한 기운이 감돌았다. 엄숙함과 경건함이 섬뜩하게 다가섰다. 잘못 들어왔나? 도로 나갈까? 대학 4학년 초의 어느 날이었다. 명동에서 남자친구 N과의 약속이 있었다. 약속보다 일찍 도착했기에, 시간을 때우기 위해 들어온 곳이 명동성당이었다. 성당의 스테인드글라스가 너무 아름다웠다. 그래서 앉았다. 그리고 바로 그날 내 인생에서 가장 중요한 결정을 하게 되었다.

촛불이 보였다. 나도 뭔가를 구하고 싶었다. 기도하는 사람들이 보였다. 간절한 모습이었다. 나도 눈을 감았다. 나는 누구일까? 왜 살고 있는가? 앞으로의 인생에서 무엇을 하며 살아갈 것인가? 참으로 방황을 끝내고 싶었다.

그동안 나의 대학생활은 방황이었다. 전공인 화학 공부보다는 영어 동아리 활동, 문리대 미술반 활동, 도자기 굽기, 연극 활동에 더 열심이었다. 그러나 내가 평생 열정을 바치고 싶은 그런 일은 결코 찾을 수 없었다.

친구들은 결혼 이야기를 많이 했다. 그러나 "여자이기 이전에 한 인간이므로 자기 세계를 가져야 한다." 남자친구 N은 종종 이렇게 말했다. 그의 주장이 옳았다. 그러나 스스로를 바라볼 때면, 앞날에 대한 불확실성과 불안감만이 드러났다. 아니 든든히 뿌리를 내려 결코 흔들리지 않는 나무가 가졌음직한 그런 자의식과 자긍심은 아직 내 속에서 찾을 수 없었다.

촛불이 흔들렸다. 그랬다. 내가 정말 열심히 해보지 않은 것이 있었다. 바로 공부였다. 촛불이 타오르고 있었다. "아, 공부를 해야겠다. 정말로 열심히 공부를 해 보고 싶다." 섬광처럼 생각이 스쳤다. 학문의 길이 마치 운명처럼 내게 다가왔다. 그날 N은 진심으로 나를 축하해주었다.

이화여대 대학원 원장실

한참을 기다렸다. 여러 차례 심호흡을 해야만 했다. 대학원 입학시험 최종 면접이었다. 드디어 내 차례가 왔다. 조심스레 문을 열고 들어서니, 정의숙 대학원장님이 미소를 지어주셨다. 한동안 내 성적표를 들여다보셨다. 그러더니 천천히 눈을 들어 나를 물끄러미 바라보셨다. "왜 공부하려고 해요?" 4학년 성적은 뛰어났지만, 3학년까지의 성적이 형편없으니 당연한 질문이었다. "공부하려는 확고한 목적이 있나요?" 나에게 답변을 재촉하셨다.

한 인간이 자신의 고유한 세계를 갖는다는 것은 결코 쉬운 일이 아닐진대, 무수한 역경을 너는 극복해 나갈 각오가 되어 있느냐는 확인이었다. 당황했다. 답변할 수가 없었다. 아직 나에게는 확고한 목적과 신념이 없었다. 과학자의 길이 나의 적성에 맞는지도 모르는 상태였다.

"원장님, 솔직히 말씀드려도 될까요? 박사 공부까지 해서 나중에, 제가 겪어야 했던 방황을 거울삼아, 저의 후배들에게 또는 제자들에게 좀더 올바른 길을 제시해주고 싶기 때문입니다." 내 더듬거리는 답변이 끝나자 원장님은 소리 내어 웃었다.

나중에 총장이 되신 정의숙 대학원장님은 방황의 마무리를 짓지 못하고 있던 나에게 조언을 주셨다. "시작했으면 박사까지 공부해라. 어렵더라도 선진국에 가서 공부할 생각을 하거라. 그리고 돌아와서 조국을 위해 봉사하거라." 나는 '꿈'을 갖게 되었다. 그 꿈의 힘이었다. 나는 다가오는 고난에 굴복하지 않을 수 있었다.

오리건 주립대학교

신혼살림 석 달 만에, 나는 미국의 오리건 주립대학교로 유학을 떠났다. 장교로 군 복무를 하고 있던 남편 N과는 제대 후 미국에서 합류하기로 약속했다. 오리건은 비가 많은 곳이었다. 부슬부슬 한없이 내리는 그 비만큼이나 나도 눈물을 흘려야 했다. 밤을 하얗게 새우며 공부를 해보아도 다 소화할 수가 없었다. 그 당시 급격히 발전하고 있던 생화학은 한국과 미국의 격차가 너무나도 컸다. 따라간다는 것이 큰 시련이었다. 이국 만리 낯선 땅에서, 여자 혼자 지내며, 낯선 언어로 강의를 들어야 했고, 토론을 해야 했으며, 수많은 시험을 치러야 했다. 처음 몇 달간은 기숙사 방에서도 울었고, 길에서도 울었다. 이 세상에는 내 능력만으로는 할 수 없는 것이 있음을 나는 깨우치고 있었다.

2년이 어렵게 지났고 남편이 왔다. 먼 하늘을 무심코 바라보다 우연히 하늘에 떠 있는 비행기라도 보게 되는 날에는 밤새워 울어야 했던, 남편이 드디어 왔다. 그 사이 어느 정도 미국 생활에 익숙해질 수 있었다. 그리고 의사전달에 별 어려움을 느끼지 않게 되었다. 지도교수도 나를 인정해주었다. 몇몇 수업시간에는 교수가 나를 지목하여 일등을 했다고 했다. 미국 친구들도 많이 생겼다.

박사학위 논문을 위한 실험도 순조로웠다. 대장균으로부터 리보핵산을 분리하여 인위적으로 변이를 만든 뒤, 그 생화학적인 특성 및 기능을 연구하는 일이었다. 이 리보핵산은 잘 분해되는 성질 때문에 다루는 데 특별한 주의를 요하는 생체물질이었다. 하루 종일 수술용 장갑을 착용하고 멸균 소독된 일회용품 기구들을 사용하여 실험을 하곤 했다.

1년 반 동안 함께 살던 남편과 또 헤어지게 되었다. 석사학위를 끝낸 남편은 박사공부를 위해 캘리포니아주의 스탠퍼드대학교로 옮겨가게 되었다. 넉넉잡아 한 1년 정도면 나의 박사학위 논문을 위한 실험이 끝나리라 예상했다.

생화학 실험실

시련은 또다시 닥쳤다. 다음해 봄 겨우내 내리던 비가 멎을 무렵이었다. 실험재료인 리보핵산이 이유도 없이 분해되기 시작했다. 바닥에 주저앉고 싶었다. 울고 싶었다. 몇 달 동안 마련해 놓은 시약들과 실험재료들을 모두 버려야만 했다. 새로 만들어 실험해도 여전했다. 원인을 파악할 수 없었다. 장거리 전화를 붙잡고 남편에게 하소연해도 소용없는 일이었다. 간절히 기도를 해봐도 리보핵산은 계속 분해되었다.

졸업을 위한 마지막 단계에서의 실험은 벽에 부딪쳤다. 그해 가을 인디애나주에서 개최될 학술회의에 내 발표가 정해져 있는데, 결정적인 실험결과도 없이 무엇을 발표한다는 말인가? 또다시 나는 소리 내어 울고 말았다.

그 무렵 67세의 연로하신 어머니께서 미국으로 잠시 다니러 오셨다. "엄마, 가지 마세요…… 여기서 나 좀 도와주세요." 나의 한마디에 어머니는 아무 소리도 하지 않고 짐을 도로 풀어 놓으셨다. 최근 몇 달째 심한 고생을 겪고 있는 막내딸을 혼자 두고는 도저히 뒤돌아설 수가 없으셨던 모양이다.

"주님, 리보핵산이 자꾸 분해됩니다. 저 좀 살려주세요." 학술회의 날짜가 다가오자, 실험실에서 리보핵산의 분해 원인을 찾느라 자정을 넘기는 일이 늘어갔다. 집으로 전화하면 기다리던 어머니가 실험실까지 와주셨다. 어머니는 나를 부축하여 빈 건물과 어두운 거리를 함께 걸어 집으로 데리고 가주셨다.

학술회의 발표가 한 달 반 정도 남았을 때였다. 학교당국으로부터 통보를 받았다. 실험실에 공급되고 있던 1차 증류수 시스템이 균에 오염되었음을 발견했다는 것이었다. "주님, 감사합니다." 어머니와 남편에게 전화해서 또 울었다.

늦게나마 리보핵산이 분해되는 원인을 찾았고 멸균 처리도 했으나, 학술회의에 맞추어 실험결과를 내기 위해서 나는 시간과 치열한 싸움을 해야 했다. 실험실에서 밤을 새우는 날이 늘어 갔다. 그런 막내딸을 어머니는 안타까운 표정으로 지켜보았다. "영숙아, 잠을 좀 자야지…… 두세 시간을 자고 어찌 견디니…… 사람이 우선 살고 봐야지." 어머니 역시 잠을 못 주무시고 계셨다. 막내딸을 위해 초인간적인 노력을 기울이고 계셨다. 말도 안 통하는데 어찌하셨는지 슈퍼마켓에서 장까지 봐 오셨다.

예배당

그렇게 살고 있었다. 어느 날이었다. 염기서열 분석을 위한 전기영동 실험을 하다가 현기증이 나기에 어쩔 수 없이 어머니에게 전화했다. 새벽 4시였다. "영숙이니?" 대답할 힘이 없었다. 내 울음소리를 들으셨는지 어머니는 한걸음에 실험실로 달려오셨다.

새벽 공기는 신선했다. 어두운 텅 빈 거리를 나는 어머니에게 기대어 천천히 걸었다. 어머니가 애처로운 표정으로 나를 바라보셨다. "영숙아, 집에 가서 무엇 좀 해줄까?" "……기도해줘." 어머니는 평생 교회에 가 본 적이 없는 분이었다. "뭘 해달라고?" "하나님에게 기도 좀 해줘요…… 나 너무 힘들어." "기도라면, 김 권사님께 좀 부탁해 볼까?" "아니오. ……엄마가 나를 위해 간절히 기도 좀 허주세요."

그 다음 주일날이었다. 어머니는 김 권사님을 따라 난생 처음 교회에 가셨고, 나는 새벽에 실험실에 가서 시간을 맞추어야 하는 실험을 하고 조금 늦게 교회에 들어섰다. 예배가 시작되기 전이었다. 어머니의 뒷모습을 찾아 그 옆으로 갔다. 어머니의 어깨가 흔들리고 있었다. 어머니는 울면서 기도하고 계셨다. 그 옆에서 나드 소리 내어 울어버리고 말았다. 모든 것이 감사했다. 너무 감사해서 울었다.

인디애나주의 학술회의에서의 발표는 성공적이었다. 많은 학자들로부터 큰 칭찬도 받았다. 박사학위를 받은 후, 치열한 경쟁을 뚫고 남편이 있는 스탠퍼드대학교의 의과대학에서 포스트닥터 연구직도 딸 수 있었다. 모든 것이 감사했다.

스탠퍼드 의과대학 동물실험실

스탠퍼드 의과대학은 더욱 치열했다. 또 다른 역경이 기다리고 있었다. 매주 20여 명의 학자가 모이는 연구회의에서는 상상을 초월하는 질문들이 쏟아졌다. 살아남기 위해서는 밤을 하얗게 새울 수밖에 없었다.

더욱이 실험과 논문 발표 경쟁은 피를 말렸다. 생체의 신경전달 물질인 카테콜아민의 합성효소 중 PNMT라는 효소단백질의 분자생물학적 연구로

cDNA 클로닝과 PNMT의 생체 내 조절 메커니즘을 연구하고 있었다. 동물 실험이 필수적이었다. 실험용 쥐에 특정한 약을 주사한 후, 뇌조직과 부신수질(adrenal medulla)이라는 장기를 떼어내어 그 조절 반응을 분석하는 연구였다. 실험용 쥐를 직접 죽여야 했다. "아니, 이게 가능이나 한 일인가?"

대학 2학년 초였다. 계열별로 입학했기에 전공을 선택해야 했다. 나는 생물학을 마음에 품고 있었다. 그러나 개구리를 해부해야 하는 생물학 실험은 너무나도 끔찍했다. 나에게는 불가능한 일이었다. 그래서 점잖은 화학을 선택했던 것이다.

그러했던 나에게 실험용 쥐를 다루는 일은 엄청난 공포였다. 어떤 건장한 미국인 연구원은 사표를 남기고 떠나버리기도 했다. 그러나 나는 살아남아야 했다. 손이 부들부들 떨렸다. 동물실험이 있을 때는 스트레스로 며칠 전부터 머리가 아팠다. "그래, 애들아, 괜찮아. 내가 아프지 않게 주사 놓고…… 빨리 끝내 줄게." 나는 동물들에게 말을 했다. 내 자신에게도 최면을 걸 듯 자기암시를 해야 했다. 나는 견디어내야 했다. 나는 꿈과 확고한 목적의식을 가진 사람이었다.

1년이 지났다. 다행히 동물 실험이 주는 공포도 사라졌다. 무슨 일이든 해야 하는 일이라면, 할 수 있다는 것도 깨우쳤다. 사람의 몸속에서 일어나는 생화학적 현상의 이해를 위한 생명과학자들의 치열한 노력에 나도 어느덧 동참하고 있었다. 논문 발표도 많이 했다. 내가 하고 싶은 것을 할 때의 '열정', 이것이 인생을 인생답게 만드는 듯 느껴지기 시작했다.

한국과학기술연구원(KIST) 연구실

우리나라로 돌아왔다. 한국과학기술연구원에 자리를 잡은 지 이제 15년이 흘렀다. 최근에는 통합적인 차원에서 조명하는 시스템스 생물학(systems biology) 연구에 몰두하고 있다. 이의 기반이 되는 연구주제는 신호전달 기전에 관한 연구다. 세포가 외부로부터 자극을 받았을 때, 세포 안의 각종 신호 단백질이 어떻게 변화하고, 또한 상호작용을 하여 핵 안으로 그 신호를 어떻게 전달하는가? 그로써 어떠한 생물학적 반응을 나타내는가? 이 분야의 연구 역시 세계적인 경쟁이 치열하다. 미국의 A박사, 이스라엘 와이즈먼 연구소의 B박사, 그리고 일본의 C교수가 유사한 연구를 수행중이다. 서로 협조하면서도, 누가 먼저 논문을 발표하느냐는 경쟁이다.

그러던 중 이스라엘의 B박사가 나에게 이메일을 보냈다. 이번에 이스라엘 예루살렘에서 저명한 국제학술회의가 개최되어 자신이 학술 조직을 맡았는데, 나에게 초청연사로서 심포지엄의 구두발표를 부탁하는 것이었다.

참으로 뛸 듯이 기뻤다. 인정감 때문이었다. 과학자의 보람도 느낄 수 있었다. 인류의 진보를 위한 자연현상의 이해가 과학자의 사명이다. 물론 과학자가 되기까지의 과정이 쉽지만은 않다. 그러나 조물주가 창조한 이 생명체의 비밀을 하나씩 이해할 때 느끼는 그 환희는 그간의 모든 좌절과 울음을 모두 보상해주고도 남는다.

텔아비브 공항의 심한 검문검색만 빼고는 모든 것이 만족스러웠다. 학술회의의 첫 시간이었다. 세계적인 학자들이 모인 대형 강당에서 슬라이드를 한 장씩 넘기며 발표했다. 질문도 많았다. 답변도 성심껏 해주었다. 많은 박수를 받고 끝났다. 경쟁자인 미국의 A박사도 연단 앞으로 나를 찾아와 악수를 청했다.

'꿈', '열정', 그리그 '감사함'. 인생에서 빼놓을 수 없는 '세 가지 보물' 이다.

무엇을 인생에서 하고 싶은지 분명한 꿈을 가질 수 있다면 행복할 수 있는 사람이다. 하고 싶은 일을 열정적으로 할 수 있다면 더 없이 행복한 사람이다. 그리고 모든 성취를 감사히 여길 줄 안다던 행복할 자격이 있는 사람이다.

서울대학교 약학대학을 졸업하고 동대학원에서 약효학 석사학위를 받은 후 UCSB에서 생물화학 전공으로 석사학위를, 피츠버그대학교에서 분자생물학 전공으로 박사학위를 취득했다. 테네시대학교에서 박사후연구원을 마치고 귀국해 지금까지 유전공학센터(현 한국생명공학연구원)에 재직하고 있다. 한국생명공학연구원의 생화학실장, 세포주기신호전달리서치유닛장, 유전체연구센터장 등을 역임했고, 현재는 과학기술부에서 지원하는 21세기 프런티어 연구개발사업 중 최초로 생긴 인간유전체기능연구사업단장을 맡고 있다. 유전자 발현기전연구, 세포주기기전연구, 암유전체연구 등이 주 연구분야이며, 과학기술 우수논문상과 닮고 싶고 되고 싶은 과학기술인상 등 다양한 상을 수상했다. 대통령자문 과학기술자문위원회 위원, 교육인적자원 정책위원회 위원으로 활동했으며 현재 대전시 과학기술자문위원이기도 하다.

가장 잘할 수 있는 분야에서 최선을 다하라

유향숙 박사는 현재 과학기술부가 지원하는 21세기 프런티어 연구개발사업 중 하나인 '인간유전체기능연구사업단' 을 맡아 연구를 추진하고 있다. 이 사업은 정부에서 연간 100억 원씩 10년 동안, 한 주제를 선정하고 지속적인 연구를 추진할 수 있도록 전문과학기술인에게 전권을 줌으로써 연구 시작에서 목표하는 연구결과가 나올 수 있는 연구를 추진하게 하는 사업으로, 현재 각 과학기술 분야에 23개 사업단이 있으며 전문 사업단장이 연구계획, 참여연구원 선정, 연구비 배분, 연구성과 도출의 모든 책임을 맡아 운영하고 있다.

21세기 프런티어 사업 중 가장 먼저 시작된 '인간유전체기능연구사업' 을 맡고 있는 유향숙 단장은 본 연구사업에서, 유전자들의 기능이 잘못되면 각종 질병에 걸릴 수 있는 확률이 높아진다는 데 초점을 맞추어, 많은 질병의 원인이 되는 유전자 변화를 추적하여 우리나라에서 많이 발생하는 위암, 간암의 조기진단이나 치료효율을 높일 수 있는 새로운 진단제나 치료제 개발에 사용될 유전자들을 찾는 연구를 주도하고 있다. 유전자 한두 개가 아니라 유전체(게놈) 수준에서 아직 밝혀지지 않은 여러 유전자들의 기능을 추적하면서 국내외 연구팀과 함께 최첨단의 연구방법을 도입하여 위암, 간암의 원인을 밝히는 연구를 추진하고 있는 것이다.

유 박사가 생명공학자로서의 길로 들어서게 된 계기는 경기여중 시절 학교에 오신 한 초청강사의 말씀 때문이었다. "우리나라가 잘사는 나라가 되려면 과학기술이 발달해야 한다"는 강사님의 말씀에 힘입은 그녀는 '과학을 해서 나라 발전에 조금이나마 보탬이 되어보자' 는 결심을 하게 된다.

이후 과학자가 되려는 꿈을 갖고 대학과 대학원에 진학하여 화학요법제 항암제 합성연구를 하던 중 너무 현상학적인 연구에 회의를 느끼게 되었다. 좀더 생물학적인 접근과 근본적인 암 발생의 원인 규명을 하고 싶어 미국 유학길에 올랐고, 미국에서 1970년대에 막 시작한 분자생물학, 유전공학 분야에서 다시 공부를 했다. 이때 유전자가 필요에 따라 발현하여 세포 내에서 필요한 기능을 하며, 이 발현을 조절하는 것으로 유전자 앞부분 프로모터에 양성활성인자(UAS)와 억제인자(URS)가 있다는 사실과 이것 때문에 유전자의 기능이 활성화되거나 불활성화된다는 사실을 발견했다. 이후 이러한 기능의 불균형이 세포증식과 사멸을 조절하는 세포주기인자들에도 관여한다는 사실을 감지하고, 세포증식의 근본인 세포주기 관련 새로운 인자를 찾는 연구에 주력했다. 세포주기의 조절에 이상이 생기면 정상세포가 암세포로 변한다는 사실에 주목하여 암세포로 전화되는 유전자들을 찾는 일에 관심을 가지고 연구하던 중, 유전자 한두 개가 아닌 체계적 수준의 연구접근의 필요를 느껴 유전체 수준에서 연구를 추진하게 되었다. 또한 암 발생기전 연구의 유전체적 수준의 연구를 하는 동안 1999년 과학기술부 프런티어 연구개발 사업의 단장으로 선정된 것이다.

유 박사는 지금까지 수행해온 연구는 자신이 선택하고 좋아서 해온 것이므로 연구하는 자체에 대해 어렵다고 느낀 적은 거의 없었다고 말한다. 연구 과정 중에 실험이 실패하고 자신이 예측했던 대로 나오지 않았을 때는 많은 고민을 했으나, 이 고민으로부터 또 다른 방법을 찾아내 다시 시도하고 그 방법이 맞았을 때는 자신이 설정한 가설이 옳았다는 사실만으로도 매우 기뻤다고 한다.

이러한 삶의 경험에 비추어 그녀는 과학기술 분야를 염두에 두고 있는 학생이라면 어떤 전공을 택하든 간에 자기가 좋아서 하는 일이어야 하며, 일단 좋아서 선택한 일(직업)이라면 어려운 일도 힘 안들이고 극복해 나갈 수 있을 것이라고 했다. 더불어 나 혼자 하는 연구가 아니고 타인과 함께 협동으로 연구를 할 때는 다른 사람에게 의존해야 하는 경우가 있다. 그때는 나만 잘한다고 다 되는 것이 아니라 다른 사람의 능력이나 생각 등에 의해 많은 영향을 받을 수 있기 때문에 남을 이해하는 능력과 참을성을 가져야만 괴롭지 않다고 한다. 또한 유 박사는 다른 사람의 비판적인 시각을 잘 받아 넘기는 아량과 참을성 등도 과학기술을 전공하는 이들이 필수적으로 갖추어야 할 덕목으로 꼽았다.

과학기술도 타 분야와 마찬가지로 다른 사람과 함께 살아가면서 이루어지므로 타인의 잘된 점을 받아들이고 나의 실수를 인정할 줄 아는 사람이어야 더 큰 발전이 있을 것이다. 전공하는 분야에서도 항상 나의 스승이 누구이고 내가 가르칠 수 있는 사람이 누구인지를 가늠하는 것이 필요할 것이다.

'내가 가장 잘할 수 있는 분야에서 최선을 다한다' 는 삶의 신조를 매일 되새긴다는 그녀는 생명과학에 관심이 있는 사람이라면 우선 아래의 질문에 대해 생각해보길 조언한다.

- 자연현상 그 자체에 대해 내가 알고 싶은 것이 내 마음속에 있는가를 질문해보라.
- 만약 그렇다면 어떤 문제에 더 호기심이 가는가를 알아보라.
- 그 호기심을 채우기 위해 나는 무엇을 할 수 있을까? 어떻게 할까를 생각해보라.
- 이렇게 하면 내가 즐거워질 수 있는가를 생각하고 그러면 나의 선택은 옳다고 할 수 있다.

윤명희

(주)한국라이스텍 대표이사

결혼 후 전업주부였다가 30대 때부터 직업전선에 뛰어들었으며, 40대에 현미즉석도정 분야를 취급하면서 현미라는 쌀의 틈새시장을 파고들어 분도미시장을 만들었다. 백미 외에 5분도, 7분도, 9분도 등 다양한 소비자 입장의 맞춤쌀을 만들었으며 현미의 시장성을 위해 현미이은저온저장고, 현미건강선물세트 등 농산물을 이용한 농산물 선물세트도 개발했다. 이와 관련된 특허등록 2점, 실용신안등록 1점, 으장등록 4점 등 생활 속의 발명으로 한국여성발명상, 여성발명특허대전 대상을 수상했다. 현재 삼성홈플러스 전매장에 즉석도정 맞춤쌀이라는 브랜드로 입점이 되었으며, 현미시장의 분도미표본을 만들어 이표본을 현미시 장에 확산시키고 있다. 또한 98명의 직원 중 93명이 가정주부인 여성중심회사 (주)한국르·이스텍 대표이사를 맡아 100억 원 이상의 연매출을 올리고 있다.

끝은 또 다른 시작이다

내가 하는 일은 과학, 또는 흔히 말하는 기술과도 거리가 멀다면 먼 일이다. 나는 시골에서 벼를 찧어 만들던 쌀을 대형매장에서 현미를 도정기에 넣어 여러 분도로 도정하여 소비자에게 판매하고 있다. 이러한 유통은 이제 우리 주위에서 쉽게 접할 수 있다. 강가의 돌멩이도 오랜 시간이 흐르면 예쁜 자갈로 탈바꿈하듯이 이 즉석도정도 5년간의 시간을 거친 뒤 쉽게 접할 수 있는 쌀의 새로운 문화가 된 것이다.

처음 이 일을 접하게 된 것은 5년 전의 일이었다. 예전에는 가을에 시골에서 쌀자루를 몇 개씩 가져다가 베란다나 부엌에 두고 먹었다. 40대 이후의 세대는 먹다먹다 여름이 되면 쌀벌레가 생겨 베란다나 햇볕에 널어놓고 말렸던 기억을 가지고 있을 것이다. 당시에는 쌀은 시골에서만 찧는 걸로 알고 있었다. 그러던 당시 도시에서도 쌀을 찧을 수 있는 업종이 괜찮은 아이템이라는 판단에 앞뒤 생각 없이 사업에 뛰어들었다.

할인마트에 기계를 설치하여 즉석도정을 시작한 나는 1년을 넘기지 못하고 사업의 존폐를 염려하는 기로에 섰다. 나도 그랬지만 기계를 운용하는 판매원도 기계를 모르는 가정주부였기 때문이 기계의 잦은 고장으로 영업을 중단하는 일이 속출했다. 이후 다른 도정기를 사용했지만 그 역시 검증이 되지 않은 탓에 고장이 잦아 매장에서 사용하기가 힘이 들 지경이었다. 작은 고장으로도 기계는 작동이 되지 않았고 기술자가 오지 않으면 영업을 하지도 못했다. 토요일 밤만 되면 전화벨소리에 정신이 번쩍할 정도로 나는 도정기 노이로제에 사로잡혀 있었다. 고객이 몰리는 토요일이면 도정을 많이 했기 때문에 기계는 어김없이 고장이 났다. 이유는 여러 가지였지만 관리하는 판매원의 관리 소홀도 있었고, 기계의 센서가 딘감한 반응을 보여 작동이 되지 않는 경우도 태반이었다.

상황이 이렇다보니 기계의 새로운 개발 없이는 사업이 어렵다고 판단하고 기계 개발에 착수했다. 당시 나는 매장에서 판매원과 같이 직접 판매도 했기 때문에 도정기의 작동도 직접 하고 있었다. 쌀이라는 곡물은 원료곡으로 판매하는 까닭에 유통마진이 거의 없는 편이었다. 그러니 팀장이나 직원을 두지 못해 거의 2년간은 직접 발로 뛸 수밖에 없었다. 나는 거의 매장에 살다시피 하며 기계가 고장 나는 문제점, 그리고 고장이 났을 때 판매원이 쉽게 기계를 고칠 수 있는 방법 등을 파악하기 시작했다. 그리고 기계제작소를 찾아 제작의뢰를 하며 기계의 문제점을 설명했다. 부산에서 대구까지 먼 거리를 일주일에 서너 번씩 차에 현미를 싣고 가서 기계를 돌려보고 하면서 방법을 찾기 위해 기계에 매달렸다.

궁하면 통하고 두드리면 열린다는 말처럼 몇 달 뒤 기계가 완성되었다. 소음을 방지하기 위해 스피커용 스펀지를 직접 접착제로 붙이다 손에 붙어서 며칠을 손이 꺼칠거려 혼이 나기도 했다. 기계를 매장에 설치하고 시운전을 거쳐 여러 문제점을 찾는 등 개발을 위해 1년 여의 기간을 거친 뒤 누구나 쉽게 조작할 수 있는 도정기를 개발했다. 일본 도정기가 우리나라보다 우수했지만 당시 일본 도정기는 1000만원 정도로 쉽게 수입할 여력이 되지 않았다. 내가 개발한 도정기는 판매가 300만원 정도로 거의 3분의 1 수준이었다. 그리고 무엇보다도 고장이 적고, 고장이 나더라도 쉽게 고칠 수 있도록 하여 취급자의 부담을 줄였을 뿐 아니라 시간적으로도 절약이 되게 했다. 종전에는 고장이 날 경우 기술자가 오기까지 하루 이상의 시간이 소요되었다.

도정기 개발 이후 나는 토요일이 즐거웠다. 매출이 늘어났기 때문이다. 나는 또 다른 생각을 하게 되었다. 당시에는 매장에서 쌀을 판매할 때 바닥에다 두고 파는 게 상례였다. 가까이 있으면 소중한 걸 모른다는 옛말처럼 우리가 365일 접하는 쌀을 아무데나 놓고 판매하는 것은 쌀의 소중함을 너무 모르는 것 같았다. 나는 좋은 쌀을 고급스럽게 포장하여 소비자에게 주고 싶었다. 여러 형태로 맞는 매뉴얼을 생각한 끝에 즉석도정에 맞는 형태의 진열장을 개발했다. 옛날 시골집을 연상하여 상단에는 서까래모양으로 나무무늬목을 넣어 할로겐을 장식하고, 하단에는 쌀을 진열하도록 진열장을 두어 전체를 나무로 제작했다.

중앙에는 도정기를 넣고 뚜껑을 덮으면 보이지 않도록 문을 달았다. 매장 내 안전사고를 염두에 두고, 사용하지 않을 경우에는 뚜껑을 덮어 기계를 보이지 않도록 한 것이다. 나는 디자인이나 설계를 해본 적이 없었지만 내가 필요하기 때문에 내 자신이 만들어갔다.

하지만 이런 형태의 진열장을 제작하는 곳은 없었다. 또다시 팔방으로 뛰어다녔다. 이 진열장은 곧바로 담당 바이어의 제안으로 삼성홈플러스 양곡 코너에 자리를 잡았다. 소비자는 고급스러운 쌀판매대에 관심을 보였고 즉

석 도정미는 고급쌀이라는 개념으로 자리매김을 했다. 이후 쌀의 건강함과 신선함을 위해 저온저장고의 개발을 생각했다. 당시 쌀은 유통기한이 없었다. 따라서 한두 달 먹는 게 일반상식이었다. 쌀은 도정할 당시 수분이 있지만 시일이 경과하면 수분이 증발하여 밥맛이 떨어진다. 하지만 대다수의 소비자는 쌀에 수분이 있다는 걸 알지 못한다. 더군다나 현미는 모든 영양소를 함유한 곡물이다. 그래서 논에 뿌리면 발아가 된다. 이러한 현미를 매장에서 잘 보관하기 위해 매장용 현미이온저장고를 만들었다. 현미는 15일이 지나면 산화가 된다. 쌀과 마찬가지로 수분의 증발이 발생하기 때문이다.

이후 미강을 이용한 미강차 개발과 미강비누 등 현미를 이용한 다양한 상품을 연구했고, 농업에선 드물게 현미를 이용한 선물세트 개발로 소비자에게 호응을 받았다. 이로 인해 한국여성발명상을 받았고 각종 특허개발로 여러 상을 받았다.

나는 언제나 탐구한다. 물론 학문적인 탐구는 아니지만 나와 관련된 분야에는 어디든지 배우려고 다닌다. 나의 부족함을 생각하기에 목마른 사슴처럼 말이다. 돌이켜보면 5년이란 기간이 한순간에 지나간 것 같은 착각을 느낀다. 그것은 아마도 매순간이 나에게는 절실한 현실이었기 때문이었을 것이다. 언제나 노력한다면 현실은 결코 배반하지 않는다는 걸 느낀다. 오늘의 내가 게으르면 내일의 나는 존재할 수가 없다. 그래서 내 나이 오십에 또 다른 무언가를 생각한다. 나는 많이 배우지는 못했다. 만일 좀더 공부를 했다면 어떤 모습의 나였을까 생각도 해본다. 하지만 세월은 이만큼 와버렸다. 결코 후회는 하지 않는다. 오늘의 나는 나이기에.

여러분은 좋은 환경에서 얼마든지 배울 수 있는 여건을 가지고 있다. 참으로 많이 부러울 때도 있다. 오늘날 이런 환경에서는 얼마든지 당당한 자리매김을 할 수 있을 것이다. 여러 방면에서 눈부시게 활약하는 여성들이 얼마나 많은가. 과거에는 감히 생각지도 못했던 현실이 나타나고 있지 않은가. 한국의 퀴리부인이 탄생하는 오늘이 우리 눈앞에 펼쳐져 있음을 나는 가슴 벅찬 감동으로 보고 있다. 여성의 더 나은 자리를 여러분이 만들어주길 진심으로 바란다.

윤연숙

원자력의학원 방사선의학 연구센터장

이화여자대학교 약학대학을 졸업하고 동대학원에서 생화학 전공으로 석·박사학위를 취득했다. 미국국립암연구소 면역학연구실연구원, 원자력의학원 생화학연구실장, 면격학연구실장 등을 역임하고, 현재 원자력의학원 방사선의학 연구센터장으로 재직하고 있다. 또한 디국암학회와 미국면역학회 정회원이며 한국원자력학회 전문위원, 한국암학회 이사, 한국면역학회 이사, 한국원자력여성전문인협회 감사 등을 맡고 있다. 1993년 국무총리상을 수상했고 2003년 세계적인 과학자인명사전 《Who's Who in the Science》에 등재되었으며, 항암면역증강제 진산을 개발하여 상용화했고 국내외에 100여 편의 연구논문과 보고서를 발표했다.

당신이 기적을 만든다

노랗고 분홍인 꽃의 군락이 어우러진 산은 눈부시다. 산자락 곳곳에 울창한 나무들이 그득 차 있어 우리나라의 알프스라 불리는 충청남도 청양 칠갑산은 어디를 가나 나무가 좋다. 한국전쟁이 일어나기 1년 전, 나는 산 높고 골 깊은 그곳에서 8남매 중 다섯째로 태어났다. 8남매의 중간에 태어난 혜택 아닌 혜택 덕분이었는지, 경제적으로 별 어려움 없었던 집안 환경에 감사해야 하는 것인지 나는 학교 공부나 집안일에 대한 부담감 없이 시골의 아름다운 풍광 속에서 자유롭고 평화로운 유년 시절을 보냈다. 덕분에 긍정적이고 낙천적이며 단순해서 명쾌한 사고방식을 가지게 되었나 보다. 산자락에 온몸으로 우뚝 서 있던 나무장승처럼, 당당하게 하늘을 올려다보는 자신만만함을 얻게 된 것도 모두 이 시절의 힘이다.

힘들어야 더 큰 사람이 될 수 있다

청양에서 초등학교와 중학교를 졸업한 뒤 진명여자고등학교에 입학하면서 서울 유학생활이 시작됐다. 고등학생 교복을 입고 처음 등교하던 날 나는 퍽 기가 죽었다. 예쁘고 세련되고 똑똑하고 공부도 잘하는 것처럼 보이는 서울 아이들 사이에서 내 존재는 초라해 보일 뿐이었다. 위축된 마음을 풀 길이 공부밖에 없어서였을까? 2~3개월 후, 서울 유학을 와서 처음으로 본 중간고사의 성적이 놀랍게도 상위권에 들었다. 서을아이들과 경쟁할 수 있겠다는 자신감에 가슴이 벅찼다. 그리고 한 가지 삶의 지표가 될 만한 배움도 얻었다. '힘들어야 더 클 수 있구나. 그리고 속앓이만 하지 말고 묵묵히, 혹은 더 열심히 해내야 하는구나. 위기는 인생의 큰 기회가 될 수 있구나.'

촌스런 시골 소녀가 서울에 올라와서 열심히 공부한 덕에 나는 1968년 이화여자대학교 약학과에 입학하였다. 대학 졸업 후 진로를 고민하다 약사가 되는 것보다는 좀더 공부를 해서 창의적인 연구를 해내고 싶다는 열망을 안고 대학원 진학을 결심했다. 석사를 마치고 박사과정에 들어가려고 할 때 문제가 발생했다. 당시 약학대학 학장님으로부터 조교직을 그만두고 이화여대가 아닌 타 기관에서 연구생활을 하는 조건으로만 박사과정 입학을 허락한다는 소식이 온 것이다. 늘 해오던 대로 학교에 조교로 머물면서 박사과정을 마칠 수 있으리라 믿고 있던 나에게 청천벽력과도 같은 말이었다. 갑자기 학교를 떠나라니 앞길이 막막했다.

답답함 속에서 며칠을 고민한 나는 상황을 복잡하게 받아들이지 말고 중요한 것을 먼저 생각하기로 했다. 내 힘으로 바꿀 수 없는 일이고, 이미 결정된 일이다. 더 이상 무얼 괴로워할 것인가? 할 수 있는 일은 주어진 상황에서 최선의 방법을 찾는 것뿐이다. 나에게 있어 가장 중요한 것은 '학문적 성취'라는 결론을 얻은 후, 제약회사 등 기타 경우는 과감히 접고, 연구를 계속하며 배움을 얻을 수 있는 곳을 찾기 시작했다. 당시 원자력연구소 분자생물학

연구실 실장이던 이 박사님에게 임시직 연구생으로 일하고 싶다고 간곡한 부탁을 했고, 이로써 나는 최첨단 분야인 분자생물의 연구에 눈을 뜨게 되었다.

적극적으로 맞서라

원자력연구소의 이 박사님은 미국 위스콘신대학교에서 분자생물학을 전공하고 해외 유치과학자로 초빙된 분으로, 생물학의 새로운 장으로 떠오르고 있는 분자생물학을 국내에 소개하여 우리나라 생물학계에서 큰 기대를 받고 있었다. 원자력연구소 분자생물학 연구실에서는 살모넬라를 이용한 돌연변이 연구, 포유동물 세포를 이용한 항암연구, mRNA 조절연구 등 세 가지 주요 연구과제가 수행되고 있었다. 포유동물 세포를 이용한 항암연구 과제를 1년여 수행하던 중, 마침 mRNA 분야의 연구원 한 사람이 미국으로 나가게 되어 공석이 생겼다. 이를 계기로 나는 mRNA 분야 연구를 해보기로 결심하고 이 박사님에게 요청을 드렸다.

하지만 세상 일이 늘 마음먹은 대로 되지는 않는 법이다. 나의 요청도 처음부터 쉽게 받아들여지지는 않았다. mRNA는 sucrose-density gradient로 분리하려면 7~8시간이 소요되기 때문에 밤에도 연구실을 지키며 일을 해야 하는데, 여자는 힘들어서 안 된다는 통보를 받은 것이다. 나의 능력이 아니라, 여자라는 이유만으로 거절당했다는 점 때문에 나는 마음을 더 굳게 먹기로 했다. 확신을 가지고 치열하게 부딪치는 것 역시 긍정적이고 단순한 성격이라 가능했는지 모르겠다. 하지만 내 앞길이 걸린 문제가 아닌가. 적극적인 요청 끝에 나는 mRNA 연구 경험을 쌓을 수 있었다. 그러던 중 이 박사님이 원자력연구소를 떠나게 되었고, 학위를 아직 끝내지 못한 나는 mRNA 연구를 계속하기 위해 초원심분리기가 필요했기 때문에 원자력병원으로 다시 한

번 자리를 옮기게 됐다.

과감하게 받아들이면 새로운 희망이 보인다

1980년 박사학위 논문이 통과된 것을 계기로 나는 원자력병원 생화학연구실 선임연구원으로 발령받았다. 그리고 2년이 지난 후, 나는 또 한번의 난관을 만나게 됐다. 1982년 12월 어느 날 이화여자대학교 약학대학으로부터 교수직 제안을 받아 이듬해 가을학기부터 근무하기로 약속을 했다. 모교에서 후배들을 가르친다는 생각에 흔쾌히 이직 준비를 하던 나에게 전화 한 통이 걸려왔다. 임용을 불과 두 달 앞 둔 더운 여름날이었다. 당시 이화여대 약학대학장이었던 안 교수님으로부터 밤 10시경 '다른 사람을 채용하게 되었다'는 전화를 받은 것이다. 너무나 화가 나고 당황했으나 "나에게는 매우 심각한 일이니 더 이상 전화로 이야기할 수 없고 내일 학교로 찾아뵙고 다시 말씀을 나누자"고 대답한 후 일단 수화기를 내려놓을 수밖에 없었다.

다음날 학교에서 안 학장님을 뵈었지만, 이미 결정된 일이니 어쩔 수 없다는 간단한 설명만 들었다. 당혹스러운 상황에 어떻게 대처해야 할지 알 수가 없었다. 무책임한 모교에 대해 배신감도 느꼈다. 내가 일하던 연구실에는 이미 후임이 채용된 상태여서 나는 공중에 붕 뜬 셈이었기 때문에 낙담은 더욱 컸다. 하지만 나는 자신만만한 성격답게, '나중에 내가 존경받는 과학자로 성공하는 것이 이런 배신감에 대한 승리다' 라고 마음을 단단히 먹고 미련 없이 뒤돌아섰다.

다행히 당시 원자력병원장이던 윤 박사님께서 면역학 연구실 선임연구원으로 발령을 내주어 이를 계기로 나는 면역학에 대한 연구생활을 시작하게 됐다. 생화학을 전공한 내게 면역학이라는 분야는 막막할 뿐이었고, 나는 이를 극복하기 위해 미국 국립암연구소 면역학 연구실로 포스트닥터를 하기 위해 떠났다. 새로운 분야에 대한 도전은 그만큼의 긴장과 열정을 불러일으켰다. 그곳에서 나는 LAK세포를 연구하였고, 이를 계기로 LAK세포를 만들어내는 인삼 다당체 '진산'이라는 물질 개발에 성공했다. '진산'은 국내 특허 및 미국 특허까지 등록하고 순조로이 기술이전을 하게 됐다.

위기를 기회로

1994년 겨울 다시 나를 찾은 시련은 이제까지의 그 어떤 것보다 힘든 일이었다. 남편의 뇌종양 진단. 당시 딸이 중학교 3학년, 아들이 초등학교 5학년이었다. 눈앞이 캄캄했다. 인생의 위기는 늘 이렇듯 급작스레 찾아온다. 마음을 가라앉히고 곰곰이 생각을 했다. 이것 역시 내 힘으로 되돌리거나 바꿀 수 없는 일이다. 내가 힘을 내지 않으면 안 된다고 생각했다. 불가항력에는 맞설 수 없고, 좌절하지도 말아야 한다. 누가 단순한 사고라고 폄하할 수 있는가. 고통스런 상황을 가감없이 받아들일 수 있는 것은 자기 삶에 대한 용기가 있다는 뜻이다. 스스로 힘든 상황을 이겨낼 수 있으리란 믿음이 바로 자신감이며, 자기 삶에 대한 용기이다.

명쾌한 결론을 얻은 후엔 마음껏 치열해질 수 있는 자신감이 붙는다. 내가 힘을 내야 우리 가족을 지킬 수 있다는 일념으로 온 힘과 마음과 시간을 쏟아 부어 남편 간호, 집안 일, 직장 일에 집중했다. 밤 12시 이후에 잠자리에 들어 새벽 6시에 일어나는 생활이 지속됐다. 이러한 생활방식은 아직까지도 유지하고 있다. 이 일을 계기로 나는 암환자의 보완 대체요법 기술 개발에 열정을 쏟게 되었다. 보완 대체요법이란 약용 식물, 운동, 영양, 침 등 암 치료에 도움을 주는 모든 것을 통칭하는 것이다.

모든 사람들이 살아가는 동안 반드시 어려운 시기를 겪게 된다. 이것이 피할 수 없는 현실이라면, 어려운 시기를 자기 발전의 기회로 삼는 것이 산수적 계산법으로도 이익이다. 지인들은 나에 대해 '사막 한가운데 갖다 놓아도 잘 살아낼 사람'이라 종종 말한다. 작열하는 태양 아래는 물도 없고, 뜨거운 모랫바람만이 불어온다. 한탄이나 후회로는 더위도 갈증도 해소할 수 없다. 우리가 할 수 있는 일은 모랫바람을 등지고 사막의 끝을 향해 걸어 나가는 것이다. 그렇게 온 힘을 다해 걸어가다보면 어느 순간 기적 같은 오아시스 앞에 다다르게 되는 것이 우리의 삶이 아닐까. 위기를 기회로 만들고자 애써온 나의 지난날에 대한 이야기가 지금 자신에게 닥친 시련에 괴로워하고 있는 누군가에게 도움이 될 수 있기를 바라는 심정이다.

이제 7년 후면 정년퇴직이다. 퇴임 후에는 '보완 대체요법' 회사를 창업할 계획이다. 보완 대체요법이 약학대학을 졸업하여 생화학 및 면역학을 전공하고, 암병원 연구실에서 30년 동안 연구한 나의 능력과 경험을 최대한 발휘할 수 있는 분야라고 생각하기 때문이다. 7년 후 사업가로 성공한 다음 이 이야기를 더욱 멋지게 매듭지을 수 있게 되길 바란다. 끝으로 나의 생활신조를 이 글을 읽는 여러분들께 권하고 싶다.

- 어려운 일들은 동시다발적으로 일어나는 속성이 있다. 동시에 모든 일을 해결하려 하지 말고 일의 중요도로 순서를 정하여 하나씩 하나씩 처리한다.
- 어려운 일이 일어날 때 거부하거나 고민하며 포기하지 말고, 받아들이고 해결하고 희망을 가진다.
- 나 자신을 보편, 상식, 원칙이란 잣대로 객관적으로 평가하고 상대방의

입장에서 생각한다.

- 나 이외의 모든 다른 사람들도 나만큼 똑똑하다는 생각으로 타인을 인정한다.
- 다른 사람에게 일어나는 모든 슬픈 일, 어려운 일, 기쁜 일, 즐거운 일이 나에게도 일어날 수 있음을 인정한다.
- 따라서 슬픈 일이 일어나도 너무 슬퍼하지 말고, 기쁜 일에도 너무 기뻐한 나머지 교만해지지 않도록 한다.
- 문제의 핵심에 집중하고 주변을 너무 의식한 나머지 추진력을 상실하지 않도록 한다.
- 항상 기뻐하고, 쉬지 말고 기도하며, 범사에 감사한다.
- 믿음, 소망, 사랑 중에서 사랑이 제일이다.
- 반드시 운동을 규칙적으로 하여 건강한 육체에 건강한 정신을 유지한다.

이명숙

성신여자대학교 식품영양학과 교수

1983년 숙명여자대학교 식품영양학과를 졸업하고 1993년 미국 오하이오 주립대학교에서 영양생화학 박사학위를 취득했다. 1994년부터 성신여자대학교 식품영양학과에서 생화학, 생리학, 병리학 등을 가르치면서 스포츠·영양의학연구소 소장 및 가족건강복지센터 영양의학실 실장을 역임하고 있다. 2001년부터 2002년까지 미국 국립보건원에서의 연구년 당시 'DHA의 간암 세포 신호전달체계'로 2003년 'Fellows Award of Research Excellence'를 수상했다. 80여 편의 국내외 연구논문과 보고서를 발표했으며 《아포지단백질 대사》 등을 비롯한 아홉 권의 저서와 역서가 있다.

꿈은 이루어진다

아버지를 따라 여러 번 전학을 다니던 내가 '오늘의 나'를 꿈꾸기 시작한 것은 아마도 초등학교 4학년 때부터의 일로 기억된다. 대구 남산초등학교 시절 학교대표 100미터 육상선수였던 나는 높이뛰기 선수들의 비행이 너무도 아름다워서 섣불리 뛰다가 허리를 다쳐 더 이상 운동을 할 수 없게 되었다. 그때부터 신체에 관한 나의 호기심이 방과 후 과학반에서 열정을 태우게 했다. 슈바이처 박사를 존경하게 된 것도, 그가 잘 치는 오르간과 비슷한 피아노를 치게 된 것도 나의 신체 변화와 무관하지 않다. 초등학교 4학년 때의 키가 지금까지도 변함없는 것은 애석한 일이지만 인류에 조금이라도 기여하고자 한 당시 과학자로서의 꿈은 대학 때도, 유학 때도, 제자를 가르치는 현재도 간직하고 있다고 스스로 위안한다.

미국 유학시 '영양유전학'의 미스터리 증명

인간의 유전자는 AGCT 네 개의 염기가 나선형 문자로 그 정보를 저장하고 있으며, 이 정보는 mRNA라는 전령체에 의해 단백질을 생성하고 이 단백질이 우리의 다양한 생명현상들에 관여한다. 그러나 실제 인간의 형질 발현과 연관된 유전자는 고작 약 3만 5000개에 불과하며 이는 전체 유전체 중 2퍼센트 정도다. 이 2퍼센트가 인간과 동물 혹은 인간 간의 개체차이(코 크기와 키, 특정한 질병에 대한 취약성 등)에 관련한다. 이를 단일염기 다형성 또는 SNP(Single Nucleotide Polymorphism)라고 하는데 수적으로 보면 1000개의 염기쌍당 한 개 정도의 배열이 사람마다 달리 나타난다.

SNP는 특히 비만, 고혈압, 당뇨병, 심혈관 질환 같은 대사성 증후군뿐만 아니라 알츠하이머, 알코올 중독 등과도 관련되어 있다. 그리하여 동일한 환경조건에서 어떤 사람은 비만에 걸리고 어떤 사람은 걸리지 않는지, 즉 질병과 환경습관 간의 미스터리에 대한 이해를 가능하게 한다. 변이형을 가진 사람은 그렇지 않은 사람에 비해 환경 요인에 더욱 취약하여 적절한 섭생, 생활습관, 스트레스 등을 미리 관리하지 못할 경우 다른 사람에 비해 특정 질환이 더 쉽게 발병할 수 있음을 의미한다. 물른 SNP 유전자 변이형 자체가 특정 질환을 발병시키는 직접적인 원인은 아니다.

SNP 분석을 통한 이러한 질병발생은 영양학적 치료 접근에서도 매우 유용한 도구로 사용될 수 있다. 우리가 먹는 음식과 개인의 체질에 대한 유전학적 이해를 위해 이미 서구에서는 'Nutrigenomics(영양유전학: Nutrition+Genomics)' 라는 학문을 통해 개인의 유전자 발현과 음식의 상관을 연구하고 있다.

1988년부터 시작된 미국유학 시절에 나는 동맥경화성 유전자로서 아포지단백질 E(apo E)라는 지질운반 단백질의 변이형에 관심을 가지면서 영양유전학의 미스터리를 직접 풀기로 했는데 '에스키모인' 이 해결의 실마리였다.

에스키모인에게는 동맥경화 질병을 유발하는 apo E2 및 E4형 변이형을 찾기가 힘들다. 그런데 에스키모인의 주식은 생선이고, 생선에는 오메가-3 지방산인 DHA라는 지방산이 많이 함유되어 있다. 생선을 많이 섭취하여 동맥경화를 억제했을 뿐만 아니라 apo E 변이형이 없는 에스키모인은 변이형보다 두세 배 DHA 투여효과도 높았다. 결국 유전자형에 따라 식사패턴이 달라져야 한다는 나의 가설을 임상시험으로 증명했다. 박사학위를 마치기 전에 심장질환이 있던 아버지가 심장마비로 운명하신 후 영양유전학은 내가 평생 연구해야 할 연구대상으로 결정되었다.

미래의 생활방식, 웰빙과 영양과학

최근 우리 국민은 황우석 교수의 줄기세포가 실용화되는 데 그리 많은 시간이 소요되지 않기를 희망하고 있다. 다양한 분야의 과학자들 수백 명이 하나의 목표로 매진한 덕분에 이룬 결과이지만, 이렇게 빨리 진행되는 것에 과학자들조차 놀라움을 금치 못하고 있다. 현대병이라고 알려진 비만, 고혈압, 알츠하이머, 알코올 중독, 당뇨병, 심혈관 질환 같은 질병에 의한 사망률이 증가하고 있는 이 시기에 줄기세포의 연구 성과로 혜택을 받을 사람은 무궁무진하다고 생각된다.

줄기세포가 질병 발생 후의 치료방법으로 이용되는 것이라면, 영양유전학은 자신에게 맞는 식습관 및 건강관리를 통해서도 충분히 병을 예방할 수 있다는 영양과학적 측면의 치료방법이다. 특히 미래의 생활방식으로 주목받는 웰빙(참살이)은 정신적 혹은 육체적으로 지나친 경쟁을 피하고, 인간의 본연을 찾아 가능한 자연스럽게 살아가는 것이다. 웰빙의 방법으로 어떤 형태를 취하든 간에 그것은 인간의 기본적 자세이지 원시적 형태로 살자는 것은 아니다. 바른 먹을거리에 관한 개념은 개인적으로는 무엇을, 어떻게, 골고루 먹을 수 있는가 등을 생각하고, 집단적으로는 함께 더불어 사는 오염되지 않은 지구촌을 모색하는 것이다.

즉, 유전자형에 따라 미래에 발생할지 모르는 질병을 여측하고, 평소 이를 의식한 적절한 식사습관을 유지한다면 충분히 질병을 차단할 수 있는 예방적 접근방법이 된다. 예를 들면 비만을 유도하는 관련 후보 유전자(candidate gene)는 약 200개 정도지만 직접적 연관성이 있을 것으로 보이는 것은 그리 많지 않다. 특히 PPAR(퍼록시좀 증식인자 수용체)는 비타민 D 수용체와 유사한 DNA를 가지고 있으며 지방세포의 분화에 기여한다. 서구인에게 많이 분포된 변이형은 흑인 및 동양인에게는 소수 존재하지만 변이형을 소지하면 여지없이 지방세포를 분화시켜 비만에 이르거 한다. 비타민 D와의 미스터리는 풀리지 않고 있지만 식생활에 주의하지 않으면 서구인이 동양인보다 비만에 노출될 위험부담이 두세 배 이상 크다는 것은 분명한 사실이다. 따라서 영양유전학 영역의 연구는 아마도 인간이 꿈꾸는 '건강과학의 꽃'이라 해도 과언이 아닐 것이다.

아직도 가지고 있는 나의 꿈

지금도 내가 가장 존경하는 인물은 슈바이처 박사이다. 의사로서 환자의 치료에 매진하기도 했지만 지구촌에서 소외받은 인간을 위하여 일생을 다 바쳤고, 또 그의 삶 자체가 과학자가 흔히 느끼는 실험실과 현실 간의 괴리를 해소하는 데 모델이 되었기 때문이다. 시간이 날 때면 실험실에서 여성과학도가 되는 꿈을 가지고 열심히 일하는 아끼는 제자들에게 나의 경험담을 들려준다. 유학시 지도교수와 실험적 가설에 대한 논쟁을 하기 위해 밤새워 실험했던 것이 동양인에 대한 선입견과 맞서는 것보다는 쉬었다고. 1982년 석사 논문을 위한 동물실험의 식이조성을 위하여 재료를 수입할 때는 당시 기아로 죽어가는 에티오피아 국민들을 생각하며 힘겨웠던 얘기도 빠뜨리지 않는다. 언젠가 공부를 마친 도전적인 제자들과 함께 지구촌의 영양결핍 지역에서 영양학자로서 봉사와 기여를 하는 기회를 갖는 것이 남아 있는 나의 꿈이다. 오늘도 '닮고 싶은 여성과학도'의 모델이 되도록 도전할 때 나의 '꿈은 이루어진다'고 믿는다.

이상선

한양대학교 생활과학대학 학장

이화여자대학교 가정대학 식품영양학과를 졸업하고 미국 로드아일랜드 주립대학교에서 영양학 전공으로 석사를 받았으며, 미네소타 주립대학에서 영양학 전공으로 박사학위를 취득했다. 미국 에모리대학교 생화학과에서 연구원을 역임했고, 1984년부터 현재까지 한양대학교 식품영양학과 교수로 재직중이다. 현재 한양대학교 생활과학대학의 학장이며, 전국 생활과학대학장 협의회 회장을 맡고 있다. 한국영양학회에서는 차기회장으로 영양학의 발전을 위하여 노력하고 있다. 국내외 전문학술지에 100여 편의 연구논문을 발표했다.

자기가 무엇을 가장 좋아하는지를 찾아라

나는 현재 한양대학교 식품영양학과에서 학생들을 가르치며 연구활동을 하는 교수이다. 학생들은 전공을 선택할 때 어느 분야를 공부할 것인지 많은 생각을 한다. 나 또한 고등학교 때 많은 고민을 했고 인문계보다는 자연계 과목의 성적이 더 좋았기 때문에 이과계열을 택했다. 의과대학이나 약학대학에 들어가면 나중에 의사나 약사가 되어야 할 것 같아 부담스러웠고, 당시 새로 생긴 전공으로서 생활하는 데 도움이 될 수 있는 실용적인 학문이라고 생각해 식품영양학과를 선택했다.

대학에 입학할 때에는 졸업 후에 무슨 직업을 가질 것인지 별로 생각해보지 않았다. 하지만 나중에 영양사 면허증, 가정 교과목 담당 중등교사 자격증 등을 받을 수 있다는 것을 알게 되었다. 식품영양학을 공부하면서 무심히 먹던 음식물 하나하나가 우리 몸에서 어떻게 이용되고 무슨 기능을 하는지를 알게 되어 너무나 경이롭고 흥미진진했다. 나는 이 분야를 전공한 것이 내 인생의 탁월한 선택이었다고 자부한다.

내가 대학을 졸업할 당시(1970년대 초) 미국에서는 보건의료 직종의 전문인들을 보충하기 위하여 외국인들에게 미국 영주권을 주고 있었는데, 거기에는 의사, 치과의사, 약사, 간호사, 영양사들이 포함되어 있었다. 한국 영양사 면허증을 가지고 영주권을 받아 미국에 갔지만 영양사로 근무하기에는 영어뿐만 아니라 미국 식생활 등에 너무 서툴고 아는 것 또한 부족해 대학원 석사과정을 시작할 수밖에 없었다. 석사과정을 마친 후 취직을 하여 사회생활을 시작해볼까 생각했지만 학교를 떠난다는 것이 너무나 아쉽고 한편 사회로 나가는 것도 불안해 박사과정에 들어갔다.

석사과정 동안에는 TA(teaching assistant: 학부생 실험과목의 실습조교)를 하면서, 그리고 박사과정 중에는 RA(research assistant: 연구과제의 실험을 수행하는 연구조교)를 하면서 학비를 면제받고 생활비 보조를 받았기 때문에 경제적 어려움은 크게 없었다. 박사학위를 취득하자 이제는 더 이상 학생으로의 신분을 누릴 수 없다는 것이 가장 섭섭했고, 박사라는 호칭에 대한 책임감도 너무나 무겁게 느껴졌다.

미국에서 연구원으로 근무하던 중 한양대학교로부터 교수 초빙 제안을 받고 한국으로 돌아왔다. 학교에서 공부할 때가 가장 즐겁고 행복했기 때문에 학교를 떠날 수 없었던 것이 결국 교수라는 직업을 선택하게 한 것 같다. 학생들을 가르치는 입장에서 공부하는 것이 즐겁다고 하는 학생을 만나면 더 없이 행복감을 느낀다.

사람은 누구나 자기가 좋아하는 것을 할 때 가장 효율이 높다고 생각한다. 아무리 힘든 일이라도 좋아서 할 때에는 힘든 줄을 모른다. 당연히 억지로 하는 사람보다 좋아서 하는 사람이 일을 훨씬 더 잘할 수 있다. 그러므로 자기가 좋아하는 것이 무엇인지, 자기가 가장 잘 하는 것이 무엇인지를 찾아보면 무슨 전공을 택할 것인지, 평생 무슨 직업을 가지고 살아갈 것인지를 찾을 수 있으리라고 생각된다.

식품영양이라는 학문은 식품학과 영양학으로 나누어서 생각해볼 수 있다. 식품학에서는 식품재료의 물리적·화학적 특성을 공부하고, 가공과 저장조리과정 중에 일어나는 변화를 살펴보며, 식품위생과 독성에 대한 것을 연구한다. 그리고 영양학에서는 식품 속에 들어 있는 영양소의 신체 내 대사과정과 생리적 기능을 공부하고, 영양과 관련 있는 질병의 예방과 관리에 대해 연구한다. 그러므로 식품영양학자들에 의해 우리의 식생활에 활력을 불어넣을 수 있는 새로운 식품들이 개발되고, 질병예방뿐만 아니라 건강증진을 도모하여 건강한 삶을 영위할 수 있는 것이다.

식품영양학과를 졸업하면 영양사 면허증뿐만 아니라 영양교사 및 가정교사 자격증, 식품제조기사, 위생사, 조리사 등 여러 자격증을 취득할 수 있다. 또한 식품관련 회사에서 식품개발, 식품유통, 식품마케팅뿐만 아니라 소비자 영양상담 등을 할 수 있고, 영양교사, 가정교사, 사업체 영양사, 병원 및 보건소 영양사 등으로도 일할 수 있다. 그리고 건강관련 잡지, 신문, 방송사 등의 전문기자, 인터넷을 통한 식생활 상담사, 식품위생 및 보건행정 공무원, 대학원 진학을 통해 식품영양 관련 연구소의 연구원, 대학의 교수 등 전문인으로 활동할 수 있다.

이승주

이화여자대학교 의과대학 교수

이화여자대학교 의과대학을 졸업하고 서울대학교에서 의학석사학위, 이화여자대학교에서 의학박사학위를 취득했다. 국립의료원에서 인턴과 소아과 레지던트를 수료한 후 1980년에 이화여자대학교 의과대학 전임강사가 되었고 이후 조교수, 부교수를 거쳐 교수가 되었다. 1988년에는 미국 알버트 아인슈타인 의과대학에서, 1998년에는 미네소타 의과대학에서 소아신장학을 연수했다. 현재 소아신장학회 부회장, 한국여자의사회 학술부장, 한국여성과학기술단체총연합회 재정부장을 맡고 있다. 국내의에 100여 편의 논문을 발표했고 저서로는 공동집필진으로 참여한 교과서 《소아과학》과 《임상신장학》 외에 《육아클리닉》《영유아영양》 등이 있다.

조화로운 삶 감사하는 삶

의학을 전공하게 된 동기

나는 한국전쟁 직전 어려운 시절에 유교적 전통이 뿌리박힌 집안의 둘째딸로 태어났다. 남자가 귀한 집에 양자로 온 아버지는 당연히 아들을 기대했으나 첫아들 이후 연이어 딸이 태어나자 승주(承珠)라는 호적상 이름 외에 남자 동생을 이으라는 뜻의 승남(承男)이라는 아명도 지었다. 학교에 입학하기 전까지 내내 승남으로 불렸지만 고대하던 아들 대신 딸만 세 명이나 태어났고 결국 딸부잣집이 되어버렸다.

딸부잣집이라는 오명을 씻기 위하여 딸도 아들 못지않게 교육시키겠다는 어머니의 집념은 유교적 사고가 뿌리박힌 아버지와 많은 충돌을 야기했다. 그러나 어머니는 딸에게도 아들과 똑같은 지원을 했다. 딸들의 교육에도 최선을 다했던 어머니는 비교적 과학 성적이 우수했던 나에게 "사주팔자(호랑이띠면 여자의 팔자가 세다고 했다)가 센 너는 남자에게 의존하는 평범한 삶보다는 인생을 스스로 개척할 수 있는 의사가 되었으면 좋겠다"고 권했다.

나 자신도 생산적인 자기 일이 필요하다는 생각을 가지고 있던 터라 의사나 과학자가 되겠다는 꿈을 갖고 여고시절을 지냈다. 집안의 유일한 의사였던 친척 언니로부터 여의사로서의 길이 험난하긴 하여도 매우 보람된 직업이란 것을 알게 되었고, 여성에 대한 차별이 비교적 적은 직업이라는 충고에 기대감을 갖게 되었다.

이화여고 3학년 때 진로를 결정하여야 할 즈음 미국에서 영양학박사를 취득하고 갓 귀국하여 이화여대 교수가 된 선배 영양학자가 영양학에 대한 매력적인 소개를 했다. 그때 잠시 식품영양학과로 진학할까하는 갈등도 있었지만 결국 의예과로 진학했다. 딸부잣집에서 아들도 아닌 딸에게 의과대학 6년을 투자하는 것은 너무 긴 기간이라고 약간의 반대의사를 표명했던 아버지도 수석입학의 행운이 있은 이후에는 매우 자랑스러워했고 적극적으로 지원해주었다. 여든일곱의 연세로 타계하시기 전까지 아버지는 병원에 입원할때마다 '내가 딸 덕을 많이 본다' 라며 흐뭇해했다.

의과대학 시절

이화여자대학교 의과대학 의예과에 입학한 이후 선배들이 끊임없이 들려주던 충고는, 본과에 진입하면 거의 지옥이므로 예과 2년을 즐겁고 보람차게 보내야 한다는 것이었다. 그래서 학생회 활동, 의료봉사동아리, 채집여행, 답사여행 및 각종 취미생활 등으로 바쁘고 즐겁게 보냈다. '이런 것이 대학생활의 즐거움인가?' 흡족해 하면서 화려한 예과시절을 만끽했다.

본과에 진학한 이후 예상대로 해부학이라는 무시무시한 과목에 직면하게되었고, 낮인지 밤인지, 봄인지 가을인지 계절의 변화를 느낄 겨를도 없이오로지 연속적으로 다가오는 시험과 쏟아지는 잠과 싸워야만 했다. 해부학실습을 시작하면서 인체해부라는 심적 갈등을 극복하지 못하고 낙오된 친구,

잠시만 방심하여도 곧바로 추락하는 성적 때문에 어쩔 수 없이 낙오된 친구 등과 헤어져야 하는 아픔도 있었다.

하지만 교실에서. 실험실에서, 도서실에서 그리고 병실에서 동고동락하면서 거의 모든 입학 동기 친구들과 정이 들었다. 몇몇 친구들은 황금 같은 방학을 내내 재시험 속에서 허덕이면서 보냈고, 4년간의 고생이 허무하게 끝날지도 모른다는 불안감으로 늘 초조해했다. 마침내 의사국가고시를 무사히 치르고 입학 동기의 3분의 2만이 졸업의 기쁨을 함께 맞이할 수 있었다. 그리고 '전쟁이 나면 가장 먼저 챙겨서 도망가야 한다' 는 의사면허증을 받아들고 히포크라테스 선서를 하면서 자축했다.

인턴, 소아과 레지던트 시절, 그리고 학위 취득

의사로서의 진로를 결정하여야 할 기로에서 각자의 적성에 맞는 길을 선택하는 것은 매우 중요하다. 과학자의 길인 기초의학에 대한 매력도 있었지만 나는 아픈 사람과 함께 할 수 있는 임상의학을 선택했다. 임상의학의 시작인 인턴을 '어느 병원에서 시작할 것인가' 는 또 다른 중요한 기로였고 나는 잠시 학교를 벗어나 보기로 결정했다. 1970년대만 하여도 스칸디나비안 의료진들에 의하여 앞서가던 국립의료원을 선택했고 낯선 병원에서 인턴을 시작하게 되었다. 여자대학을 졸업한 나는 여러 대학 출신의 남자 인턴들과 섞여 일하면서 학창시절과는 또 다른 새로운 분위기를 경험할 수 있었다.

인턴생활은 어렵고 고달팠다. 거의 매일 원수 같은 잠과 씨름하면서 날밤을 새야 했다. 어쩌다 새벽이 되기 훨씬 전에 숙소에 내려오면 야식으로 나누어준 라면과 계란으로 허기를 달랬고, 잠시 눈을 부칠 수 있다는 작은 현실에 행복해하던 시절이었다. 새내기 의사로서 위험한 순간순간을 어떻게 극복했는지, 선배의사로부터 어떻게 의료 기술을 습득했는지 등의 무용담뿐 아니라 크고 작은 실수로 얼마만큼 혼쭐이 났는지, 모욕적인 질책을 어떻게 버티었는지 등의 슬프고 괴로웠던 일들을 서르서로 위로하면서 기나긴 1년을 흘려보냈다. 그리고 '코끼리를 냉장고에 넣는 방법은 인턴에게 물어보라'는 유머처럼 도저히 불가능한 일도 어떻게 해서든 반드시 해내야만 했던 온전한 인턴이 되어 있었다.

레지던트를 시작하기 위한 임상과의 선택은 의사로서 가장 중요한 갈림길이다. 많은 임상과(내과계열, 외과계열, 지원계열, 예방의학) 중에서, 그리고 많은 경쟁 속에서 적성에 꼭 맞는 과를 선택하는 것이 그리 쉬운 일은 아니었다. 아기들이 예쁘고 우는 모습이 밉지 않았고 여성과 모성의 부드러운 손길이 필요한 과로 생각되어 소아과를 희망했다. 레지던트 시험에서 제1지망이던 소아과에 무난히 합격되어 기뻤다. 소아과 레지던트로서의 수련기간은 또 다른 험난한 길이었지만 비교적 내 적성과 많이 일치한다는 긍정적인 생각을 하면서 어려움을 극복했다. 그리고 내 선택에 대한 확신과 자부심으로 레지던트 4년을 무사히 마칠 수 있었다. 레지던트 기간 동안 서울대학교 대학원에서 의학석사학위를 취득할 수 있었고 서른을 훌쩍 넘긴 나이에 전문의 시험을 거쳐 소아과 전문의가 되었다. 모교로 돌아와 전임강사가 되었고 마지막 시험을 거쳐 생화학교실에서 박사학위를 취득했다.

결혼생활과 직장생활의 조화

가장 힘들었던 레지던트 1년차를 구사히 끝내고 2년차 초에 인턴동기인 남편과 결혼하게 되었다. 인턴시절 순환짝이었던 남편과는, 한 명의 인턴이 배정된 과에서는 헤어졌다가 두 명이나 네 명의 인턴이 배정된 과에서는 다시 만나면서 미운 정 고운 정이 들었다. 인턴기간 동안 남편은 A형 간염, 나는 맹장수술로 입원했고 그 때문에 서로에게 짐이 될 수밖에 없었다. 인턴은 한정된 인원이므로 한 사람이 입원하면 순환짝인 다른 사람이 두 사람 몫을 할 수밖에 없었다. 상대에게 준 피해를 보상하는 과정에서 미안하고 고마워하면서 서로에 대한 이해의 폭이 넓어졌고 결혼까지 이르게 되었다.

결혼 후에는 임신, 출산, 육아 및 가정사 등이 대부분 여성의 몫인 우리나라 현실에서 '어떻게 직장과 가정을 조화롭게 양립하여 성공한 직업여성으로 살아남을 수 있을까' 라는 질문을 반복하면서 부단히 노력했다. 소아과 전문의를 취득한 이듬해에 모교(이화의대)로 돌아올 수 있는 기회가 주어졌고 선생이 되겠다는 학생 때 꿈이 비교적 순조롭게 이루어졌다. 지난 25년간 모교의 소아과학교실 교수로서의 생활이 제자들로부터 참스승이라는 평가를 받을 수 있을지는 확신할 수 없지만 나름대로는 최선을 다했다고 자부하며 스스로 위로하고 싶다.

직장 때문에 상당 부분 소홀해질 수밖에 없었던 지난 30년간의 결혼생활은 어떠했을까? 한 가정의 주부, 아내, 엄마로서의 역할이 분명히 부족했을 텐데 나의 빈자리를 채워준 가족 모두에게 감사한다. 부족한 엄마의 손길을 일찌감치 터득하고 각자의 일을 스스로 처리하면서 의학자와 과학자로 성장한 큰아들과 작은딸에게 감사한다. 비교적 조화롭게 가정과 직장을 꾸려나간 역동적이고 성실한 삶이었다는 긍정적인 평가를 제자와 가족 모두로부터 받고 싶은 욕심이 있다.

이화의대 교수 시절

소아과 전문의가 된 다음해에 이화의대 전임강사로 발령을 받았고 이후 조교수, 부교수, 교수가 되면서 25년간의 장기근속 교원이 되었다. 처음 모교로 돌아오면서는 누군가를 가르칠 수 있는 자리에 서게 된 사실이 즐거웠고, 아픈 어린이에게 도움을 줄 수 있는 힘이 생겼으며 지속적으로 연구할 수 있는 터전이 생겼다는 사실이 흐뭇했다. 후배와 제자에게 적어도 수준급의 선배와 선생으로 기억되기를 원했고, 학회활동도 활발하다는 평가를 듣고 싶었다. 주로 남자 의사에 의하여 지배되고 있던 의사사회에서 여자대학 출신, 여성이기 때문에 무시당하고 불이익을 받아서는 안 된다는 생각이 뿌리박혀 있었고 뒤처지지 않으려는 욕심이 늘 마을 한구석에 있었기 때문에 최선을 다해 늘 바쁘게 살았다. 잠시 동안의 여유를 즐기는 것조차 별로 익숙하지 못했고 스스로 고달픈 인생이라고 치부하면서 바쁜 생활에 익숙해져버렸다.

목동병원이 개원하자 소아과학교실 즈임교수, 목동병원 교육연구부장, 소아과과장으로서 새로 시작한 병원의 자리매김에 정열을 쏟았다. 연구활동에도 최선을 다해 매년 적어도 서너 편의 연구결과를 국내외 학회에서 발표했고, 지난 25년간 수십 편의 논문을 국내기간학회지에 게재했으며, 최근에는 국제학회지에도 다섯 편의 논문을 게재했다. 학회활동에도 적극적으로 참여하여 대한소아과학회에서는 상임이사, 영양이사, 고시위원으로 활동했고, 대한소아신장학회에서는 간행이사와 감사를 역임했으며 현재 부회장이다. 아시아소아신장학회를 유치했을 때 간행위원장으로 활동하여 국제학회를 성공적으로 치렀고, 매년 열리는 한일 소아신장학회에도 적극적으로 참여하여 발표하고 있다. 의사국가시험원에서 몇 명 안 되는 여성의 몫을 지켜왔고, 한국여자의사회에서 학술부장. 여과총에서는 재정부장으로 활동중이다.

맺음말

나이 쉰을 훌쩍 넘어 환갑을 향해 달려가고 있는 중간 시점이지만 아직 내가 할 수 있는 일이 있고 나를 필요로 하는 곳이 많다는 것은 즐거운 일이다. 비록 세계적인 의학자가 되지는 못했지만 나름대로 중요한 역할을 할 수 있었다는 것에 만족한다. 여교수로서, 여의사로서 한평생 바쁘게 살아온 지난날과 또 앞으로도 바쁘게 살 수 있다는 사실에 감사한다.

최근 의과대학이나 자연계열대학의 여학생수가 급격히 증가함에도 불구하고 아직은 여성과학자의 입지가 넓지 못한 점이 못내 서운하다. 그러나 30년 전 우리가 시작할 때와 비교하면 여성에 대한 편견이 많이 없어졌다. 뿐만 아니라 이미 세계로 발돋움하고 있는 많은 선배 여성과학자들이 있기에 과학이나 의학을 시작하그자 하는 후배들의 앞날에는 훨씬 많은 기회가 주어지고 밝은 미래가 펼쳐질 것이다. 앞으로 똑똑하고 자신감 넘치는 젊은 여성들에게 많은 기대를 걸어본다.

이연희

서울여자대학교 생명공학부 교수

서울대학교 미생물과를 졸업하고 동대학원에서 미생물 생리 전공으로 석사를 받았으며, 미국 UCLA 화학·생화학과에서 박사학위를 취득했다. UCLA 생화학과에서 박사후연구원을 마치고 1990년부터 서울여자대학교 생물학과에 재직중이다. 1999년에 항생제내성균주은행을 설립해 국가지정연구소재은행으로 지정받아 운영하고 있으며, 2005년부터는 미생물 관련 9개 은행의 거점은행장으로 일하고 있다. 신기능 유산균을 개발하여 기능성 요구르트 시장을 개척한 공로로 2004년도에 산업자원부에서 근정포장을 수상했으며, 2005년에는 로레알-유네스코 여성생명과학진흥상 본상을 수상했다. 여성과학자들의 육성과 권익을 위해 여성생명과학기술포럼과 한국여성과학기술단체총연합회 설립부터 운영위원과 이사로 활발히 참여하고 있다.

엄마 과학자

현재의 일에 입문하게 된 계기

중학교 1학년 때부터 고등학교 2학년까지 나는 미대 지망생이었다. 그러나 대부분의 어른들이 자연계열을 전공한 집안의 분위기 때문에 대학진학을 앞두고 방향을 바꾸었다. 친정아버지, 외사촌 오빠, 사촌 오빠 모두 화공전공, 어머니는 약학전공, 남동생까지 모두 화학전공인 집안에서 당연히 자연계 공부를 해야 하는 줄 알았던 것 같다. 미생물을 전공으로 정하게 된 결정적인 이유는 유학중에 본 미생물 전공 여성과학자가 멋있게 보이더라고 자주 말하시던 아버지의 권유 덕분이었다.

곰팡이의 아미노산 운반체 연구로 미국 UCLA에서 박사학위를 받은 후 한국에 돌아와서는 곰팡이 연구자들이 많지 않아 연구비 받는 것도 어려웠고 같이 일할 사람도 적어 고생을 많이 했다. 그러던 중 당시 KIST에서 항생제를 합성하던 지대윤 박사님(현재 인하대학 교수)과 한국화학연구소의 김완주 박사님(현재 시트리 사장)으로부터 항생제를 받게 되어 항생제 내성 연구를 시작하게 되었다. 항생제 실험을 하면서 세균을 모아 실험하는 것이 비전공자들에게는 매우 어려운 일이라는 것을 알게 되었고, 합성하는 사람과 세균 관련자의 가교 역할을 위해 1999년 지금의 국가지정연구소재은행인 항생제 내성균주은행을 설립했다.

항생제 내성을 해결할 수 있는 대체품 연구를 하던 중 유산균 연구를 시작했는데 헬리코박터 파이로리를 죽이는 동시에 위벽세포에 부착하는 것을 억제하는 유산균을 개발하여 상업화에도 성공했다. 유산균 개발과 항생제내성균주은행을 운영하면서 얻은 각종 지식은 산업자원부 기술표준원의 도움으로 KS 규격으로까지 제정되었고, 이 과정에서 국제표준기구인 ISO에 한국대표로 참석하게 되었다.

당시에도 느끼고 있었지만 지금의 일을 하기까지는 너무도 많은 분들의 도움이 있었다. 그 덕분에 제대로 된 방향을 설정하고 닥치는 어려움을 극복할 수 있었다.

그동안 어려웠던 일

유학생활을 마치고 1990년에 서울여자대학교에 왔을 때 연구비 액수는 500만원이 안 될 정도로 적었고, 그나마 신청할 곳도 학술진흥재단밖에 없어서 당시의 모든 연구자들과 마찬가지로 많은 어려움을 겪었다. 모교에 가서 말라붙어버린 페트리디시와 플라스틱 피펫을 자동차 트렁크에 넣어 와서 학생들이랑 며칠씩 씻고 삶아 쓰던 일이 생각난다.

지금의 연구환경과 비교하면 너무나 다른 상황이었다. 젊은 세대에게는 아마 한국전쟁 시대만큼이나 이해가 어려운 일일 것이다. 그때는 멸균기도 없어서 집에서 풍년압력밥솥을 가져다 멸균을 했다. 외국논문을 구하기 위해 모교와 다른 학교 도서관 등을 헤맸고, 참고문헌 몇 개 찾는 데 심지어 한 달 이상 걸릴 때도 있었다.

겨울에는 사무실과 실험실에서 사용할 석유난로의 석유를 받기 위해 학교 본부에 공문을 보내야 했고, 국제 전화나 팩스를 사용하려면 본관까지 가야만 했다. 15년 전과 비교하면 지금의 연구 여건은 선진국 수준이다. 물론 선진국 시설은 그동안 또다시 눈부시게 발전했겠지만. 시그마 시약 한 병을 구입하려면 그때마다 학교에서 서류를 준비하고 며칠에 걸려 김포공항까지 가서 세관 통과된 시약을 받아야 했다. 그때를 생각하면 지금의 형편이 고마울 따름이다.

최근에 겪은 어려움은 특수연구소재은행 협의회 회장으로서 소속된 사업이 교육부로 이관되려 하는 것을 막아야 했던 일이다. 수많은 분들의 도움으로 과기부에 남게 되어 더욱 발전하게 된 것은 참으로 다행스럽다. 각 해당 부처로 위원회 별로 쫓아다니느라 어려움은 많았지만 올바른 생각을 가지고 적극적으로 일한다면 모든 분들이 도와주시고 좋은 결과를 얻게 된다는 것을 다시 한번 확인하게 된 좋은 경험이었다.

과학기술 분야에서 좋아하는 점

예상한 결과가 그대로 나올 때의 기쁨은 그 무엇과도 바꿀 수 없는 것이다. 몇 달씩 해결되지 않던 일이 어느 날 결과로 눈앞에 나타났을 때는 자신에 대한 믿음이 더욱 굳건해졌다. 해결하기 위한 논리와 방법이 맞으면 항상 원하는 결과를 얻을 수 있다는 것이 인생을 살아가면서 경험하는 것과 마찬가지인 것도 좋은 점이다. 특히 그 결과물이 다른 사람들에게 도움을 줄 수 있다는 것도 과학기술의 가장 매력적인 부분으로 생각된다.

과학기술 분야를 염두에 둔 학생들에게 주는 조언

좋아하는 전공을 깊이 있게 파고드는 것도 중요하지만 그에 못지않게 다른 분야도 공부하는 것이 창조적인 생각에 도움이 된다. 즉 미생물을 전공하더라도 화학과 물리, 그리고 실제 사람들이 원하는 것이 무엇인지를 파악할 수 있는 심리학까지도 안다면 훨씬 폭넓은 생각을 할 수 있을 것이다. 나의 경우는 특히 철학과 천체물리를 공부했더라면 생명현상을 더 잘 이해했으리라 생각한다. 아주 넓은 것은 아주 적은 것과 같은 원리로 움직인다고 생각하기 때문이다.

과학자로나 과학행정가로서 중요한 것 중 하나는 남을 잘 이해하고 또한 나를 남에게 잘 이해시키는 것이다. 이를 위해서는 국어를 정확하게 사용하고 글을 잘 쓸 줄 아는 것이 중요하고, 또한 국제어인 영어도 중요하다. 특히 빠르고 정확하게 영어를 읽는 능력은 인터넷 등을 통해 들어오는 많은 정보를 빠른 시간 안에 이해하고 받아들일 수 있어 많은 도움이 될 것이다.

맺음말

과학자가 많은 집안에서 태어나 어려서부터 좋은 교육을 받을 수 있었고, 다른 생각 없이 한길만 걸을 수 있었으며 좋은 선배님들이 항상 도와주는 좋은 환경을 가진 것에 감사하고 있다. 또한 같은 길을 걸으면서 외조를 아끼지 않는 남편과 잘 자라주고 있는 세 아이들 모두 '삶이란 역시 살아볼 만하다'라는 것을 느끼게 해준다. 두 살 된 첫째를 데리고 가서 시작한 유학 생활이었고, 박사학위를 준비하며 둘째를 낳고는 남편과 함께 두 애 기르느라 실험하느라 정신없이 힘들게 살았던 시절이 있었다.

하지만 다시 생각해보면 역시 허볼 만한 일이었다. 그래서 후배들에게도 공부를 위해 가정을 포기하거나 그 반대로 하지 말고 힘들지만 같이 해보라고 권한다. 어려움은 극복하고 나면 항상 즐거움으로 바뀐다. 그리고 시간은 나누어 쓸수록 자꾸 생긴다. 무엇보다도 덕은 항상 돌아온다는 것을 후배들이 잊지 않기를 바란다.

이영근

수원여자대학교 식품과학부 교수

숙명여자대학교 식품영양학과를 졸업하고 서울보건대학원에서 보건영양학 전공으로 석사를, 숙명여자대학교에서 식품영양학을 전공하여 이학박사학위를 취득했다. 동남보건대학을 거쳐 수원여자대학교에서 교수로 재직하고 있으며, 미국 워싱턴 주립대학교 교환교수로 다녀와 수원여자대학교 평생교육원장을 거쳐 현재는 학장으로 재직중이다. 〈나트륨 섭취수준이 정상 성인여성의 혈압과 혈액성상에 미치는 영향〉 외 40여 편의 논문과 보고서를 냈으며, 《영양과 식생활》을 비롯한 20여 권의 저서가 있다.

생각이 물질이다

여성과학기술인들이 걸어온 길, 삶과 꿈, 성공과 업적을 통하여 차세대 이공
과학기술계에 진입할 여성에게 역할모델을 제공하고자 하는 원고의뢰를 받
고 적잖이 고민을 했다. 다른 여성과학자들만큼 모범이 될 만한 성공이랄까
업적으로 별로 내세울 만한 것이 없었기 때문이다.

나는 전주 이(李)씨 종갓집 맏손녀로 태어났다. 전주이씨 100여 가구가 모
여 사는 전형적인 농촌에서 일찌감치 중국에서 유교, 성리학 등을 공부하여
인근에서는 이학자로 불리던 엄격한 할아버지 밑에서 유별나게 기다리던 아
들 대신 태어난 반갑지 않은 딸이었다. 초등학교에 들어가기 전까지는 할아
버지의 무언의 지시로 상고머리를 하고 치마와 저고리 대신 바지와 조끼를
입어야만 했다. 할아버지는 겉모습이라도 남아이기를 원하셨던 것이다. 그
러나 어머니는 '여자는 모름지기 여자의 옷을 입어야 한다' 는 생각으로 지극
히 현모양처 같은 여성이기를 바라셨다. 작지만 똑똑하다는 평을 받던 내가
반장으로 뽑히면 어머니는 학교 담임선생님을 찾아가 기어이 반장자리를 물

리도록 설득하시곤 했다.

네 살 때부터 어머니를 따라다니며 한글을 배운 나는 동네 어른들 일자리며 품앗이 하는 장소에 불려가 뜻도 모른 채 고전소설이며 이야기책을 읽어 드리고 셈도 해드리고 하여 귀여움과 칭찬을 받곤 했다. 이렇게 종갓집 첫아들을 기대하던 할아버지와 일찍 아버지가 돌아가셔서 홀로 된 종갓집 맏며느리로서 품위를 잃지 않고 어르신들에 대한 순종과 겸손만을 미덕으로 알았던 어머님 사이에서 나는 자랐다. 어머니는 교육열이 대단하셔서 동생과 나뿐만 아니라 한창 공부를 해야 하는 일가친척들도 우리 집에 오면 누구든 무조건 책을 들고 있어야만 했다. 공부를 못하면 직접 가르치시고 시험을 치르게 하셨다. 아이들은 그것이 싫어서 우리 집에 오는 것을 꺼렸으나 어른들은 좋아했다.

어린 시절부터 가문과 체통을 중요시하는 할아버지에게는 손녀로서보다 손자 같은 종갓집 맏이 노릇을, 홀로 된 어머니에게는 아버지와 큰아들 같은 의젓한 맏이 노릇을, 여동생한테는 언니로서 훌륭한 모범생이 되어야 했으므로 애어른으로 강요당한 면이 없지 않았다. 그러나 지나고 보니 그러한 가정 분위기는 전형적인 우리 한국인의 뿌리였다. 시대가 바뀌어도 근본으로 향한 정신은 필요하며 그러한 환경에서의 성장이 나는 자랑스럽다. 또한 이 세상 어느 누구도 자신의 부모님에 대한 느낌은 다 그렇겠지만 지방의 효부상과 장한 어머니상 수상자로 추천을 받으셨을 때도 지당한 일일 뿐이라며 끝내 사양하신 어머니의 어른 섬기시는 지극한 마음과 각별한 교육열, 항상 어려운 약자를 돕고 감싸 안으신 덕스런 숭고한 모습은 분명 이 세상을 다하시고 가시는 무덤에서조차 향기가 날 것으로 믿어진다. 그러한 가정 분위기에서 고등학교까지 보내고 대학은 서울로 오게 되었다. 화학과 수학이 재미

있어 고 1때부터 상급생 언니들 보충수업에 같이 들어가 공부를 했다. 화학 반응의 원인 결과와 뚜렷한 결과의 수학을 재미있어 한 것이 지금의 실험연구와 연결되지 않았나 싶다.

나는 어릴 때부터 지적 호기심이 무척 많았다. 호기심을 해결하기 위해 내 몸에 직접 실험을 해본 적도 있었다. 수업시간에 선생님이 양잿물로 비누를 만드는 과정에서 양잿물에 있는 $NaOH$의 OH기 때문에 때의 지방이 분해되어 세탁이 된다고 했다. 그래서 더러운 지방이 뭉쳐서 나타난 얼굴의 여드름도 빨랫비누를 발라놓으면 삼투압작용으로 살갗속의 지방이 분해되지 않을까 하여 약한 피부의 얼굴에 잔뜩 발랐다. 그때만 해도 세탁비누가 흰색이 아니고 쌀겨로 만든 까만 비누였으니 그 결과가 어떻게 되었겠는가? 얼굴과 머리, 때로는 뱃속에까지 웃지도 못할 어리석은 몇 번의 실험을 하면서 사건을 만들었고, 그 결과가 들어맞으면 스스로 신통해하며 과학자가 될까 아니면 의사가 될까 하면서 재미있어 했다.

하지만 가고 싶던 서울대학 화학과는 낙방했고, 평범한 현모양처가 되라는 어머니의 말씀대로 재수해 숙명여자대학 식품영양학과에 입학했다. 열심히 한 결과 수석졸업을 하게 되었는데 수석졸업자에게는 당시 여성에게는 최고의 직장인 조흥은행 우선 특채라는 혜택이 있었다. 하지만 왠지 은행에서 돈을 세고 있는 모습은 상상하기 싫었고, 대신 하얀 실험복을 입고 실험실에서 연구를 하고 있는 모습만 상상될 뿐이었다. 결국은 모교에 남아 근무하면서 석사를 마치고 결혼을 했다. 결혼 전에 유학길에 올라 마음껏 공부를 하고 싶었으나 경제적 사정도 있고, 또한 무엇보다 여성이 혼자 유학 가면 양공주가 되기 쉽다는 고지식한 어른들의 말에 미련하리만치 순종했던 나였기에 유학은 결혼 후에나 남편과 같이 가리라는 생각으로 꿈을 접을 수밖에 없었다.

그러나 결혼 후 사정이 달라져 사업에 전념하는 남편과의 유학행은 그리 쉽지 않았다. 첫아이를 낳아 기르면서 현모양처가 된 것으로 만족하고 있을 즈음, 학생 시절에 봉사활동 다니기를 좋아했던 나를 잘 아시는 모교 학장님의 추천으로 보건복지부의 별정직 특채르 뽑히게 되었다. 1년 동안 정성을 다해 어려운 부녀자들에게 교육을 시키면서 많은 것을 느꼈다. 평소 원하던 대로 불우한 여성들을 위한 교육기관에서 일하는 것은 보람 있고 즐거웠다. 그러나 오랜 공무원 생활로 타성에 젖을 수도 있다는 갈등이 왔다. 경제적 여건만 된다면 무료봉사를 하고 싶은데 평소 바라던 바와 달리 월급을 받는 공무원으로서의 봉사는 이것도 저것도 아니란 생각이 들었다.

기왕 직장을 가지려면 다시 연구실에서 실험을 하는 것이 좋겠다는 생각이 들었다. 결혼 전에 당시 초창기이던 서울 근교 전문대학에서 교수직 제안이 있었는데 연락을 했더니 바로 오라고 했다. 그곳의 식품영양학과에서 7년 동안 열심히 수업하고 연구하며 즐겁게 적응하다가 현재 있는 대학으로 옮겼다. 뒤늦게 박사학위 과정을 마치고 미국의 FACEP이라는 국제학술발표대회에 나갔다가 우연히 예전에 알던 후배들을 만났다. 국제무대에서 너무나도 당당하게 활동하며 훌륭한 연구를 계속하고 있는 그들을 보면서 너무나 부럽고 나의 지나온 과거를 되돌아보았다.

모든 것을 주어진 환경에 순응하며 도전하지 못하고 그저 안분하며 살아온 것이 후회되었다. 나를 위하여 하고 싶은 일과 할 수 있는 일을 해야겠다는 생각으로 미국 워싱턴 주립대학교에서 교환교수 생활을 하면서 그나마 유학의 꿈도 달랠 수 있었다. 동물학 면역영양학교실에서는 하고 싶던 동물실험도 실컷 해보았다. 바빴던 학교와 집안일 등 모든 것을 내려놓고 하고 싶은 일에 온 힘을 쏟으면서 새로운 곳, 새로운 문화 속에서 많은 인연과 접할 수 있었던 좋은 기간이었다. 크고 작은 여러 가지 일을 겪으면서 무엇이든 항상 꿈꾸던 대로 이루어진다는 것을 증명이나 하듯 묘한 체험도 했다.

돌아와서 즐겁게 해냈던 주요 연구활동은 중소기업청에서 주관하는 산학 컨소시엄, 기술지도 대학사업(TRITAS)과 산 · 관 · 학 컨소시엄으로 몇 가지 프로젝트 수행, 그리고 몇몇 중소기업체의 식품개발 자문역할이었다. 또 하나 빼놓을 수 없는 일은 창업동아리인 '전통식품연구회'를 창립하여 지도교수를 맡고 있는 일이다. 모든 일을 계획하고 그 과정이 하나씩 이루어지는 결과를 보면서 항상 긍정적인 사고방식으로 주어진 일을 끝까지 즐겁게 해나가려고 노력했다. 꾸준히 일관된 생각으로 생활해온 결과인지 2003년에는 '교육인적자원부 장관상'을 수상했다.

내가 전공한 식품영양학에는 연구분야가 많지만 박사학위를 하면서 한 가지 목적한 것이 있었다. 그것은 서로 인정하지 않는 한의학과 영양학의 좋은 점을 접목시키는 일이었다. 사실상 한의학에서는 영양학을 인정하지 않고, 영양학 측면에서는 한의학을 인정하지 않는다. 한의학은 오랜 경험에서 얻은 임상경험을 토대로 환자를 진료하고 치료를 위한 한약을 제조한다. 반면 영양학은 과학적인 수치와 정량화한 결과를 토대로 한다. 따라서 영양학은 한의학의 비과학성을 인정하지 못하고, 반면 한의학은 모든 사람들의 특성은 무시한 채 일률적으로 영양량을 권장하여 과잉이나 결핍을 따지는 것을 이치에 맞지 않는 것으로 간주했다. 그러나 우리나라의 전통적 식생활관은 약이나 음식이 같은 뿌리임을 시사하는 약식동원(藥食同原) 차원에서 식재료와 약재료가 부분적으로는 예방을 하고 치료도 되는 중요한 것으로 본다. 따라서 부정적인 요소보다 서로 인정되는 긍정적인 점을 들어 보완하면서 새로운 접근을 시도해야 한다고 생각했다. 박사학위를 마친 후 이를 위해 한의학,

한약학에 관심을 갖고 독학을 하기도 하고 다른 대학의 평생교육원을 통해 한의학과 약선 공부를 했다.

한약재나 특용작물, 특정식품의 특성이나 건강기능성을 기초한 연구자료로 맛이나 영양성분을 보완하여 국민 건강에 필요한 새로운 식품을 개발하고 싶었다. 계속 이러한 방향으로 주제를 삼았으며 그 가운데서도 전통식품에 초점을 맞추었다. 최근 무분별하게 유입된 서구사상과 행동의 변화로 인하여 대두되는 청년문제가 심각한 사회문제로 꼽히고 있다. 이에 대한 여러 원인 중 특히 식생활 문제가 상당한 비율을 차지하고 있다. 수업시간을 통해 암 발생과 성인병 발생 식품으로 꼽히는 피자, 햄버거, 콜라 등 패스트푸드를 좋아하는 세대들에게 우리의 전통적인 식생활 중 자연식, 친환경식의 일종인 전통식(한식, 슬로푸드)의 우수성을 강조하고 있지만 길들여진 서양식 문화와 패스트푸드에 대한 식습관은 이미 고치기가 어려운 상황이다.

결국 전통식품의 우수성에 관한 새로운 인식과 보급이 불가피한 것이다. 서구화된 식생활의 결과가 성인병, 만성병을 불러일으킨다는 많은 학자와 연구자들의 뒤늦은 결론이 세계적인 관심사가 되고 있는데 이를 증명이나 하듯 몇 년 동안 SARS와 광우병 파동 등으로 전세계가 떠들썩하며 긴장감이 고조되었다. 세계 여러 연구자들의 역학조사는 발생지인 아시아 지역에서 우리나라만 단 한 건도 발생하지 않은 이유가 바로 전통발효식품인 김치와 장류, 특히 된장, 고추장 섭취가 많은 식생활 때문이었다는 결론을 얻어냈다.

일찌감치 이러한 점을 예측한 나는 오래 전부터 건강과 질병치유에 효과가 있는 우리나라 고유의 전통식품에 대한 새로운 인식과 산업화의 필요성이 시급하다고 느꼈다. 그러나 대부분 영세업체인 전통식품계의 업주들은 보수적 사고방식으로 재래식을 고집하고 변화를 싫어하여 산업화가 어려웠다. 하지만 맛, 영양, 건강기능성 물질의 첨가로 전통식품의 품질을 업그레이드시켜 새로운 고부가가치 상품으로 만들어야 할 필요성이 있었다. 결국 전통식품과 관련된 프로젝트를 시행했다.

연구결과 지역특산물 품평회에서 '양잠산물을 이용한 기능성식품 개발'로 계속 장려상과 금상을 수상했고, 중소기업체들과 연결시켜 시제품으로 출시하고 특허를 내기도 했다. 이를 계기로 2004년 5월 특허청 주최, 한국여성발명협회에서 주관한 '제10회 여성발명 우수사례발표회'에서 우수여성 발명인으로 선정되어 '특허청장상'을 수상했다. 이 밖에도 화성시의 지역특산물 개발을 위해 '나문재를 이용한 지역특성화 상품개발'을 연구(2003년 9월~2004년 9월)했다. 그 결과 변비와 장기능 개선, 혈압저하 효과가 탁월한 것으로 인정되어, 이미 2004년 5월에 자문회사에 자문 개발하여 시판에 들어간 발아현미고추장의 이점(利點)에 나문재를 첨가한 발아현미 고추장을 개발했다. 이는 여러 가지 건강기능성의 가치를 부여한 새로운 고부가가치 개발품으로 2004년 11월 특허청 주최, 한국여성발명협회에서 주관한 발명경진대회에서 최고상인 부총리 겸 과학기술부장관상을 수상했다.

전통식품의 부가가치를 향상시킨 일종의 웰빙식품이 산업화 가능성을 확인한 것이라 생각된다. 순수한 재래식 전통식품인 고추장이 첨가재로서 훌륭하다는 것을 충분히 밝혀낸 후 나문재와 발아현미를 첨가한 웰빙식품으로 개발했으니 세계 여러 나라의 면세점을 차지할 수도 있겠다고 생각되고, 또한 하늘을 나는 웰빙 고추장으로 한국의 홍보식품이 될 수도 있겠다는 생각이 들었다.

연구활동에서 또 하나 빼놓을 수 없는 일은 전통식품의 재인식과 보급, 그리고 산업화를 위하여 2000년에 본 대학의 창업동아리인 '전통식품연구회'

를 창립하여 지도교수를 맡고 있는 것이다. 친목도모와 전공심화를 위한 자체토론 등 전통식품에 관한 심화학습을 하면서 여러 가지 동아리 활동 중 창업을 위한 전통식품 아이템 개발에 관심을 가지도록 지도했다. 열심히 아이디어를 창출하여 토론과 제작, 발표 등을 연습하고 전국, 지역, 대학 규모의 각종 향토, 전통문화 경진대회에 출전하도록 지도한 결과 100~300만원의 상금 또는 금상, 은상 등 여러 차례 수상을 하여 학생들이 자신감과 긍정적 사고방식으로 즐거운 대학생활을 하도록 유도할 수 있었다. 그 결과 경기도 중소기업체에서 창업동아리 중 지금까지의 업적을 통해 엄선한 '2004년도 경기도 선도동아리'로 선정되어 상금 500만원을 받기도 했다. 상금의 많고 적음을 떠나 학생들의 창의력 향상과 무엇이든 '하면 된다' 는 자부심과 용기를 크게 격려하는 계기가 되었다. 이러한 연구활동으로 2004년에는 행정자치부 장관으로부터 '2004년도 한국 신지식인(특허인)' 으로 선정되어 인증서를 받았다.

그동안 본 대학에서 3년간 평생교육원 원장을 맡고 있다가 현재는 학장으로 재직하고 있다. 평생교육원에서는 본 대학 학생 외에도 지역사회 또는 전국 규모의 일반인을 대상으로 21세기 지식기반사회와 다양한 사회변화에 대비하기 위한 지식향상, 의식계발과 기술획득을 위한 각종 프로그램(문화, 특별과정, 기술자격증, 학점은행제 등)을 개발하고, 각종 국가기관의 위탁교육(창업스쿨, 초중고 교원 정보화 교육, 여성대학, 노인대학, 케어복지과정 등)을 성공적으로 이끌어 매우 보람을 느꼈다. 항상 나 자신이 모자람을 느끼며 배우고 싶은 것이 있으면 기회가 되는 대로 나이, 체면 따지지 않고 그저 배우기를 좋아하는 나에게 이것은 또 다른 해야 할 일로 느껴졌다. 나는 새로운 것에 대한 지역주민의 욕구를 알아내어 많은 지식인을 동원하여 가르치게 하고, 기왕 배운 것은 반드시 자신의 생활에 응용하고 주변에 나누어주면서 봉사를 하는 것이 맑고 밝은 따뜻한 세상을 만드는 길이 됨을 강조한다. 평생 배움을 놓지 않고 노력하도록 좋은 프로그램을 만들어 운영하는 일도 상당히 중요한 일이라고 생각한다. 그리고 "모르는 사람은 아는 사람한테서 배울 권리가 있고 아는 사람은 모르는 사람한테 가르칠 의무가 있다"라고 강조하며 가르치고 배우기를 권했다. 그렇게 함으로써 강자는 약자를 가르치며 돕고, 약자는 강자로부터 배우며 받드는 훈훈한 세상을 만들어가는 주인이 되지 않겠는가?

이러한 보직자의 역할은 대부분 순수한 여성과학자의 길과는 조금 다르기도 하다. 많은 일반인들의 다양한 끼, 재주를 발견하고 성공할 수 있는 과정으로 안내하면서 나는 평소 기회 있을 때마다 학생들에게 '생각이 물질이다'라는 말을 하며 몸소 실천을 해온 편이다. 그것은 지금까지의 여러 경험을 통해 얻어낸 나름대로의 자신 있는 표현이라고 할 수 있다. 즉 눈에 보이는 모든 것은 건물이거나 업적이거나 성공, 인연, 결과 등 무엇이든 간에 최초의 보이지 않는 개인의 생각에서 비롯된 것이다. 인과의 법칙이라고 말할 수 있는 그것은 애초의 생각을 뿌려(因) 그 결과로 나타난 물질(果)이다. 마음을 바루고 생각을 정리하여 계획대로 매진한다면 조만간의 차이는 있으나 모두가 결과로 나타난다. 뿌리지 않은 생각으로 얻어지는 결과나 물질은 없다. 뿌린 생각에 매번 거름을 주고 칭찬해주고 남과 비교하기보다는 어제의 나와 오늘의 나를 비교하며, 잘한 것에 박수를 치되 자만하지 않고, 조금 잘못된 것에 포기하거나 팽개치지 않고 개선해가며 조금씩 자라남을 바라보면서 긍정적인 평가를 해간다면 계획된 결과가 차츰 나타나기 시작한다. 때로는 생각했던 이상의 결과가 나타나기도 한다. 에디슨의 위대한 업적 중 가장 큰 가치가 있는 전기에 관한 실험은 1000번째에야 성공했다고 한다. 999번이나 실패를 하면서도 어떻게 실망하지 않고 견디어냈느냐는 질문에 그는 "나는 단 한번도 실패라고 생각해본 적이 없다. 999번의 안 되는 중요한 이유를 알아냈기 때문이다"라고 대답을 했다. 얼마나 멋진 대답인가! 어려움 속에서도 성공하는 사람의 긍정적인 결과는 이렇게 위대하게 나타나는 것이다.

끝으로 21세기에는 첫번째, 다변화되는 사회가 요구하는 높은 수준의 전문인, 두번째로는 지적·도덕적으로 성숙한 인격형성, 세번째는 급변하는 시대에 맞춰 평생교육을 받으며 자기계발을 해야 한다고 강조하고 싶다. 전문인으로서의 능력과 열린 세상에서 아는 것과 가진 것을 서로 나누어줄 줄 아는 인격적으로 성숙한 사람이 대우받는 시대이므로 이에 맞춰 끊임없는 노력을 하는 자만이 성공할 수 있다고 생각한다. 그리고 '나'라는 관념보다 '우리'라는 공동체의식으로 자신의 의식차원을 높여 나가는 것 또한 중요하다.

이러한 열린 시대에 창조적인 열린 사고로 항상 지금 처한 그 자리에서 그 일과 그 사람에 최선과 정성을 다한다면 자신이 노력한 만큼의 맑고 밝은 세상, 훈훈한 세상이 열릴 것으로 믿는다.

이영란

(주)뉴랄시스템즈 대표이사

1994년 국내 최초로 뇌기능 평가기관인 신경시스템연구소(Neural Systems Research)를 설립하고 아동과 성인의 뇌기능 평가 및 훈련 도구를 개발, 2000년부터 Neural Systems Co., Ltd.의 대표이사로 재직하고 있다. MARS 1.0, Brain Screen 2000과 2001, Brain Training Series 등 뇌의 기질적 요인으로 인한 기능 변화 분석과 훈련을 위한 소프트웨어 및 프로그램 등을 다수 개발했다.

자신의 뇌기능에 충실한 삶=Blue Ocean

나의 뇌(My Brain)

나는 서울에서 태어났다. 부모님은 아들고· 장자 선호경향이 약간 있으셨으므로 차녀인 나는 말썽만 부리지 않으면 별 관심을 끌지 않는 분위기에서 나름대로 자유롭게 자라났다. 다섯 살 무렵 외삼촌이 《알프스의 소녀 하이디》라는 동화책을 3분의 1 정도 읽어주다 군에 입대한 후, 혼자 책 읽는 흉내를 내다가 동화 전집을 섭렵하며 글을 습득했다. 이러한 경험으로 언어가 뇌에서 처리되는 과정에 관심이 많다. 그러나 언어로 나를 표현하는 데는 소질이 없고, 기호나 암호 등으로 의사소통하는 것을 좋아하여 학창시절에는 물리와 수학을 잘하는 학생이었다.

지금은 그렇지 못하지만 시공간적 지각력과 기억력이 괜찮았던 시절에는 시험장에 들어가기 직전 미처 공부하지 못한 부분을 카메라로 사진 찍듯이 머리에 저장한 후 영상을 떠올리며 시험을 치렀던 진진한 기억도 있다. 어릴 때부터 인형 옷을 다양하게 디자인하여 만들어 입히고, 시간 날 때마다 집을 설계하여 모형을 만들어보고 했으므로, 구성력과 창의력도 그런대로 괜찮았을 것이다. 그런데 중학시절 기껏 해낸 옷만들기 숙제를 제출하지 않았다고 점수를 깎았던 가정선생님과 애써 만든 미술숙제를 사서 냈다면서 최하점을 준 미술선생님을 경험한 후에, 타인의 주관적인 평가에 전적으로 의존하는 분야나 평가기준이 모호한 일에 열심히 노력하는 것은 좀 위험하겠다고 생각을 하고, 예술이나 창작 같은 분야를 더 이상 취미 이상으로는 생각하지 않게 되었다. 나중에 실기점수 삭감의 이유가 새로 부임한 선생님을 질문으로 당황하게 해 건방진 아이로 낙인 찍혀서 같은 동문 선생님들이 단합하여 내 버릇을 고쳐주려고 한 일이었다는 이야기를 듣고는 성적이나 점수를 스스로 조절하고 싶은 마음에 여러모로 성적 조절 실험을 해보기도 했다. 학창시절 IQ 와 성적이 좋은 바람에 공부벌레나 모범생으로 오해를 받았지만, 사실은 제 도권 교육이 지루해서 검정고시나 월반으로 시간을 뛰어넘고 싶었다.

나는 남녀가 절반씩 구성된 반에서 항상 반장을 하며 남성과 여성의 중간 적 정체성을, 반 아이들이 잘못하면 대표로 야단맞고 벌서면서 어른과 아이 의 중간적 정체성을 가지고 성장했다. 그 경험이 그다지 긍정적이지 않았는 지, 누가 대표나 책임지는 일을 맡겠다고 나서면 가능한 한 지지해주고 뒤에 서 편할 궁리를 하는 편이다.

뇌기능 평가(Brain Function Assessment)

사람이 사람을 정확히 평가할 수 있다면 지구상의 불행이 좀 줄어들 거라고 생각한다. 많은 불행이 오해에서 비롯되기도 하니까. 영화 〈마이너리티 리 포트〉에서처럼 생각, 기억 등 사람의 고위 뇌기능을 간단히 시각화(visu-alize)할 수 있다면 이상적일 것이다. 현재는 그보다 원시적이긴 하나 단순한 유형구분이나 수치해석보다는 발전된, 뇌과학의 축적된 지식에 기반을 둔

질적 평가를 동원하여 세분화된 뇌기능을 추론 평가할 수 있다.

뇌기능 평가는 정확한 진단이 요구되는 임상적 장면에서의 활용도 중요하다. 하지만 어쩌다 IQ나 성적 등 제도권의 평가기준에서 두각을 나타내거나 우수한 성적을 받는 바람에 남들의 지나친 기대를 짊어지고 살아가야 하는 이 땅의 영재 아닌 영재, 천재 아닌 천재들을 보다 정확히 분석 변별하여 자신의 뇌기능의 장점을 최대한 살릴 수 있는 행복한 삶을 살도록 도움을 줄 수도 있다.

Neural Systems Co., Ltd.

1980년대 한국에는 인간의 고위 뇌기능에 대한 연구가 거의 없었고 연구자료도 많지 않았다. 내 생각을 주변에 이야기 하면 "사람의 머리를 컴퓨터로 분석하셔야겠네" "그게 무슨 공학도 아니고 의학도 아니고……" "학계의 계보를 벗어나므로 학교에 자리잡을 생각은 하지마" 등의 핀잔을 받았다. 유학하는 동안에도 괜히 첨단 병에 걸렸거나 약간 어리석은 계산을 하고 있다는 식의 취급을 받고, 안전하게 정통(?) 학문에서 학위를 받은 후에 새로운 걸 해도 늦지 않다는 조언도 들었다. 하지만 그동안 제도권 교육에 투자한 시간도 지나치게 길었다고 생각하는 바였으므로 형식을 위해 시간을 또 낭비하고 싶지 않았다. 미국의 연구는 앞서 있었으나 그 분야를 교육하는 교육 프로그램이 당시 새롭게 만들어지던 시점이어서 나는 미국에서 그 분야의 선구자들을 만나고 또 그들을 통하여 세계의 선구자들도 만나 그들을 배우고 내 생각을 정리할 수 있었다.

인간 뇌기능 연구의 어려운 점은 가설 검증을 위한 실험조건을 동물 실험하듯이 통제하기가 어렵고, 실험결과 검증을 위하여 동물의 뇌처럼 사람의 뇌를 해부해 확인할 수 없다는 점이다. 영상연구(imaging study)는 영상(imaging)에 사용되는 기계의 성능에 제한을 받는다. 나는 상호 상충되는 가설을 지지하는 통계적 자료를 잘 모델링하면 적어도 내가 알고 있는 나의 뇌기능과는 전혀 맞지 않는 이론들을 정리할 수 있지 않을까 생각했다.

임상적 통계자료에 근거하여 뇌기능 연구를 하던 미국의 교수가 나의 생각이 신경망(neural network)과 상통하는 것 같다고 해서, 1980년대 말 신경망의 대가를 만났다. MIT와 CMU 등의 기존 인공지능 및 인지학자들로부터 정치적 저항을 받다가 당시 새롭게 조명을 받던 신경망은 모든 학문이 신경망의 하위분야라고 주장하는 만큼 파급효과가 커서 기존의 모든 학문 분야의 근간을 흔들 것 같았다. 나는 한국이 빨리 과학기술적으로 경쟁우위에 있기를 바라는 마음에서 국내 학계에 이를 열심히 알리고, 귀국하여 KIST와 KAIST에 소속하여 신경망 패러다임과 뇌기능 연구를 국내에 소개했다. 공부하는 동안 같은 분야에서 한국인을 만나지 못하여 정말 외로웠는데 돌아와보니 한국에는 그 분야의 정통성마저 주장하는 화려한 학자와 전문가 분들이 어찌 그리도 많으신지. 어쩌면 이러한 순발력이 한국인의 장점이면서 단점인지도 모르겠다.

나는 목적이 없는 경쟁을 하는 것으로 보였던 레드오션(Red Ocean)을 떠나, 국내 자료가 전무하였던 인간의 고위 뇌기능에 관한 아동과 성인의 뇌기능 연구와 평가도구개발에 집중하기로 마음을 먹고 1994년 독자적으로 신경시스템연구소(Neural Systems Research)를 설립했다. 주의력 패턴을 다면적으로 분석하는 'MARS(Multi-modal Assessment & Retraining System) 1.0'을 개발한 데 이어, 뇌기능을 간단히 판별하는 'Brain Screen 2000', 시야장애를 진단하는 'Brain Screen 2001'을 개발하면서, 여기에 미처 다 열거하지 못하는 많은 관련 전문인들의 도움을 입어, 2000년 Neural Systems Co., Ltd.가 탄생되었다. 현재 Neural Systems Co., Ltd.는 0세부터 82세까지를 대상으로 하는 고위 뇌기능 평가와 훈련 도구들을 구비하고 있다.

스스로를 예술가적 과학자 내지는 연구자로 생각하며 살아오다가 갑자기 회사의 대표라는 직함이 주는 사업가적 이미지가 심히 부담스러웠다. 하지만 세상에 다양한 뇌기능만큼 다양한 CEO, 다양한 사업가의 한 예가 되는 것이 나의 의미일지도 모른다고 생각을 바꾸고, 현재는 뇌의 기질적 문제로 인한 뇌기능 패턴 변화의 정밀측정과 저하된 뇌기능의 재훈련 등에 주력하면서 연구개발을 계속하고 있다.

감사와 희망

나는 내가 생각했던 것보다 훨씬 더 많이 이루었다. 혹 남 보기에 성취가 미흡한 부분이 있다면 나의 뇌기능이 그것을 그다지 원하지 않아서였다고 생각한다. 나의 생각을 현실화·구체화하면서 여기까지 오는 동안 어떻게 그런 훌륭한 분들을 만나 가르침과 도움을 받을 행운이 있었을까 생각하면서 감사의 마음으로 글을 써 보았다. 나의 뇌기능을 단번에 파악하고 장점만을 항상 일깨워주셨던 임상 평가도구 개발의 선구자, 다들 어렵거나 불가능하다고 한 나의 꿈을 젊은 세대의 몫이라그 지지해주셨던 신이론의 창시자, 나의 수학적 재능을 지나치게 높이 평가하여 연구주제를 주셨던 수학자, 모두 가족을 떠나 오래 머물고 싶지 않았던 미국에서 만난 것이 아쉽다. 한국에서 현재 이 일을 할 수 있도록 끝없는 도움을 주고 계신 선생님, 선배님, 동료들께도 감사드린다. 그러나 무엇보다 나의 감사는 내가 나로 살 수 있도록 허용하신 부모님을 주신 하나님께 대한 것이다.

돌이켜 생각하면, 타인의 시선이나 사회의 통념 등 시간이 지나면 아무것
도 아닌 일에 주저주저 시간을 빼앗겼던 부분이 후회가 된다. 앞으로는 더욱
나의 뇌기능에 충실한 삶을 살면서, 남들도 그렇게 되도록 도와주는 데 시간
을 사용하고 싶다.

이영숙

전남대학교 간호대학 교수

연세대학교 간호대학을 졸업하고 동대학원에서 이학박사학위를 받았으며, 호주 뉴 사우스 웨일즈대학교 의학교육대학원에서 의학교육 석사과정을 수료했다. 1977년부터 현재까지 전남대학교 간호대학 교수로 재직중이며, 2000년 국무총리상을 수상했다. 국내외에 70여 편 이상의 논문과 연구보고서를 발표했으며 여성건강간호학, 성교육, 간호정보학 분야의 저서가 10권 이상 있다.

배움에 대한 무한한 열정에서 얻은 과학자의 길

인생의 터닝 포인트

유년시절 누구도 내게 미래의 삶과 세상의 일을 얘기해주지 않았지만, 어린 작은 가슴은 늘 폭풍우 같은 열정을 품고 앎에 대한 갈망으로 타오르고 있었다. 나의 삶을 연구와 학문의 길을 걷는 교수로 인도한 전환점은 바로 배움에 대한 열정이었다. 고등학교 시절 나는 '전혜린'의 사상과 열정과 우울과 배움에 대한 욕망에 매료되어 그녀의 수필집과 번역서, 그리고 그녀가 언급한 모든 책을 섭렵하다시피 했다. 그리고 세계문학, 헤르만 헤세, 헤밍웨이, 한국여류문학, 한국단편문학, 한국현대문학, 노벨문학상전집, 이어령과 김형석 전집 등을 닥치는 대로 읽으면서 웃고 울고 시를 줄줄 외우며 공감하는 데 시간을 다 보내며 세상의 일상사와는 담을 쌓고 살았다.

나는 솔직히 공부 이외의 재능은 없다. 초등학교 5학년 때까지는 별로 두각을 나타내지 못하는 아이였으나 6학년 때 담임선생님이 나를 변화시켰다. 고시공부를 하다가 교대를 갓 졸업한 열정덩어리 선생님은 Y시 최고의 우수반을 만들기 위한 스파르타식 교육을 강행했다. 학교수업 후 밤을 새워도 도저히 못해낼 분량의 숙제를 내주니, 급우들 모두 손바닥과 종아리 맞는 것은 매일 다반사였다. 선생님은 갑자기 운동장에 나가 토끼뜀을 시켜 늦게 오는 사람은 벌을 주고, 손수 작사 작곡한 학급가를 매일 목청껏 부르게 하여 단합심을 기르게 하는 등 학습동기 조성에 새르운 방법을 매일 창안했다. 특히 시험은 매일 서너 번씩 보고 서로 교환 채점하여 성적우수자와 비우수자를 섞바꿔 6분단으로 자리배치를 하고, 수시로 발표를 강요하는 등 그 당시의 일렬종대 책상배열과는 다른 실험교육을 한 셈이다. 소심한 나는 무조건 시키는 대로 하는 형이었으므로 그 덕분에 오로지 공부하는 습관을 얻게 되었고, 이는 고교와 대학을 수석졸업하는 밑거름이 되었다. 여기에 다감한 사춘기 시절 나의 우상이었던 전혜린의 열정이 기름이 되어 도약의 인생을 걷게 된 것이다.

나의 선택은 모두 우연

나는 일렁이는 파도와 바다 내음을 항상 곁에 끼고 사는 바닷가 소도시에서 1남6녀의 넷째딸로 태어나 엄격한 아버지의 훈육 속에 내성적이고 수동적인 말없는 아이로 성장했다. 아버지는 자식들이 최소한 고등학교는 마쳐야 한다는 생각을 갖고 계셨다. 덕분에 여자애는 초등학교만 졸업하는 것을 당연히 여기던 시대에 우리 동네에서 우리 집 여섯 명의 딸만 하얀 칼라의 교복을 입고 아무 걱정 없이 학교를 다녔던 것이다. 고등학교를 졸업하던 1966년에 공무원시험을 보라는 아버지의 권유로 무조건 응시한 결과 덜컥 합격했다. Y시의 유일한 인문계 여자고등학교 졸업생 320여 명 중 매년 대학에 진학하는 학생이 한두 명 정도이고, 단 한 명도 진학하지 않은 학년도 부지기수이던 당시의 열악한 상황에서 누구나 부러워하는 공무원 임용을 마다한 것은 일생일

대의 엄청난 도전이었다.

절대로 등록금을 대줄 수 없다는 아버지의 불호령도 무시한 채 도저히 내 길이 아니라는 결론으로 무장을 하고 혼자 집에서 대학진학을 준비하여 연세대학교 간호대학에 입학했다. 나의 목적은 그냥 대학입학이었다. 어떤 학문영역에서 꿈을 펼치겠다는 구체성도 전혀 없이, 다만 주위 친척과 지인 중에 의과대학생이 많아서 의료계를 선호했으나 그것도 여자이고 시골이라 의과대학은 불가능하다고 지레 넘보지도 않았다. 때마침 사촌이 의과대학에 다니는 친구가 가져다준 대학요람이 연세대학교 것이었다. 유서 깊은 중세 서양식 건축물과 울창한 숲속의 캠퍼스 사진을 접하고 두말할 여지도 없이 연세대학교를 가야 한다고 정해버렸다. 그리고 아름다운 교정에서 첫 강의를 듣는 순간 교수가 되어야겠다는 결심을 굳게 했고 그대로 실천했다. 강단에서 강의하시는 여교수의 너무나 멋진 모습에 그냥 넋이 나갔기 때문이다. 배움에 대한 열정으로 박사학위를 얻은 후에도 미국, 호주에서 연구와 학위과정을 또 수료했다.

새로운 학문영역에 대한 도전

정해진 순서에 따라 교수에 임용되고 교수로서 강의와 연구에 몰두했다. 그러던 중 남편이 박사후연구원 과정을 이수하기 위해 미국의 플로리다대학에 가게 되어 함께 유학의 길에 올랐다. 그곳 간호대학에서 새로운 생리 실험연구 기법들과 컴퓨터 통계분석 방법인 SAS를 배우게 된 것이 지금 대학원에서 보건통계학을 가르치는 계기가 되었다. 당시는 한국의 대학에 컴퓨터가 없던 시절인데 미국 도서관에서 컴퓨터로 자료검색을 해보니 기가 딱 막히고 정보학이라는 새로운 영역을 그냥 지나칠 수가 없었다. 도전에 대한 열정이 마구 샘솟았다.

귀국 후 1995년에 한국과학재단에서 전국 네 개의 전문정보연구센터 프로젝트 공모가 최초로 있었다. 주도적으로 다이디어를 창안해 제출한 결과 보건연구정보센터로 선정되었다. 9년간 총 20여억 원의 사업비를 따내는 개가를 올렸고 간호학계에서는 최초의 정보센터를 운영하게 되었다. 국내 간호대학에서는 처음으로 웹을 이용한 멀티미디어 강의를 시작했고, 현재는 교양과목도 100퍼센트 원격강의로 진행하고 있다. 또한 국내 최초로 '요실금 완화를 위한 질회음 근육운동법'을 창안하여 질회음압을 기계로 측정하여 효과를 검증한 실험논문으로 박사학위를 받았다. 현재는 모든 산부인과 병원과 비뇨기과 병원, 보건소 등에서 요실금 관리가 보편화되었으며, 남모르는 고통을 겪던 중년여성의 건강관리에 기여하게 되어 자부심을 느낀다.

여성과학자를 꿈꾸는 후학에게

우리의 삶은 작은 우연들에 의해 결정된다. 지나고 보면 언제가 인생의 터닝포인트였는지를 알지만, 앞서서 미래를 바라보는 혜안을 가지고 자신이 원하는 과학 분야의 현황과 과제들을 관련 학회지나 소식지, 그리고 대학의 홈페이지를 통해 잘 알아보는 안목이 필요하다. 또한 자신이 원하는 학문을 전공한 교수실을 노크하는 것도 과학자의 길을 선택하는 지름길이 될 수 있다. 여성이 과학 분야에서 도전할 영역은 무한대이다. 현대는 다학제간 협력체계의 연구를 수행해야만 성과를 얻을 수 있는 시대이므로 자연과학의 어느 분야이든 조금이라도 관심이 있으면 주저하지 말고 도전해보라. 그리고 꿈과 목표는 원대하고 크게 가져야 하며, 선택하려는 분야의 우상과 멘토가 있어야 한다. 자신이 선택한 전공분야 이외에 새로운 영역의 지식을 넓혀나가

는 지적 호기심도 필요하다. 과학자의 기본자세는 항상 사고의 전환(para-
digm shift)과 발상의 전환이라고 본다. 변화를 즐기고 번득이는 창의적 사고
를 즉각 실천에 옮기는 적극성과 유머도 넘쳐야 한다.

　내가 배움에 대한 열정도 없이 도전하지 않는 삶을 살았다면 어떤 여성으
로 살고 있을까? 누가 자기의 인생여정을 주도하겠는가? 교수로서 간호학에
만 전념했다면 나의 역량은 계발이 되었을까? 스스로 자문해보면 좀더 큰 도
전을 못한 점과 나의 진로에 대한 의사결정 과정에서 전문가의 조언을 얻지
못했으며, 정보수집과 분석적 판단이 부족했다는 데는 늘 아쉬움이 남는다.
그러나 열정과 도전만으로 후회 없는 여성과학자의 길을 가고 있으니 모두에
게 과학자의 길로 들어서기를 권하고 싶다.

이원정

경북대학교 의과대학 생리학 교수

서강대학교 생물학과를 졸업한 후, 미국 하와이 주립대학교 대학원에서 식품영양학 전공으로 석사를 받았으며, 동대학교 의과대학 생리학과에서 박사학위를 취득했다. 테너시 의과대학 생리학과에서 박사후연수를 받은 후, 1978년부터 지금까지 경북대학교 의과대학 생리학 교수로 재직중이다. 현재 대구경북여성과학기술인회 회장을 맡고 있으며, 여성과학기술인의 육성과 권익을 우해 남다른 노력을 기울이고 있다. 국내외에 70여 편의 연구 논문과 보고서를 발표했으며, 최근 연구분야는 식쿨성 에스트로겐의 작용기전에 관한 것이다.

천방지축 1년 반

'대구경북여성과학기술인회(이하 대경여과기회)'가 창립되고 내가 회장을 맡은 지 어느덧 1년 반이 지났다. 돌이켜보면 '천방지축'으로 많은 곡절과 시행착오가 있었지만, 처음에는 막연하기만 하던 여러 사업들이 이제는 어느 정도 자리를 잡아가고 있다. 이번 기회에 그동안의 경험을 정리하여 우리 회원들과 다른 분들에게 알리고 싶다. '타산지석'으로서 조금이나마 참고가 되기를 바란다.

원래 대경여과기회는 과학기술로 국가 경쟁력을 높이려는 국가정책에 부응하여 창설되었다. 정부는 특히 여성인력의 육성과 취업 및 연구를 지원하는 센터를 각 광역자치단체에 설치하여 운영하도록 법령을 제정했다. 여성 과학기술인들의 잠재력을 개발하여 국민 소득 2만 불 시대를 앞당기자는 것이었다. 대구광역시와 경상북도는 이러한 시대적 요청에 따라 대경여과기회의 창립을 앞장서서 지원했다.

그러나 나는 회장을 맡기까지 많이 망설였다. 나이 60을 바라보도록 대학

연구실 밖의 사회활동이 거의 없던 내가 고연 이 일을 감당할 수 있을까? 대구경북지역의 산학연 다양한 분야의 여성과학기술인력을 어떻게 결집할 것이며, 새로운 사업을 무슨 수로 추진할 것인가? 특히 대구경북지역은 보수적이고 남성중심적인데, 여성 전문인력들이 제대로 역량을 발휘할 수 있을까? 이러한 어려움을 생각할수록 내 생각은 부정적인 쪽으로 기울었다.

대구경북에는 우수한 대학들이 긣고 능력 있는 여성인력도 풍부하다. 그러나 전문성을 살릴 수 있는 기회가 너무 제한되고, 특히 과학기술인들이 역량을 발휘하기가 어렵다. 고급 여성인력이 사장되는 것은 개인적으로나 사회적으로 얼마나 큰 손실인가? 마침 좋은 변화의 계기가 왔는데, 누군가 앞장서야 하지 않겠는가? 대경여과기회의 결성을 주도해 달라는 위촉을 받고 망설이던 끝에 나는 결국 이 일을 맡기로 결심했다. 공인으로서의 사명감 때문이었다.

일단 마음을 정하고 뜻을 같이하는 분들과 만나면서 일은 빠르게 진행되었다. 지금까지 여성과학기술인들이 뿔뿔이 흩어져서 활동도 부진하고 여건도 열악했던 만큼 지방분권 시대, 국가 균형발전의 시대, 과학기술 시대를 맞이하여 스스로 분발하고 노력하여 자신의 역량을 강화하고 사회발전에 기여하겠다는 열기가 뜨거웠다. 우리 지역의 보수성과 남성중심적 사고를 걱정했지만, 일단 여성들이 뜻을 모으자 지자체와 각 대학에서도 기대 이상으로 적극 도와주었다.

2004년 2월 5일 거행된 창립총회는 지역에서 활동하는 300여 명의 여성과학인과 기술인이 참석하여 대성황을 이루었다. 조해녕 대구시장님, 이의근 경상북도 지사님, 그리고 주요 대학의 총장님들이 참석했고, 지역과 중앙의 언론들도 특별한 관심을 보였다. 여성과학기술인의 육성과 지원을 위한 정부정책과 대경여과기회의 결성이 시의에 적합했으며, 대경여과기회의 필요성에 대한 공감대가 형성되었기 때문이리라.

창립총회의 감격도 잠시, 이제는 구체적인 사업으로 회를 활성화해야 하는 큰 숙제가 눈앞에 닥쳤다. 임원들과 머리를 맞대고 여러 가지 과제들을 검토했지만, 이를 구체화하기가 어려웠고 사업비 확보 또한 막막했다. 사업비를 받으려면 사단법인으로 등록해야 하는데, 여기에도 몇 달이 걸렸다. 규정상 과학기술인회는 과학기술부의 승인을 받아야 하는데, 지방의 여성과학기술인회가 과기부에 신청한 전례가 없었기 때문이었다. 우리가 첫 사례로 고생한 다음부터는 쉽게 승인이 났다.

대경여과기회가 처음으로 시작한 사업은 여학생 친화적인 과학교육 프로그램인 'WISE(Women Into Science and Engineering)'이다. WISE 전국거점 센터(이화여대)와 연계해서 대구경북지역의 초중고등 여학생을 지도하는 사업인데, 이를 위하여 대구경북 교육청과 여러 초중고등학교와 네트워크를 새로 구축했다. 그 후 10월 달에 있었던 '대구 과학축전'에 참여하여 좋은 성과를 거두었고, 한국과학문화재단에서 지원하는 '생활과학교실'을 세 군데 동사무소에서 시작했다.

생활과학교실 사업이 초기부터 성공할 수 있었던 것은 경험 많고 우수한 강사 선생님들이 다양한 과학실험 프로그램들을 개발해 활용한 덕분이다. 우리나라 초등학교의 과학교육이 이론 위주인 데 비해 재미있는 실험을 직접 하니까 학생들과 부모님들의 반응이 매우 좋았고, 동사무소와 시청, 구청의 담당 직원들도 적극 도와주었다. 현재 15군데 동사무소와 4군데 아동복지시설에서 운영하는데, 곧 경상북도 지역으로 확대할 계획이다.

특히 중고등학생들을 위해서는 대학과 연계한 e-멘토링과 연구실 탐방을 통해 직접 과학실험을 하도록 지도하고 있다. 이러한 사업은 중고등학생들이 쉽고 재미있게 과학을 공부할 수 있게 하여, 앞으로 대학의 이공계 학과에 진학하는 계기를 마련할 수 있다. 많은 여학생들이 이공계 학과에 진학하면, 최근 심각해진 남학생들의 이공계 기피현상과 인력수급의 불균형을 해결할 수 있을 것으로 기대된다.

대경여과기회는 전국적인 여성과학기술인 조직과 연계하여 많은 도움을 받고 있는데 '한국여성과학기술단체총연합회'에 가입하여 여기 소속된 다양한 성격의 단체들과 정보와 경험을 공유한다. 특히 작년에 '전국여성과학기술인지원센터'가 설립되어 다양한 사업들을 개발하고 활발하게 지원하고 있어서, 우리는 이 지원센터의 사업을 바로 도입하여 수월하게 활용할 수 있다. 그 가운데 과학실험 강사 교육 프로그램인 과학 커뮤니케이터 사업은 9월부터 곧 시작할 예정이다.

일을 하면서 특별히 뿌듯했던 점은 대구경북지역은 물론, 전국의 훌륭한 여성과학기술인들과 함께 일하게 된 것이다. 나도선 여과총회장, 전길자 전국여과기지원센터장, 이혜숙 WISE 거점센터장, 정명희 대한여과기회장 같은 분들은 모두 탁월한 지도자로서, 전국의 여성과학기술인들이 함께 성장하도록 노력하는 모습이 본받을 만하다. 그리고 과학기술의 저변확대를 위해서, 또는 산업화를 위해서 헌신하고 있는 수많은 여성 활동가들과 네트워크를 가지면서 많은 것을 배우고 있다. 이런 분들이 앞장서서 애쓰는 만큼 우리의 앞날은 밝다.

반면에 매우 아쉽게 느낀 점도 몇 가지 있다. 첫번째는 여성들의 자신감 부족이다. 우리 사회에는 유능한 여성인력이 많으나 능력을 발휘할 기회가 워낙 적어서 남성중심사회에서 적당히 포기하면서 살아왔다. 그러다 보니까 막상 기회가 오더라도 자신의 능력을 과소평가하고 적극성마저 포기하는 경향이 있다. 실수의 가능성이 두려워서 일을 포기하기보다는, 실수를 통해서 더 많은 것을 배운다는 자세가 필요하다. 자신감을 키우고 목표에 도전하는 정신을 키워야만 한다.

두번째는 조직 속에서 서로 협력하면서 문제를 함께 해결해나가는 능력의 부족이다. 비록 자신의 전문분야에서는 능력이 탁월하더라도, 조직과 남에 대한 배려가 부족하고 더불어 일하는 데 서툴면, 뿔뿔이 흩어져서 시너지 효과를 발휘할 수 없다. 교수들은 대개 혼자 일하면서 비판을 잘하지만 친화력이 부족하고, 의견이 다양한 사람들과 어울려 문제를 해결하는 경험이 부족하다. 그래서 협력과 갈등 해결의 경험을 통해서 리더십을 양성할 수 있는 기회를 많이 가질 필요가 있다.

대경여과기회가 출범한 지 얼마 안 되지만, 회원들의 적극적이고 헌신적인 참여로 많은 사업들이 본궤도에 올랐다. 그러나 여기에 만족하지 말고, 앞으로 더욱 내실을 기해야 한다. 다양한 분야의 회원들에게 직접 도움이 될 수 있는 사업들을 개발하고, 우수한 여성과학기술인들을 취업으로 연결시켜야 한다. 우리 여성들의 잠재된 역량을 모아서 살기 좋은 과학기술 중심의 사회를 구축하는 데 기여해야 한다. 21세기의 키워드는 과학기술과 여성이 아닌가?

이윤실

원자력의학원 책임연구원

이화여자대학교 약학과를 졸업하고 동대학원에서 석·박사학위를 받았으며, 미국 국립암연구소에서 박사후연구원 과정을 했다. 현재 원자력의학원 방사선의학연구센터 방사선생물부 부장을 맡고 있다.

국내 방사선 생물연구의 선구자라 자부하고 싶다

젊은 날에 대해

나는 1962년 부산 대신동에서 딸 셋 아들 하나인 집의 둘째딸로 태어났다. 부모님 고향이 모두 부산이었고, 당시 아버지는 부산세관에 공무원으로 근무하고 있었다. 내가 네 살 때 아버지가 김포세관으로 전근을 오면서 그때부터 우리는 서울에서 살게 되었다. 당시 교육의 중심지였던 종로구에서 초등학교, 중학교, 고등학교를 다닌 나는 그때까지만 해도 그냥 얌전한 모범생이었다.

1981년에 예비고사만으로 대학을 들어간 우리는 졸업정원제 첫번째 대상 학생이었다. 그때는 세 개의 대학에 입학원서를 낼 수 있었는데 서울대학 약대, 연세대학 공과대 그리고 이화여자대학 약학대였다. 예비고사만으로 대학을 간 첫번째 케이스였기 때문에 눈치작전이 심했다. 아버지가 원하고 입학이 안전하다고 생각되는 이화여자대학 약학대를 선택했다. 정확하게 말하면 내 의사라기보다는 부모님의 뜻에 따른 선택이었다.

대학을 들어가서는 적응을 잘하지 못했다. 갑자기 늘어난 정원에 준비가 되지 않아 고등학교보다도 못한 교육실정인 과목도 많았다. 아무튼 약대의 교과과정에 적응하지 못해 2학년까지 학교 밖으로 돌았다. 3학년이 되어 공부를 열심히 하는 친구와 친하게 되면서 나도 공부에 관심을 가졌는데, 내가 공부를 하게 된 가장 중요한 과정이었다.

대학을 졸업한 후 제약회사에 취직을 했다. 하지만 그때도 틀에 박힌 제도에 적응을 하지 못하고 결국 1년 6개월 만에 다시 학교로 돌아왔다. 1988년 이화여자대학 약학대학 대학원에 입학한 지 2년 만에 석사학위를 받았다.

원자력병원 초년병 시절

석사 이후에도 연구에 내 인생의 승부를 걸겠다는 생각은 뚜렷하게 없었다. 다만 막연하게 회사생활에서 교훈을 얻어 내가 좀더 주체적으로 무엇인가를 할 수 있는 분야로 진로를 설계하겠다는 의지만이 있었다. 그때 원자력병원 원장님이던 윤택구 박사님이 이화여자대학 약대에 연구원 추천을 의뢰했다. 지도교수님의 권유로 면접에 응했던 것이 지금의 내가 있게 한 시작이었다.

원자력병원(현 원자력의학원)은 과학기술부 출연연구소로 시작해 연구부분이 많이 활성화되어 있는 병원이었고 그곳에서 발암기전을 규명하는 연구를 시작했다. 연구원 생활이 3년쯤 되자 지금 이대로는 안 된다는 생각을 하게 됐는데, 마침 선배로 같은 병원에 근무하던 윤연숙 박사님의 도움으로 자연스럽게 박사과정에 진학했다.

방사선에 대한 개념을 갖게 된 것은 이대부터였다. 윤연숙 박사님과 인삼성분 중 진산이라는 물질의 면역증강효과를 연구하던 중 방사선에 대한 손상을 억제할 수 있다는 것을 확인했다. 과학기술부 소속의 출연연구소인 원자력병원이 방사선에 대한 의학적 연구를 하는 것이 국가적으로도 의미 있는 일이 아닐까 하는 생각을 본격적으로 하기 시작했다. 방사선종양학과나 핵의학과 의사들이 방사선생물에 대한 연구를 했지만 국내에서는 거의 불모지나 다름없는 분야였다.

미국 포스트닥터 시절

1995년 학위를 받고 미국으로 포스트닥터를 떠났다. 원자력병원이 암연구를 주로 수행하였기 때문에 암연구가 가장 활발한 미국 국립암연구소를 포스트닥터 과정 장소로 택했고, 암발생 기전연구의 대가인 스튜어트 유스파(Stuart H. Yuspa) 박사의 실험실을 택하였다. 나는 그때까지 결혼을 하지 않아서 나이 서른이 넘었지만 부모님과 떨어져 생활한 경험이 없었으므로 다른 나라에서 나 혼자 살아간다는 것은 커다란 모험이었다.

비록 짧은 연수기간이었지만 미국생활은 나에게 커다란 의미를 부여했다. 다른 포스트닥터와 달리 나는 직장을 가진 채 생활을 했기 때문에 세세한 연구내용을 공부하기보다는 어떠한 연구 프로젝트가 수행되고 향후 연구방향이 어떻게 될 것인가에 대한 공부에 많은 시간을 투자했다. 혼자 생활하여 한국인과 만날 기회가 적었기 때문에 깊이 있는 영어를 훈련할 수도 있었다.

미국에서의 포스트닥터 생활은 내가 한국에서 무엇을 해야 하는지 정확한 방향을 설정해주었다. 암연구 분야는 미국 등의 선진국에서 너무나 활발하게 진행되고 있기 때문에 한국적인 상황에서 내가 기여하는 부분은 극히 미미할 수밖에 없었다. 그래서 이러한 기술을 응용하여 보다 세계적인 연구를 할 수 있는 방사선생물 분야가 국가적으로도 훨씬 가능성 있을 것이라는 확신을 갖게 되었다. 내 연구에 있어서 커다란 전기가 마련된 것이었다.

초기 방사선생물 연구시절

1997년 한국에 돌아온 후 본격적으로 방사선생물에 대한 공부를 했다. 방사
선생물분야는 생물학에 대한 개념에 방사선이라는 물리적·화학적 개념이
포함되기 때문에 훨씬 복잡한 연구분야이고 연구결과에 있어서도 해석의 어
려움이 크다. 하늘이 도왔는지 1997년 7월에 신원자력 중장기 연구개발사업
이 시작되어 '방사선의 생물학적 연구'라는 과제의 책임자를 맡았고, 원자력
병원의 연구사업이 방사선의학을 중심으로 개편되었다. 처음 시작한 방사선
분야 연구는 저선량 방사선에 의한 적응응답반응이었다. 즉 50cGy 이하의
저선량 방사선에 노출되면 고선량 방사선에 의한 세포손상이 억제된다는 이
론인데, 이에 대한 기전으로 HSP(Heat Shock Protein)가 관여함을 처음으로
증명했다. 이렇게 시작한 HSP 단백질과의 인연이 나를 이 분야의 전문가로
만들어주었다.

방사선생물연구회를 구성하여 국내에서 고군분투하고 있는 방사선생물학
자들과 학문적으로 만난 것은 정말 뜻 깊은 일이었다. 방사선생물 분야는 여
성이 많은 비율을 차지한다. 아니 남성보다 여성들이 더 많은 연구업적을 발
휘하는 분야이다. 다른 분야도 마찬가지겠지만 방사선생물 분야는 생물, 물
리, 화학적 개념이 복합적으로 작용되는 연구분야이기 때문에 연구에 있어
서 여성의 섬세함이 더 필요하다. 방사선생물연구회는 현재 방사선생명과학
회로 발전했으며, 방사선과 관련된 의생명 분야 연구자들을 결집하는 데 큰
역할을 하고 있다고 자부한다.

방사선에 대한 국민의 생각 전환을 위한 노력

나는 방사선에 대한 연구를 시작한 것에 두한한 자부심을 느낀다. 대학으로

갈 기회가 없었던 것도 아니지만 대학으로 옮기면 현재처럼 방사선연구를 맘껏 할 수 없기 때문에 생각을 접기로 했다. 내 연구경험에 의하면 고선량 방사선은 암세포를 살상하는 등 우리에게 유익한 작용을 한다.

그러나 부작용에 대한 과도한 염려가 저선량 방사선에 대해서도 나타나고 이에 대한 국민적 불안감이 팽배해 있다. 현재 국가적으로 관심이 되고 있는 방사선폐기물의 경우 전혀 방사선이 나오지 않게 조치한 것임에도 불구하고 염려가 지나치다. 또한 저선량 방사선의 경우 유해하다는 증거조차 과학적으로 찾을 수 없다.

대학 등에서 방사선에 의한 발암에 대해 강의할 기회가 있을 때마다 나는 이러한 점들을 이해시키려 노력한다. 10여 년의 방사선생물연구 경험을 통해 앞으로도 방사선에 대한 국민의 이해증진에 기여하고 싶다. 현재 WIN-Korea(사단법인 여성원자력전문인협회)에서 원자력에 대한 홍보활동을 하고 있는데 이 또한 나의 바람을 이루기 위한 하나의 과정이 될 것이다.

향후 연구활동에 대한 계획

나는 연구를 열심히 하고 싶다. 연구에 대한 능력이 아주 뛰어나다고 생각하지는 않지만 연구하는 일이 즐겁다. 특히 사람들이 꺼려하는 방사선연구를 한다는 것에 무척 자부심을 느낀다. 다행인지 모르겠지만 나이 마흔이 다되어 결혼을 했고 딸아이도 한 명 있다. 일반적으로 여성과학자들은 공부와 가사를 병행하느라 많은 고생을 한다. 나는 젊은 시절 마음껏 공부를 했고 가정 때문에 고민하는 일은 없었다. 하지만 연구하는 동안 항상 외로운 투쟁을 해야 했기 때문에 원래의 내 성격보다는 많이 극성스러워진 면도 없지 않다.

요즘은 내가 앞으로 어떠한 연구를 해야 되는지에 대해 많은 고민을 하고 있는데 관심을 갖고 있는 연구분야는 다음과 같다.

첫번째는 방사선에 반응하는 유전자 또는 단백질을 발굴하여 방사선 피폭 및 방사선 암치료시의 방사선 손상에 대한 진단 마커로 개발하는 것이다.

두번째는 방사선 특이적 암발생에 관여하는 유전자를 규명하는 것이다. 방사선은 유전자 손상을 일으키고 이러한 원리를 이용하여 암세포를 효율적으로 제거하는 도구가 되기도 한다. 하지만 정상세포에 방사선이 노출되면 암을 유발한다. 이것은 이미 히로시마와 나가사키 원폭투하와 체르노빌 원자력발전소 핵누출사고에서 확인된 바 있다. 그러나 현재의 과학으로도 방사선에 의해 유도된 암과 다른 원인에 의한 암의 차별성을 확인할 방법이 없다. 방사선과 다른 환경성 발암물질 및 바이러스 등은 세포를 손상시키는 원리에 있어서 차이가 있다. 이러한 원리를 이용하여 방사선 특이적 암에서만 발현되는 유전자군을 발굴하는 작업을 진행중에 있다.

세번째는 저선량 방사선의 인체 영향연구이다. 방사선 암치료에 사용되는 고선량 방사선의 암세포 치료기전 및 효율적 치료방법에 대한 연구는 이미 많이 진행되었고 현재에도 왕성한 연구가 진행되고 있다. 이에 반해 0.1Gy 이하의 낮은 방사선에 대한 생체 영향연구는 상대적으로 별로 이루어지지 않고 있다. 고선량 방사선이 세포를 사멸시키고 DNA를 절단하는 반면 저선량 방사선의 경우는 생체의 면역기능 등을 활성화하여 생체기능을 증가시킨다는 보고가 있다. 이를 호메시스라 하는데 이 이론에 대한 과학적 증거를 제시하고 싶다.

마지막으로 방사선 손상을 억제하는 방호제의 개발이다. 현재까지 개발된 것이나 개발되고 있는 방호제는 천연물에서 분리하거나 화학물질을 합성한 것이다. 하지만 생체 내에 존재하는 단백질의 변형 형태인 펩티드(peptide)

를 이용하여 방사선에 의한 방호작용, 특히 사전 복용하는 방호제가 아닌 사후 복용하는 방호제를 개발하려는 것이다.

방사선을 사랑하는 사람으로 남고 싶다

연구분야가 방사선이기 때문에 원자력 분야의 연구자들과 만나는 기회가 많다. 참으로 어렵고 알아주지 않는 분야에서 일하는 분들이라 생각한다. 방사선 연구분야도 마찬가지다. 에너지가 부족한 한국적 상황에서는 반드시 필요하지만 아무도 알아주지 않는 그늘진 곳이다. 국가적 지원이 필요한 이유도 분명하다. 원자력 및 방사선 이용 확대는 한국적 상황에서는 필수불가결한 일이고 이러한 일에 내가 기여하고 싶다. 방사선이 무조건 나쁘다는 국민적 인식을 과학적 데이터로 조목조목 설명해서 바꾸어놓고 싶다. 한번이 아니면 수백 번, 수천 번이라도 바꿀 수만 있다면 그러고 싶다. 그렇지만 서둘지 않을 것이다. 내 일생을 두고 차근차근 할 것이다. 내가 방사선연구를 하는 연구자, 특히 여성이라는 것에 이렇게 만족스러울 수 없다.

이은정

경향신문 과학전문기자

서울대학교 미생물학과와 동대학원을 졸업한 뒤 고학기자의 꿈을 안고 1995년 경향신문에 입사했다. 기자 생활을 하면서 박사과정에 진학해 2005년 서울대학교 의과대학에서 생명윤리를 주제로 박사학위를 취득했다. 신문사 입사 후 사회부, 경제부, 매거진 X부 등을 거쳐 현재 과학전문기자로 활동중이다. 보다 정확하고 의미 있는 과학기사를 쓰기 위해, 또 이공계 출신 기자로서 과학자 집단과 사회를 연결하는 가교역할을 하기 위해 노력 중이다. 과학과 기술 편집위원, 이화여자대학고 생명윤리법정책연구소 연구위원 등을 맡고 있다. 2004년 팬택과학언론인상을 수상했으며, 저서로는 《알쏭달쏭 과학기사 교과서로 읽기》(상·하)가 있다.

과학자에서 기자로 진로를 바꾸다

나는 이공계 출신, 정확히 말하면 미생물학과를 졸업한 과학전문기자다. 내가 처음 신문사에 들어갔을 때 많은 선배, 동료들이 "그렇게 훌륭한 과를 나와서 왜 기자를 하냐"고 물었다. 남들이 보기엔 이공계 졸업자는 당연히 과학자가 되어야 하는데 엉뚱하게 기자가 된 것으로 여겨지나 보다.

사실 1987년 서울대 미생물학과에 입학할 때만 해도 내 꿈은 퀴리부인 같은 과학자였다. 생물학 분야에서 훌륭한 연구를 수행해 세계적 과학자로 성공하고 싶었다. 그러나 고학년이 되자 이공계에 진학한 사람들이 한번쯤 거치는 진로에 대한 고민이 시작됐다. 내가 보기에 실험실 생활은 답답해보였고, 과학자들이 아무리 열심히 일해도 세상은 문과 출신이 움직여나가는 것 같았다. 그렇다고 딱히 갈 만한 데도 없었고 결국 어영부영 대학원에 진학했다. 그나마 답답함을 덜어버리려고 생태학 실험실을 선택했으나 대학원 과정에서 더욱 깊은 방황이 시작됐다. 하루종일 실험 기기와 씨름하고 실험 스케줄 때문에 움직일 수 없는 생활이 짜증났다. 내가 연구를 계속할 수 있을까? 연구자의 길이 나에게 정말 맞는 것일까?

결국 나는 석사과정을 졸업한 후 과학자의 길을 버리고 다른 길을 찾기 시작했다. 마침 그때 각 신문사에 전문기자 바람이 불어 과학이나 의학을 전공한 사람을 기자로 특채하고 있었다. 어린 시절부터 글쓰기를 즐겼던 나는 구미가 당겼다. 대학원을 졸업하기 전부터 나는 언론사 입사에 대한 정보를 알아보았다. 쉽게 들어갈 수 있으리라 생각했던 전문기자 자리는 의외로 적었다. 몇몇 언론사가 전년도에 이미 전문기자를 뽑았기 때문에 그해에는 전문기자를 뽑을지도 불명확했다.

그래서 아예 기자 시험을 본격적으로 준비하기로 했다. 당시 언론사 공부를 가장 많이 하던 사회학과 친구에게 부탁해 스터디 모임에 들어갔다. 일반기자로 시험을 준비하다 전문기자를 뽑는 곳이 있으면 응시하겠다는 복안이었다. 당시 언론사는 인기 있는 직장으로 '언론고시'라 불릴 정도로 경쟁률이 높았으나 다행히 1년의 준비기간 끝에 1995년 '경향신문'에 입사할 수 있었다.

막상 신문사에 들어가 보니 기자 생활이 나한테 잘 맞았고 10년이 지난 지금까지도 재미를 느끼며 살고 있다. 나는 내 인생 최대의 선택이었던 기자 생활에 상당히 만족한다.

일반기자로 입사해 전문기자가 되기까지

나는 처음부터 과학전문기자의 꿈을 갖고 언론사에 입사했다. 그러나 막상 입사해 보니 과학기자가 신문사에서 별로 중요하지 않은 것처럼 보였다. 지금도 그렇지만 10년 전에도 사회부, 정치부, 경제부 등 큰 이슈가 굴러가는 부서가 신문사를 이끌어가는 주축이었다. 이왕 신문사에 들어온 거, 정면 승부를 해보자는 생각이 들었다. 또 수습기간을 거치면서 경찰기자 생활에 재미를 느꼈다. 새벽부터 밤까지 경찰서를 돌면서 1시간도 쉬지 못하는 고된 생활인데도 남들이 가지 못하는 사건현장을 취재하는 것이 너무 짜릿했다. 회사에서도 잘 한다고 생각했는지 수습 마치고 바로 사회부 경찰기자로 발령을 냈다. 당시는 지금처럼 사회부 여기자가 많지 않아서 나는 우리 신문사에서 여기자로서 경찰기자가 된 첫 사례였다.

수습시절 나는 우리 동기 중에 처음으로 특종을 했다. 지금도 잊혀지지 않는 '구강청정제 음주단속 사건'이었다. 어느 날 음주단속에 걸린 운전자가 경찰서에 와서 자기는 절대 술을 먹지 않았다고 주장했다. 운전 직전에 구강청정제로 입을 헹궜을 뿐이라는 것이었다. 구강청정제 병의 성분을 확인해 봤더니 알코올의 분자식이 있었다. 구강청정제의 알코올 성분이 입 안에 남아 있어 음주측정에 걸린 것이다. 그때 다른 기자들도 같이 경찰서에 있었는데 나만 그것을 알아내서 우리 신문만 특종을 할 수 있었다. 내가 이공계를 전공하지 않았다면 포착하기 힘든 기사였다.

사회부에서 3년쯤 일하다 경제부로 옮겨왔다. IT와 과학 분야를 담당하게 되면서 나는 과학전문기자였던 나의 꿈을 기억해냈다. 그동안 기자로서 기초적인 훈련을 받았으니 이제는 과학 분야를 맡아도 되겠다는 생각이 들었다. 이공계 출신으로서 과학의 중요성을 대중에게 알려야 한다는 책임감도 느꼈다.

과학을 오래 담당하면서 전문성을 갖기 위해서는 박사학위가 필요하다고 생각했다. 공부 주제는 생명공학을 전공한 학력과 신문기자로서 사회와 관련한 취재를 오래한 이력을 살려 생명윤리로 정했다. 회사에 다니며 대학원 시험을 준비하여, 2002년 서울대학교 의과대학으로 진학했다. 그리고 2005

년 2월 '생명복제를 둘러싼 국내의 생명윤리논쟁에 관한 연구' 라는 제목으로 박사논문을 쓰고 학위를 받았다. 회사에서도 나를 과학전문기자로 발령을 냈다. 입사한 지 10년 만에 나는 박사학위를 가진 전문기자로 내 꿈을 이룬 셈이다.

남성위주의 조직에서 여성으로 살아남기

처음 신문사에 입사한 후 나는 여성으로서의 벽을 느꼈다. 과학자들도 마찬가지겠지만 기자도 정말 남성 위주의 권위적인 조직이다. 그 생활에 내가 나름대로 적응할 수 있었던 것은 석사과정 시절 실험실에서 체득한 조직생활 덕분이었을 것이다.

여성이고 이공계라는 두 개의 '마이너리그' 출신인 나는 단점을 장점으로 바꾸기 위해 노력했다. 그것은 바로 희소성이었다. 여성은 조직에서 일을 잘 못하면 도태되지만 일을 약간 잘하면 눈에 띄게 된다. 수습 시절, 그리고 경찰기자 시절, 나는 동료 남자기자들만큼 성과를 내기 위해 노력했다. 그러자 처음에는 여자가 고된 경찰기자를 잘 할까 우려하던 사람들이 사건을 믿고 맡길 수 있는 존재로 나를 인식하기 시작했다. 한번 일 잘하는 사람으로 평가를 받으니 자신감도 생기고 일도 잘 되었다. 지금까지도 느끼는 것인데 여성들이 어떤 조직에 들어섰을 때 첫인상이 상당히 중요한 것 같다. 초창기에 일 잘하는 여자 동료로 자리매김하느냐, 그렇저럭한 여사원으로 찍히느냐에 따라 평가가 상당부분 이어지는 것 같다.

근무 후 이어지는 술자리에서도 나는 술 잘 마시는 여기자가 되었다. 처음엔 여자라서 다른 남자기자들에게 지지 않으려고 정신력으로 마시던 술이 이제는 실력이 되어 술자리를 즐긴다. 그렇다고 내가 정말 '말술'은 아니다. 그냥 다른 남자들과 비슷한 정도로 마시면 사람들이 보기엔 눈에 띄기 때문에 아주 잘 마신다는 인상을 주는 것이다.

과학전문기자로서 앞으로 해야 할 일

흔히 기자라면 이공계 출신은 적합하지 않은 인문계 출신의 직업이라고 생각한다. 그러나 내가 직접 경험해보니 이공계 출신에게 적합한 직업이다. 기자는 늘 새로운 현상을 발굴해야 한다. 또 기사를 쓸 때는 논리적인 부분이 상당히 중요하다. 팩트가 틀리거나 앞뒤 문장의 말이 어긋나면 기사가 안 된다. 그런 면에서 새로운 데이터를 찾아내고 그것을 논리적으로 추론하는 훈련을 한 이공계 출신이 기자 생활에 장점이 있는 셈이다.

앞에서도 내가 기자 생활에 상당히 만족한다고 말한 바 있다. 과학전문기자가 되면서 더 좋은 점은 취재 대상이 과학자들이라는 점이었다. 과학자들은 거짓말을 하지 않고 과장을 하지 않는다. 자신의 연구결과에 대해 정확하고 성실하게 설명하려고 한다. 또 돈을 벌기 위해서가 아니라 신념을 위해서 연구를 한다. 그런 과학자들을 바라보며 나 스스로도 사회에 대한 책임감을 갖게 되었다.

지난 10년 동안 나는 기자로서 열심히 일했다. 2004년에는 과학기자협회가 주는 팬택과학언론인상을 받았고, 지난 5월에는 '황우석 생명공학혁명과 한국의 과제'를 주제로 이달의 기자상도 받았다. 회사 내에서 크고 작은 특종상을 받은 적은 더러 있었으나 이렇게 외부에서 좋은 평가를 받고 나니 더욱 힘이 난다.

이제는 나도 단순히 언론사 기자가 아니라 과학전문가로서 사회적 역할을 해야 하지 않을까 싶다. 최근에는 이름이 알려져서인지 조금씩 강연요청이

들어오고, 모임에 나와 달라는 부탁도 받는다. 과학자들의 집단에서 과학자를 보는 외부의 시선을 말해주면 상당히 많은 과학자들이 이에 수긍한다. 과학계를 바라보는 사회의 시선이 많이 달라졌지만 아직도 과학계와 사회는 단절되어 있다. 과학계와 사회를 이어주는 징검다리가 나에게 주어진 역할이라고 생각한다.

이인선

계명대학교 식품가공학과 교수

영남대학교 식품영양학과를 졸업하고, 동대학원에서 석 · 박사학위를 취득했다. 1992년 계명대학교 식품가공학과 교수로 임용되었으며, 1995년 일본 동경 국립의약품식품위생연구소에서 연구교수로 활동했다. 전통미생물자원연구센터의 센터장, 식품의약품 안전청에서 공인하는 식품위생검사기관의 소장, 신기술사업단의 사업단장과 BT 센터장을 역임하고 있으며, 현재 국가과학기술위원회 위원으로 재직하고 있다. 1999년 히로시마에서 열린 국제 소화기암학회에서 젊은 과학자상을 수상했으며, 2004년 대구시가 처음으로 제정한 목련상에서 여성발전 부분을 수상하는 등 다양한 과학상과 공로상을 수상했다. 국내외에 120여 편의 연구논문과 50여 편의 특허와 보고서를 냈으며, 저서로는 《식품위생학》 외 다수가 있다.

기업과 함께하는 과학기술자가 되고 싶다

이승만 대통령이 하야하고 박정희 군부독재가 시작된 역경의 1960년대에 나의 유년 시절은 시작되었다. 독립운동을 하셨던 할아버지가 일본 경찰을 피해 정착한 아주 조그만 시골에서 어린 시절을 보냈다. 그곳은 옛날 군수용 텅스텐을 캐던 곳으로 아직도 그린벨트 지역으로 묶여 있는 대구 근교의 시골이다. 초등학교 시절까지 그곳에서 살다가 대구로 전입해 중고등학생 시절을 보냈다. 독립투사의 집은 가난하다고 했는데 우리 집도 예외가 아니었다. 서울로 대학을 가고 싶은 마음이 굴뚝같았지만 엄두도 못 내고, 대구의 한 지방대학에 입학했다. 전공은 해외이민 자격이 주어진다는 영양사라는 직업에 매료되어 식품영양학과로 결정했다.

대학시절 유신정권에 저항하는 대학생들의 동요가 심각하여 급기야는 3학년 때 휴교령이 내려졌다. 수업의 공백이 생기면서 전공에 대한 회의를 하던 중 학과교수님의 권유로 미생물 대사 연구실에서 학부학생으로 실험실 생활을 시작했다. 점점 실험에 흥미를 가지면서 학생논문 공모대회에도 나갔다. 비록 학자금 융자로 공부해야 하는 형편이었지만 후일에 대한 투자라는 생각과 실험을 계속하고픈 욕망에 중등교사의 길보다 석사과정을 선택했다.

석사과정 때는 막 도입되기 시작한 유전공학 기술을 이용해 아미노산 대사제어 및 대량생산에 관한 연구를 하였고, 섬세한 배양기술과 데이터 해석으로 논문을 쓰며 프로젝트를 수행하는 일들에 성취감을 느꼈다. 하지만 학자금 융자로 계속 공부하는 것이 어려워 경북대학교 면역학교실에 연구조교로 취업했다. 어느 정도의 월급을 받게 되고 6개월의 연구원 생활을 하면서 박사과정을 생각했다.

당시는 국내의 이공계 박사 우대정책으로 8 대 1의 높은 경쟁을 거쳐야만 했고, 기회를 갖지 못한 대부분의 과학자들은 장학제도가 비교적 쉬운 일본 등지로 유학을 많이 떠나던 시기였다. 높은 경쟁률에도 불구하고 다행히 박사과정에 진학할 수 있었다. 하지만 훗날 대학에 지원서를 제출할 때는 국내학위라는 한계에 부딪혀 국내학위 취득을 후회한 적도 있다.

의과대학에서 하는 일은 주로 임파구에 대한 실험으로 조직적합성 및 항원항체반응, 유전질환들의 추적들이 새로운 생체적용 가능한 분야여서 매우 흥미롭게 할 수 있었다. 총 9년 동안 의과대학에서의 다양한 연구생활을 병행하면서 '이속간의 세포융합을 통한 미생물 대량생산' 이라는 제목으로 29세 때 박사학위를 취득했고, 이때의 많은 경험들이 대학 강단에 설 수 있는 발판이 되었다. 이 시절에 인생의 커다란 스승을 만났는데 그분이 바로 또 한 분의 지도교수인 경북대학교 의과대학 정태호 교수님이다. 그분은 훌륭한 연구를 하기 위해 Awareness(인식, 아이디어), Atmosphere(주위 분위기, 연구원), Apparatus(기구, 기계) 3A를 늘 강조했고, 지금까지도 내가 학생들에게 강조하는 연구기초의 틀을 마련해주었다.

경북대학교 의과대학의 연구원 생활을 마치고, 1992년 9월에 계명대학교 식품가공학과 교수채용에 선발되었다. 교수로 채용되기까지 여성의 대학사회 진입이라는 큰 장벽을 넘어야 했고, 또한 외국학위에 대한 우대 및 선호사상 때문에 국내학위자로서 한계를 느껴야만 했다.

교수로서의 생활에서도 교외학생 생활지도나 취업문제 등에서 남성중심의 생각에 주저앉고 싶을 만큼 절망적일 때도 많았다. 그럴 때마다 '수치(數値)적인 잣대에서는 절대로 밀리지 말아야지' 하는 생각으로, 몇 배의 논문을 발표하고 연구 프로젝트를 신청했다. 산학협력재단의 연구 수행을 시작으로, 1994년에는 교내에서 이공계 최고의 교수를 선발하는 비사연구교수가 되기도 했다.

그러던 중 한일재단 초청 젊은 연구자 15명 파견 산업기술협력프로그램에 응모하여 1995년 12월 선발되었다. 여성이라는 핸디캡은 연구원 선발 당시에도 넘어야 할 또 하나의 산이었지만 기꺼이 받아들이고 극복했다. 선발자 중 14명은 동경 부근의 츠쿠바 연구단지에 갔고, 혼자 동경의 국립의약품식품위생연구소(NHS)에서 연구를 했다. 어린아이와 가족을 두고 혼자 출국하리라 결심한 것은 마음껏 연구를 해보아야겠다는 과학자로서의 욕심과 국내 과학자로서 해외 연구기관에서 남들보다 더 뛰어난 연구를 하고 싶다는 도전의식 때문이었다.

일본에서는 동물모델을 이용해 조직면역화학적으로 생리활성물질을 검색하는 화학적 암예방 분야의 연구를 했다. 처음에는 가족을 뒤로 하고 밤늦도록 혼자 연구하는 외국 여성과학자를 신기한 눈으로 지켜보던 일본 연구기관에서도 전기영동장치 등 필요한 장비와 마킨토시 컴퓨터를 구입하여 주는 등 점점 마음껏 연구할 수 있도록 따뜻한 배려를 해주기 시작했다. 힘들게 연구하던 중 히로시마에서 열린 국제 소화기암학회에서 젊은 과학자상을 수상하여 연구에 더욱 매진할 수 있었다. 그때의 연구들이 국내외 학술지에 120여 편의 논문을 게재할 수 있는 중요한 발판이 되었다. 그때 함께 연구한 박사들과는 지금까지도 많은 도움을 주고받으며 공동 연구를 수행하고 있으며, 매년 9월 말에 열리는 일본암학회에서 만나 서로의 연구에 대한 정보를 교환하고 있다.

특히 1998년부터 한국학술진흥재단에서 국제학술지 등재논문을 강조함에 따라 그동안의 연구 성과로 많은 연구비와 포스트닥터를 받게 되었고 새로운 연구의 기틀을 마련하게 되었다.

과학기술부 지역협력연구센터의 유일한 여성 센터장

지방대학의 특성화와 지역 전략산업 육성이라는 화두에 맞추어 우리 대학에서도 지역협력연구센터(RRC) 유치를 준비했다. 분야 선별 과정 중 바이오라는 분야를 선정했고, 당시 논문이나 특허 수로 센터장에 추천되었다. 행정적 경험이 없던 나로서는 정말 두려운 일이었지만 정공법이 아니면 헤쳐 나갈 수 없는 상황이었다. 하지만 서면 및 현장 평가를 힘껏 준비하여 최종 선정되었고 최초의 여성 센터장으로서 자리매김했다.

9년을 계획으로 150억 규모의 전통 미생물 자원 연구센터가 2001년 6월 개소되었고, 전국 최고인 매년 9억의 대학지원금을 받으면서 지역기업과 연계한 연구개발이라는 닻을 올렸다. 연구는 순조로웠지만 학생들의 교육과 취업, 그리고 기업의 교내유도를 위해서는 새로운 것을 시도해야 했다. 그래서 식품의약품 안전청에서 공인하는 식품위생 검사기관을 개소하게 되었고, 이로 인해 고가의 장비 활용은 물론 검사 수수료로 인한 자립화 기반을 조성했다. 우리 학교 출신의 연구원 채용, 기업컨설팅을 통한 취업유도, 대학원생 활성화 등 상당한 시너지 효과도 창출했다.

산업자원부의 대구지역 산학연의 클러스터화 사업

RRC를 통하여 연구개발과 기업유도는 이루어졌지만 기업을 위한 하드웨어가 부족하다는 것이 지방의 연구자로서 늘 안타까웠다. 대구는 1단계 지역진흥사업에서는 섬유(밀라노프로젝트)에만 매달렸으나 2004년부터 시행하게 될 2단계 지역진흥사업에는 섬유와 함께 신기술 부분의 투자를 강조하여 예산기획을 하게 되었다. BT 분야에서는 계명대학교, NT와 IT(모바일)는 경북대학교가 주관했다. 세 개 분야의 융합과 산학의 현장인 성서산업단지에 5년간 총 재원 1434억 규모의 신기술 사업단이 출범했고 사업단장과 BT센터장이라는 중책을 맡게 되었다. 초기 2년 동안 기반 구축인 건축과 장비, 인력채용 등을 갖춘 후에 연구자 본연의 임무에 충실하기 위해 대학으로 돌아갈 예정이다.

2004년에는 대구시가 처음으로 제정한 목련상에서 여성발전 부분을 수상하는 영예를 누렸다. 정책 결정의 한 책임자로서 소신과 투명함을 잃지 않고 합리적인 유연성으로 주변의 의견을 들으며 순간순간 최선을 다한 연구자로서 평가를 받은 것 같아 참으로 뿌듯했다.

그러나 앞서 연구한 여성과학자 선배들이 많은 가운데 국과위 위원으로 임용되었을 때는 참으로 민망하고 죄송스런 마음이었다. 지방과학자로서 중앙정부 대형 연구사업의 최초 여성장으로서의 의견개진을 위한 몫이라고 생각하여 부처의 R&D와 분배·조정·평가의 업무를 위해 주어진 여건에서 최대한 역할을 하고자 다짐했다. 한시적인 여성우대라 하더라도 기분 좋은 시대라 생각하고 지혜롭게 어려움과 한계를 넘기를 기대한다. 정책결정의 책임자로서 또한 연구자로서 교수의 책임과 의무에 늘 최선을 다 해야겠다고 다짐한다.

지금은 단장, 센터장이라는 공적인 업무가 많지만 그래도 가장 기분 좋은 시간은 토요일에 열리는 연구실 미팅을 하는 것이다. 항상 열정을 가지고 있는 학생들의 모습에 나는 매무새를 다시금 가다듬게 되고, 많은 연구활동에 힘을 실어주는 기능성 식품학연구실의 20여 명의 연구원들에게 항상 고마움을 느끼고 있다. 경주에서 있었던 지난 MT 때 나는 다시 한번 강조했다.

"갖추고 싶었던 3A가 거의 갖추어지고 있다고 생각되는 이 시점에 안주하지 말라. 아직도 넘어야 할 산이 많다는 것은 도전해야 할 새로운 일들이 많다는 것이니, 돌아가야 할 상황에 이르기 전까지는 정면 돌파를 하라."

이현숙

현 소아과의원 원장

1964년 이화여자대학교 의과대학 졸업 후 동대학 부속병원에서 인턴, 그리고 소아과 레지던트를 수료했다. 그후 이화여자대학교 의과대학 전임강사를 1976년까지 역임했고, 1982년 고려대학교 의과대학 대학원에서 박사학위를 취득했다. 1977년부터 1999년까지 한국 보훈병원 소아과 과장을 역임하면서 이화여자대학교 의과대학, 순천향대학교 의과대학 소아과 외래교수를 역임했다. 1993년부터 1997년까지 이화여자대학교 의과대학 동창회 회장을 지냈으며 2002년부터 현재까지 평통자문위원, 2004년부터 현재까지 한국여자의사회 회장직을 맡고 있으면서 현 소아과의원 원장으로 의료 봉사를 하고 있다.

아버님처럼 살고 싶다

오늘이 2005년 7월 24일, 아버님이 1977년 7월 24일 77세의 일기로 타계하셨으니 스물여덟 해가 지났나보다. 우리의 뇌리에서 까마득히 멀어져 가지만 아버님의 신앙과 교훈이 마음속 깊이 살아 있어 우리가 아버님처럼 살고 있는 것일까를 생각하면서 지난 세월을 회상해본다.

"너희 집은 참 이상해. 아빠엄마를 꼭 선생님 대하듯, 그렇게 어렵게 어떻게 사니?" 어렸을 때부터 나는 친구들에게 이런 말을 많이 들었다. 그러나 엄격한 가정, 엄하신 부모님 슬하에서 우린 참 자유의 삶을 살았고, 결코 남에게 욕되지 않게 살아왔다.

6·25전쟁 피난 시절 부산 보수동 2층 단칸 다다미방에서나, 수복 후 신당동 2층 단칸방에 세 들어 살면서도 "참 그 집 아이들은 어떻게 교육시켰는지 너무 조용해서 있는 듯 없는 듯 세준 것 같지 않아" 하는 얘기를 들으면서 즐겁고 행복하게 살았다. 엄하면서도 자유롭게, 스스로 다스려 가도록 하는

부모님의 산교육은 우리 일곱 형제에게 큰 힘이 되었다.

몸이 병들면 마음도 병이 든다고 하나 아버님은 병약하면서도 스스로 절제하고 조심하면서 누구보다도 청렴하고 건강하게 살았으니 마지막 길이 어찌 복된 길이 아닐 수 있으랴. 눈 감기 바로 전 "오 너 왔구나" 하며 웃으시던 아버님의 모습! 주일날이면 어김없이 우리들을 데리고 서울역, 원효로 등의 공중화장실 청소를 하면서 교육자로서, 종교인으로서, 봉사와 헌신을 실천으로 몸소 가르쳐주신 아름다운 삶이었기에 새 하늘과 새 땅을 향하신 모습이 그렇게 아름답고 편안한 모습이었으리라.

지난 며칠 동안 나는 히포크라티스의 선서와 '의술이 인술'이라는 의미를 다시금 생각해보았다. 40년 전 나는 과학자의 길, 의료의 길로 접어들면서 선서를 했다. '이것이다. 이것이 바로 아버님의 참 가르침이구나.' 아버님의 가르침과 히포크라테스의 선서는 별반 다르지 않았다. 그래서 나는 아버님 덕분으로 그것을 지켜올 수 있었던 것 같다. 죽어가던 사람이 살아난 것을 내가 명의이기 때문이라고 자만하기 쉬운 나, 의사로서 그러한 교만한 마음을 가지기보다는 오히려 모든 것을 하나님의 뜻으로 돌리고 하나님 능력의 손길이 나를 통해서 이루어졌다고 감사할 줄 아는 내가 되도록 노력하고, 또 그렇게 행할 수 있었던 것은 헌신과 봉사를 생활의 신조로 삼고 사신 아버님의 무언의 교육이 있었기 때문이었다.

"넌 참 어리숙하고 마치 바보처럼 보이면서도 남을 위하는 맘이 크기 때문에 너를 좋아해" 하던 친구의 말이 생각난다. 그뿐이랴, 아이를 셋씩 낳고도 세상 살 줄 모른다는 남편의 비난 아닌 비난도 아마 아버님 탓인가 보다.

세살 버릇 여든까지라지 않는가. 어머님 뱃속에서 나으면서부터 부모님의 참교육이, 아버님의 참된 교훈이 내 몸에 배어 나를 억거하는 것이니 나 스스로 남을 돕는 일이라 생각하고 행하는 데는 어떤 장애도 있을 수 없다.

부모님보다 큰 덕을 쌓지 못했고, 부모님보다 믿음이 강하지 못해도 하나님께서 옳다고 말씀하시는 것이면 무엇이든 행하고 싶다. 불쌍한 사람을 돕고 나보다 약한 자를 돕고자 하는 마음 크지만 다 행하지 못해 부끄럽고, 아버님이 심어준 교훈대로 살지 못해 죄스러울 뿐이다. 생전에 불효였고, 기쁘게 해드리지 못했음을 슬퍼하고 후회한들 이렇게 짙은 마음의 슬픔이 사라질 것인가? 지금부터라도 아버님의 교훈을 받들고 신앙을 본받아 실천하며 사는 것만이 우리의 옳은 삶이라 생각한다.

허공의 구름을 잡듯 이루어질 수 없는 목적을 바라보는 이상주의적 생활태도 때문에 아버님에게 반발도 많이 했지만 그러면서도 우리 형제들 모두는 한결같이 아버님을 닮았다.

사람 산다는 것이 단순히 호의호식에 뜻이 있는 것이 아니고 희망과 신념을 가지고 살아야 함을 아버님은 깨닫게 해주었다. 실망과 절망이 죽은 것과 같은 것임을 성경을 통해, 하나님의 말씀을 통해 가르쳐주셨다. 나를 본위로 삼지 말고 헌신과 봉사를 통해 남을 기쁘게 하는 것이 스스로 기쁨을 맛보는 뜻있는 삶임을 몸소 보여주셨다.

나는 의사직에 있으면서 스스로 남을 돕고 있다고 착각할 때가 많다. 그러나 나는 그들의 병을 치료해 줄지는 모르나 그들의 마음에 기쁨을 심어주는 일에는 약하고 모자라다. 그들의 마음에 소망을 주기 위해 힘을 기울일 때 아버님은 더 기뻐하실 텐데. 아버님은 항상 우리에게 "우물을 파도 한 우물을 파라"고 하셨다. 한없이 괴로운 일, 슬픈 일, 그리고 어려운 일을 참고 견디며 헌신하면서 아버님처럼 살고 싶다.

이혜숙

이화여자대학교 수학과 교수

이화여자대학교 수학과를 졸업한 후 1974년에 캐나다 브리티시컬럼비아대학교어서 석사학위를, 1978년에 퀸스대학교에서 박사학위를 취득했다. 독일 레겐스쿠르크대학교에서 연구원을 역임한 후 1980년부터 이화여자대학교 수학과 교수로 재직중이다. 자연과학대학 학장, 국제교육원장, 연구처장을 역임했고 현재는 WISE 거점센터 소장과 대한수학회 부회장을 맡고 있다. 2003년 대학민국 과학기술훈장과 올해의 여성과학기술인상을 수상했으며 WISE 프로그램을 국내에 최초로 도입하여 여성과학기술인 양성에 특별한 애정을 가지고 노력하고 있다. 국내외에 40여 편의 연구논문과 보고서를 냈으며, 옮긴 책으로는 《지식의 추구와 수학》《불꽃같은 생애-여성수학자 쇼냐 코발레프스카야의 전기》가 있다.

행복한 삶을 창조하는 과학기술

수학과 교수로, 여학생들의 이공계 진출을 지원하기 위해 각종 프로그램을 운영하는 WISE(Women Into Science & Engineering) 거점센터의 소장으로 바쁘게 살고 있는 나는 매일 만나는 크고 작은 도전들이 마냥 즐겁다. 나의 전공은 추상대수학으로 어떤 수학적 대상의 구조를 밝히는 것인데 그 내용을 쉽게 설명하기는 힘들다. 구조를 밝히는 과정 자체가 큰 도전이지만 결과가 나오면 투자한 시간과 노력이 모두 보상되는 무엇과도 비교할 수 없는 큰 기쁨을 경험할 수 있어서 참 좋다. 마찬가지로 과학기술 분야에서 활동하는 여성이 적은 우리나라에서, '과연 여성이 과학자로 성공할 수 있을지' 한번쯤 의문을 가진 여학생들에게 여성과학기술인들을 멘토로 만날 수 있게 소개하고 격려하는 WISE 센터의 일도 큰 보람이다. 각 분야의 동료 여성과학자들과 차세대 과학기술을 이끌어갈 여학생들을 만나서 함께 후원하고 배워나가는 경험은 정말 소중해서 누구에게나 권하고 싶다.

한글도 제대로 못 깨치고 초등학교에 입학한 나는 2학년까지 지루하지만 열심히 한글과 셈본을 해야 했다. 그러다 3학년 방학에는 수학 문제집 두 개를 구해서 다 풀기로 작정을 했다. 도와주는 사람 없이 어려운 문제와 한참을 씨름하다가 해답도 봐가며 마침내 해결의 실마리를 찾자 혼란스럽던 것이 말끔히 정리되고 전체가 이해되면서 큰 기쁨을 맛보았다. 그 느낌이 하도 좋아서 그 후 한동안은 닥치는 대로 문제집을 사서 수학문제 풀이를 취미로 산 적도 있었다.

중고등학교 시절에는 서울공대 화공과를 졸업한 강순옥 선생님의 탁월한 지도로 과학을 정말 잘 배웠다. 그 영향으로 화학이 너무 좋아졌고 자연현상을 발견하고 알아나가는 과정이 근사해 보여서 일생을 바쳐 화학자가 되려고 했다. 그러나 부모님은 여자에게는 영문과나 가정대가 제일이라며 반대하셨다. 나는 통행금지가 있던 시절 늦게까지 실험실에 있는 것보다 '연필과 종이만 있으면 되는 수학'을 하는 것이 여자에게 더 낫다는 주위의 권유와 화공과를 졸업하고도 여자라는 이유로 기회를 얻지 못하는 우리 선생님을 안타깝게 지켜보면서, '수학도 좋아하니까'라는 단순한 생각으로 전공을 정했다. 결과적으로는 잘되었지만, 통행금지를 걱정할 필요도 없고 비교적 자유로워진 지금의 환경을 생각하면 세상이 어떻게 변할지 내다보지 못하고 내린 결정에 가끔 웃음이 난다.

전공에 대한 이해도 부족해서, 주어진 수학문제 푸는 것을 수학하는 것으로 알고 있었는데 그게 아니었다. '마음을 연구하는 것이 심리학', '물질을 공부하는 것이 물리학', '생명현상을 알아내는 것이 생명과학'인 것처럼 '수학은 ~을 연구하는 것'이라고 정의할 수 있기를 간절히 바랐지만 허사였다. 수학 자체를 설명할 수 없는 답답한 마음에 다른 걸 해볼까 생각도 했지만 시작한 것을 모른 채 중단하는 것은 내키지 않았다.

1972년, 집도 나라도 가난한 시절에 달랑 200불을 들고 캐나다로 유학을 갔다. 말도 잘 안 통하고 지금과 달리 문화적 충격도 컸지만 참 많은 걸 배우고 좋은 사람들을 많이 만났다. 히피 문화가 한창이던 그 시절에 껄렁해 보이는 친구들이 수학만으로도 행복해 하는 것을 보았고, 통통 튀는 창의적인 아이디어로 존경심을 불러일으키는 동료학생들도 만났다. 수학이 얼마나 크고 넓은지를 조금씩 배워나가면서 그 큰 광맥들을 발견한 수학자들을 만나는 것도 대단한 영광이었고, 나도 그들이 발견한 광맥을 한참 파다보면 조그만 수학의 광맥을 언젠가는 발견할 수도 있지 않을까 하는 야심찬 꿈도 가졌다. 특히 4년마다 열리는 세계수학자대회(ICM)에서 '꿈속에서도 수학을 하는 사람만 수학을 계속하라' 는 대회장의 메시지는 충격 자체였다. 이 메시지를 통하여 모든 것을 걸고 집중해야만 무언가를 달성할 수 있다는 교훈을 얻은 것은 큰 수확이었다. 그 시절에는 모두가 그러했듯이 우리 돈 하나도 안 들이고 장학금으로 공부하면서 언어를 익히고, 다양함과 새로움에 대해 낯설어하지 않고 수용할 수 있는 유연한 사고를 얻었으며, 국제적 감각을 키우고 네트워크의 중요성을 이해하게 된 것들 또한 살아가는 데 큰 도움이 되고 있다. 이런 이유로 박사학위를 받은 후에는 북미와는 또 다른 문화권인 독일 레겐스부르크대학으로 연구원 자리를 찾아갔다. 현재 우리나라의 수학 수준이 크게 높아졌어도 나는 제자들에게 여전히 외국유학을 적극 권한다.

비록 내가 수학에서 광맥은 못 찾았지만, 이제부터 광맥을 찾아낼 수 있는 제자들이 나오기 시작하는 것은 기쁨 중에 으뜸 되는 기쁨이다. 또 30년 넘게 수학을 가르치면서, 수학이 자연과 사회현상, 그리고 생각의 패턴까지 모두를 대상으로 삼아서 패턴을 설명하는 규칙을 발견하고 이론화하는 일종의 언어로 계속 발전해가는 소중한 인류의 유산임을 학생들에게 알릴 수 있는 것도 실로 큰 보람이다. 각 분야의 훌륭한 전문가들이 초등학교 교사가 되고 싶다고 하던 소망을 이제는 이해할 수 있을 것 같다. 사실 우리 모두는 항상 무의식적으로 수학적 행위를 하며 살고 있다. 그러니 어려서부터 인간에게 내재된 수학적 능력을 발굴하고 끌어내 자연현상과 사고 패턴들을 수학과 연결하는 길로 안내하면, 수학 때문에 좋아하는 과학이나 공학을 못하겠다는 안타까운 학생들을 도울 수 있을 것이다. 이제 재미있고 유익한 수학이 어렵고 싫어진 친구들을 위한 프로그램을 개발해야겠다는 오랜 계획을 실천할 때가 온 것 같다.

여자대학에서 제자를 가르치다보니 유능한 여성들이 취업에 어려움을 겪는 경우를 자주 보았다. 요즈음은 환경이 많이 좋아졌지만 한때는 채용에서 여성차별주의적 발언을 하는 교수들을 더러 만났다. 뒤늦게 과학기술계에서 여성의 역할이 적은 이유를 이해하게 되었고 여성의 진출을 촉진할 개선책 마련이 시급하다는 생각이 들었다. 동료들과 모여 토론하고 외국사례를 벤치마킹해서 여학생들이 온·오프라인 상에서 과학자를 만나고, 진로와 경력 개발 기회를 안내받으며 과학자로서의 꿈을 키울 수 있게 지원하는 WISE 프로그램(www.wise.or.kr)을 정부의 지원으로 실시하게 되었다.

　나의 멘티 수연이가 나처럼 수학연구에 대해 알고 싶어했을 때는 옛날 내 생각이 나서 자세히 알려주었다. 그는 수학을 한다는 것에 대한 의미와 수학을 전공한 후의 여러 진로 가능성을 알고 수학에 대한 흥미와 관심이 한층 커졌다고 했다. 수학연구를 하면서 인접 과학을 좀더 폭넓게 공부했더라면 현재 융합과학시대에 연구 범위를 넓히고 여러 가능성을 추구해볼 수도 있었다는 아쉬움을 가지고 있던 나는 멘티에게 수학자의 업적 외에도 수학자인 동시에 물리학이나 금융공학자도 소개해서 세상을 넓게 볼 것을 조언하고 진학할 때는 추천서도 써주었다. 과학기술 안에서 후배를 만나고 그들을 이해하고 도움을 주면서 함께 성장해가는 경험은 큰 축복이다. 멘토링에 참여하는 많은 여성과학기술인들도 같은 평가를 하신다. 나이와 전공을 초월해서 격자무늬의 네트워크 속에 살 수 있는 것은 행운임에 틀림없다.

수학을 연구하고, 교육하고, WISE 프로그램을 운영하면서 가장 큰 보람은 항상 좋은 사람들과 함께하는 것이다. 내 인생에 큰 영향을 주신 좋은 멘토와 스승님들을 만나서 평생을 탐구해도 모자랄 수학과 인생을 배웠다. 지금도 연구와 관련된 여행을 하고 새로운 동료들을 만날 수 있으니 이 또한 얼마나 좋은가! 게다가 함께 일하는 동료들은 수학과 과학을 탐구하는 것처럼 창의적이고 합리적이라서 매일이 즐겁다. 또 뜻을 모아 과학기술 분야에서 여성의 역할을 높이는 논의를 함께하고 이런저런 시도를 하는 것도 즐거운 도전이다. 이제 과학자들의 연구현장은 바다 속, 우주, 실험실, 그리고 집안까지 세상 모든 곳이 가능하다. 수학연구도 여러 분야의 과학자들과 함께하는 공동연구가 늘다보니 연필과 종이만 필요한 것이 아니라 컴퓨터는 물론 실험실 연구도 필요해진다. 과학기술의 길은 점점 다양해지고 기회와 가능성도 끝이 안 보인다. 이 기회와 도전이 가득한 곳에서, 먼 미래를 내다보고 도전을 기꺼이 맞이할 준비된 더 많은 젊은 친구들을 만나고 싶다.

장선영

울산대학교 수학과 교수

1979년 서울대학교 수학교육학과를 졸업한 후 동대학원에서 이학 석·박사학위를 취득했다. 1982년 울산대학교에 부임하여 현재까지 수학과 교수로 재직중이며, 서울대학교 GARC 연구교수, 퍼듀대학교 수학과, 서강대학교 수학과 등에서 교환교수를 역임했다. 현재 대한수학회 이사로 대한수학회소식지 편집장과 한국여성수리과학회 부회장직을 맡고 있으며, 일간지에 칼럼을 기고하고 있다. 《Who's Who in the World》(2003)와 《Who's Who in the Science》(2004)에 등재되었으며 《미분적분학》《선형대수학》《작용소대수 입문》을 저술했다.

진리의 근본을 알고, 전하는 여성과학자로

주목받지 못한 어린 시절

근래 들어 여성과학자라는 말을 들으며 다른 여성과학자들과 함께 협력하며 일을 하고 있지만 어린 시절에 여성과학자를 꿈꾸었던 기억은 없다. 어렸을 적에는 TV에서 방영되던 〈보낸저〉, 〈제5전선〉, 〈전투〉, 〈스타트랙 엔터프라이즈호〉 같은 외화를 즐겨보며 악의 무리와 싸우는 정의의 용사를 꿈꾸었고, 책도 SF소설이나 탐정소설을 즐겨 읽었다.

다섯 남매 가운데 넷째로, 딸로는 셋째로 태어났는데 위의 언니들과 오빠가 탁월하게 뛰어나서, 나는 주위 사람들에게 착하고 인정 많다는 말을 듣는 것 말고는 별로 주목을 받지 못했다. 내가 초등학교에 입학할 때 학생대표로 환영사를 읽은 언니나 나보다 한 학년 위인 오빠를 나의 언니, 오빠라고 하면 학교 친구들은 믿지 않을 정도였다. 그들은 천재 소리를 듣는데 너는 왜 공부를 잘 못하느냐는 것이었다.

내가 초등학교 저학년 시절에 학급에서 겨우 중간 정도의 성적이었던 데는 어머니의 열성 탓도 있었다. 어머니가 동회에 찾아가서 어떻게 하셨는지

내 또래 아이들보다 한 살 먼저 초등학교에 입학했던 것이다. 어머니는 내가 넉넉히 따라갈 수 있을 것이라 생각했고, 한 살을 버니 나중에도 좋을 것이라고 생각을 하셨다고 한다. 그 덕에 나는 스물다섯에 대학교수라는 소리를 듣게 되었고, 지금도 동갑내기 여성수학자들 사이에서 본의 아니게 왕언니로 불린다.

아버지의 사랑과 관심으로

나는 지금도 아버지를 생각하면 눈물이 나고 그런 분이 내 아버지였다는 사실이 너무나 감사하다. 초등학교 3학년 생일에 아버지는 포장을 예쁘게 한 학용품과 셰익스피어의 《리어왕》을 선물로 주었다. 그것이 내가 공부에 관심을 갖는 계기가 되었고 두 달 후 나는 전교 1, 2등을 다투고 있었다.

아버지가 우리 형제들에게 공부를 잘하라고 말하셨던 기억은 없다. 대신 아버지는 우리에게 필요한 예술, 문화, 영화, 역사 등에 관심을 가지고 우리 형제들을 그와 같은 것을 체험할 수 있는 현장으로 데리고 다니셨다. 한번은 좌골신경통이 재발해 몸이 불편하신데도 우리를 데리고 단성사에서 상영하는 〈사막은 살아 있다〉를 관람하셨다. 그날 좌골신경통 때문에 힘들어 하시면서도 차멀미를 하는 나 때문에 차를 타지 않고 걸으시던 아버지의 얼굴이 떠오른다.

중학교는 추첨으로 입학했다. 경기여고에 시험 보러 가던 날도 차멀미 때문에 아침 일찍 아버지와 함께 두 손을 잡고 학교까지 걸어갔다. 아버지 덕분이었는지 비교적 우수한 성적으로 경기여고에 입학했다.

법관을 꿈꾸다 수학과로

언니와 오빠가 전부 이공계를 전공하자 자녀 중에 한 사람은 법관을 했으면 하는 어머니의 바람으로 정의의 용사를 꿈꾸던 내가 고등학교 시절 문과로 방향을 정했다. 고등학교 시절에는 수학보다 물리를 잘했는데 당시 유행하던 말로 타의 추종을 불허할 정도였다. 3학년이 되어 입학원서를 쓸 때 서울대학 법대가 조금 힘들지 모른다는 말에 이과로 방향을 바꾸어 원서를 냈고 단과대학에 수석입학했다. 그때 담임선생님이 문과에서 이과로 가서 수석을 하면 이과생들은 어떻게 하느냐고 하시던 말씀이 기억난다.

내 삶을 어디에 투자해야 가장 가치 있을까

대학 시절은 방황의 시기였다. 추상의 세계를 다루는 수학과 정의의 용사는 어울리기 힘들 수밖에 없었다. 수학에 대한 회의가 인생에 대한 회의로 발전하면서 신앙을 갖게 되었고, 진로를 고민하다 내가 그랬던 것처럼 힘들게 대학생활을 할 후배들을 위해 대학강단에 서기로 결심하고 대학원에 진학했다. 결국 내가 대학원에 입학한 것은 학문에 대한 열정이 강해서였다기보다 앞으로 대학에서 학생들을 가르치기 위한 중간 수순이었던 것 같다.

대학원 때도 심각하게 진로에 대한 갈등을 한 적이 있다. 전주 예수병원 원장이던 폴 크레인(Paul Crane, 구 바울) 박사의 《상한 갈대도 꺾지 않으시는》이라는 책을 읽으며, 이왕 내 재주가 공부하는 것밖에 없다면 다른 사람의 생명을 살릴 수 있는 의과를 하는 것이 좋겠다는 생각을 했다. 그때 전공을 바꾸지 못했던 것은 당시 내 성격상 특징이던 우유부단함 때문이었을 것이다.

내가 대학원 석사과정을 졸업한 1981년은 대학에 교수가 부족하던 시기였다. 유학을 가라는 주변의 권유도 있었지만 결혼과 임신으로 머뭇거리고 있었다. 그러다 지방대학에 잠시 근무하다 유학 가는 것도 한 방법이라는 선배의 권유로 1982년 울산대학교에 부임해 지금까지 학생들을 가르치고 있다.

몇 년 전 세계적 인명사전인 미국의 《Who' s Who in the World》와 《Who' s Who in the Science》에 나의 이름과 약력이 수학교육가로 등재된 적이 있었다. 울산대학교에서 교수로 재직하면서 나는 한동안 나 자신을 수학교육가로 생각하기보다는 수학자로 생각했다. 물론 훌륭한 수학교육가가 되기 위해서는 먼저 훌륭한 수학자가 되어야 한다. 그러나 나는 내 자신이 학생들에게 수학 이상의 것을 가르칠 수 있는 사람이 되기를 바란다. 내가 가르치는 수학만으로는 학생들을 도울 수 있는 부분이 너무 미미하다는 것을 알기 때문이다.

사회의 책임을 함께 지고 비전을 제시하는 여성과학자로

20대에 울산대학교에 교수로 부임한 후, 30대 후반까지는 수학연구와 자녀 양육에 몰두했다. 당시 나는 내가 다른 여성에 비해 많은 혜택을 누리고 있다고 생각했다. 좋은 부모님 슬하에서 행복하게 자랐고, 취직을 위해 이력서를 들고 다닌 기억도 없었다(치열하게 살지 않아서 지금 후회되는 점도 있지만). 다른 사람보다 더 누리고 있다는 부담감은 사회적 약자로서 상대적으로 부당한 대우를 받고 있는 여성들을 위해 무엇인가를 해야 한다는 생각을 키우게 했다. 그러나 그때까지만 해도 여교수가 연구실 밖을 나와서 활동할 수 있는 기회는 별로 없었다.

그러던 중 40대 초반에 울산대학교에서 최초로 대학본부 행정을 하는 여교수가 되면서 연구실 밖으로 시야가 넓혀졌다. 2003년부터는 여성 수학자들과 후배들의 학문적·사회적 지위 향상을 위해 몇 분의 여성수학자와 한국 여성수리과학회를 창립해 활동하고 있다. 그리고 성에 관계없이 일하고 능력과 인격으로 평가받는 사회 분위기 조성과 여성 수학자들의 활동영역 확장을 위해 대한수학회 이사로 대한수학회소식지 편집장을 맡고 있다. 또한 수학 전공 여교수라는 특별한 카테고리에 나를 제한시키지 않고, 이 사회의 지성인으로서 사회문제를 함께 책임지고 비전을 제시하기 위해 2004년에는 1년 동안 일간지의 고정 칼럼니스트로 활동했다. 시간과 여건이 허락하면 앞으로도 이를 계속할 생각이다.

세 권의 책을 저술했고, 20여 편의 논문을 썼으며, 20여 명의 석·박사들을 배출했다. 매학기 백수십 명 이상의 학생들을 가르치지만 나는 아직도 빚진 인생이다. 앞으로 사회문제를 함께 책임지며 비전을 제시할 수 있는 여성과학자가 되기를 원하며 또한 그러한 사람들을 가르칠 수 있기를 바란다.

전길자

이화여자대학교 화학과 · 분자생명과학부 교수

이화여자대학교 화학과를 졸업하고 동대학원에서 생화학 전공으로 석 · 박사학위를 받았으며, 미국 템플대학교 의과대학 펠스연구소 연구원을 거쳐 현재 이화여자대학교 화학과 · 분자생명과학부 교수이다. 이화여대 학생처장, 생명과학연구소장, 기초과학연구소장을 역임했으며 현재 전국여성과학기술인지원센터 원장으로 재직하고 있다. 국가과학기술위원회 민간위원, 대통령자문 정책기획위원회 과학생태분과 위원, 한국과학기술단체총연합회 임원, 과학기술부 · 교육인적자원부 등의 평가의원, 대한학학회 이사, 여성생명과학포럼 부회장, 전국문해성인기초교육협의회 이사, 전국기독인교수모임연합회 공동대표 등을 역임했으며 현재 국방과학연구원 최초의 여성 이사직을 맡고 있다. 국내외에 60여 편의 연구논문과 2C여 건의 특허출원 및 등록이 있다.

나의 길 나의 삶

지난 52년의 삶을 되돌아보며 이 글을 쓰기 전에 잠시 눈을 감고 기억 속에 있는 나를 생각해본다. 다소 소극적인 성격이었던 어린 시절, 지금은 내 삶의 일부가 된 화학과의 만남이 있었던 여고시절, 자신감과 꿈을 키웠던 대학시절, 녹용연구에 몰두하여 밤낮을 몰랐던 젊은 교수시절, 그리고 과학기술부 지정 전국여성과학기술인지원센터장으로서 지금의 나.

이러한 과정에서 나는 가정과 사회에서 여성이기에 짊어져야 했던 사회적 관습과 굴레를 극복하기 위해 부단히 싸워왔다. 힘들고 지쳐 기억하기조차 싫은 순간들도 많았으나 지금은 그 한순간 한순간이 도전을 통해 새로운 삶을 펼쳐나가고자 하는 나에게 소중한 자산이 되고 있다.

소극적인 성격의 소녀 시절

나는 1953년 충북 진천에서 태어나 서울 재동초등학교를 졸업하기까지 5군데의 초등학교를 다녔다. 아버지의 잦은 전근으로 학교를 자주 옮겨야 했고,

그때마다 새로운 학교에서 친구를 사귄다는 것이 나에게는 결코 쉬운 일이 아니었다. 5남매 중 셋째로 태어나 성장하면서 가족에게도 큰 관심의 대상이 되지 못했기에 나 스스로도 자신의 존재를 크게 인식하지 못한 채 매사에 소극적인 소녀로 성장했다.

화학과의 운명적 만남

중고등학교 시절 나는 노력한 만큼 성과를 얻지 못한다는 생각에 늘 불만으로 가득 차 있었다. 나의 재능은 자연과학 쪽으로 발달되어 수학, 과학 과목에서는 좋은 성적을 올렸으나 아무리 노력해도 국어와 사회 성적은 바닥이었다. 노력해도 성적이 잘 나오지 않는 그런 과목에도 시간과 노력을 고르게 투자해야 한다는 것이 나에게는 늘 불만이었다.

그 와중에 고등학교 1학년 과학실습 시간에 있었던 화학실험은 내 일생을 걸 만한 '새로운 세계와의 운명적인 만남'을 만들어주었다. 금속나트륨(Na)을 물에 넣었더니 그 금속이 물위에서 춤추듯 돌아다니다 없어지면서 무색의 물이 붉게 변해갔다. 마술과도 같은 그 현상에 나는 매료되고 말았고, 이러한 자연현상을 연구하는 분야가 화학이라는 것을 알게 된 나는 고등학교 시절 내내 화학과 물리 공부에 심취했다.

참스승의 도움과 지혜

대학 입시를 앞두고 대학과 전공을 선택하는 과정에서 부모님과 나의 의견은 일치되지 않았다. 나는 화학을 전공하겠다고 했고, 부모님을 비롯한 주변의 모든 분들은 사회적으로 각광 받을 수 있는 전공과 명문 남녀공학 대학을 선택하라고 강요했다. 그러나 당시 창덕여고 3학년 담임이셨던 정귀생 선생님은 화학에 대한 내 의지와 열의를 백분 이해해주셨다. 선생님은 완강한 부모님을 "이화여대 화학과에는 이대 출신 교수가 없기 때문에 열심히 하면 따님이 이화여대 교수가 될 수 있다"며 설득하셨고 선생님의 말처럼 나는 이화여대 화학과에서 본교 출신의 교수가 되었다. 지금의 나를 있게 해준 스승과의 만남은 커다란 축복이었다.

학문의 길

이화여대는 내게 자신감과 꿈을 안겨주었다. 남녀차별이 있을 수 없는 이화여대에서 나는 무엇이든지 할 수 있다는 자신감과 미래에 대한 꿈을 마음껏 키울 수 있었다. 여성이 주인인 이화여대에서 과대표 등을 맡으면서 소극적이던 성격도 자연스럽게 적극적으로 바뀌었다. 무엇보다 내가 좋아하는 화학공부에 몰두할 수 있다는 것 자체가 행복이었다.

그러나 대학을 졸업하고 1977년 결혼하여 두 딸을 두는 과정에서 나는 많은 것을 포기해야만 했다. 유학은 물론이고 이화여대 대학원 과정에서 공부하는 데도 어려움이 많았다. 그러나 화학 공부를 포기할 수 없다는 집념과 주변의 많은 분들의 도움으로 석·박사학위 과정을 5년 6개월 만에 마칠 수 있었다.

그 후 미국 템플대학교에서 2년간의 연구과정을 거쳐 1985년 9월에 이화여자대학교 화학과 조교수로 부임했다. 당시 존재하던 국내박사에 대한 부정적 인식을 극복하기 위해 강의와 연구에 남다른 노력을 기울였다. 학문에도 유행이 있지만 처음부터 확신을 가지고 연구테마로 잡은 녹용에 대한 연구는 15년간 계속하고 있다. 이제 녹용에 대한 연구는 내 삶의 일부가 되어 잠시 실험에서 손을 떼고 있는 지금도 머릿속 한편에서는 녹용의 효능을 과학적으로 증명하는 일과 그 연구결과의 산업화를 위한 전략 구상이 진행중이다.

눈물 젖은 밥을 먹은 아이들

나 자신의 학문적 욕구를 채우는 과정에서 주변 사람들의 도움은 절대적인 필요 사항이었다. 어쩌면 그분들에게 희생을 강요했는지도 모르겠다. 학위 과정과 미국 연수기간 동안 두 아이의 양육을 도맡아주신 시부모님와 친정부모님, 엄마가 함께 할 수 없는 성장기를 브낸 아이들에게는 힘겨운 일이었음에 틀림이 없다.

큰아이의 초등학교 1학년 때 그림일기는 엄마이기에, 여성이기에 더욱 큰 아픔으로 기억에 남는다. 가족을 그린 그림에서 큰아이는 자신을 포함해 할머니, 아빠, 작은 삼촌, 동생, 집안일을 돌보아주는 언니까지 그리고서는 엄마인 나는 자리가 없다는 이유로 얼굴만 그려넣었다. 아이의 마음속에 엄마의 자리를 만들어줄 수 없었던 것이다. 큰아이뿐만이 아니었다. 작은 아이는 엄마가 집에 늦게 들어오기 때문어 자기는 항상 엄마 없이 혼자서 '눈물 젖은 밥'을 먹는다고 했다. 외로움 속에 자란 그 아이는 사춘기를 심하게 겪으며 나를 힘들게 했다. 이러한 모든 어려움을 극복할 수 있게 해준 것은 신앙의 힘이었다.

지금은 두 아이가 잘 성장하여 나에게 든든한 버팀돌이 되고 있다. 더욱 감사한 것은 이제는 두 아이가 '성장과정의 외로움이 오히려 자신들을 독립적이고 강하게 성장시킨 좋은 기회였다' 며 나를 위로한다는 것이다.

신앙이 함께한 길

기독교대학인 이화여대는 학문적인 면보다 더 소중한 선물을 내게 안겨주었다. 그 선물은 내 삶의 가치관을 송두리째 바꾸어 놓은 하나님과의 '계획된 만남'이었다.

그동안 나는 내 능력으로는 감당하기 어려운 직책을 맡아왔다. 이화여대에서는 학생처장, 생명과학연구소장, 기초과학연구소장을 맡았으며, 지금은 이화선교사후원회를 만들어 캄보디아에 선교사를 파송하는 일과 사단법인 아시아교육봉사회를 설립하여 캄보디아에 대학을 세우는 일을 시작하고 있다. 교외활동으로는 국가과학기술위원회 민간위원, 대통령자문 정책기획위원회 과학생태분과 위원, 한국과학기술단체총연합회 임원, 과학기술부·교육인적자원부·국방부 등의 평가위원, 대한화학회 이사, 여성생명과학포럼 부회장 및 전국문해성인기초교육협의회 이사, 전국기독인교수모임연합회 공동대표 등을 맡아왔다. 현재는 과학기술부 지정 전국여성과학기술인지원센터장을 맡아 여성과학기술인력의 적극적인 활용을 위해 일하고 있다. 직책이 주어질 때마다 나 스스로에게 놀라고 있다. 내게는 능력이 없으나 "능력 주시는 자 안에서는 능치 못할 일이 없으니라" 하신 예수님 말씀에 의지하며 그 일을 감당하고 있다.

지금까지 나의 삶은 나 혼자만의 삶이 아니다. 그것은 주변과의 끝없는 교감 속에서 과거의 관습과 가치관에 얽매이거나 안주하지 않고 새로운 세계와 새로운 삶을 열어가기 위한 끝없는 도전과 노력의 결과였다. 항상 주변의 모든 분들께 감사하며 오늘의 시각에서 오늘을 보지 않고 내일의 시각에서 오늘을 볼 수 있다면 기쁨과 소망에 찬 내일을 가질 수 있을 것이다.

조숙경

한국과학문화재단 홍보미디어 실장

서울대학교 물리교육과를 졸업한 후 영국 런던대학교에서 과학사로 석사학위를 취득했으며, 서울대학교 자연과학대학원에서 과학사 박사학위를 취득했다. 영극 런던과흐·박물관 방문연구원, 포항공과대학교 박사후연구원 등을 거쳐 현재 한국과학문화재단 홍보미디어 실장이면서 세계과학커뮤니케이션회의(PCST) 과학위원회 이사를 맡고 있다.

순간의 실수를 최선의 선택으로

솔직히 고백하건대, 내가 자연과학과 인문사회과학의 경계에 있는 '과학사'라는 분야에 발을 들여놓은 건 미지를 동경하는 고귀한 개척정신 때문이거나 이 분야에 대한 대단한 열정 때문이 결코 아니었다. 그것은 단순하다 못해 유치하기까지 한 이유 때문이었다. 물리학적 배경을 가진 내가 가장 빠른 시간 내에 학위를 받을 수 있는 분야라는 착각, 당장 부족해진 장학금으로부터 해방될 수 있을 것이라는 생각, 그리고 무엇보다 맛있는 커피와 패스트리 빵을 마음껏 사먹을 수 있으리라는 소박한 식탐 때문이었다. 하지만 당시의 판단은 완전한 실수였다. 그로부터 18년 동안 나는 순간의 실수를 최선의 선택으로 만들기 위해 그 누구보다도 오랫동안 힘든 시간을 보내야 했다.

내가 학교선생님이 되기를 바라신 부모님과 달리 나는 중학교 때부터 여성 물리학도로서의 길을 꿈꾸었다. 그것은 새로 부임해 오신 과학선생님 때문이었는데, 선생님은 단순히 총각이라는 것 말고도 사춘기 소녀의 마음을 사로잡기에 충분한 여러 가지 요소를 가지고 있었다. 선생님께 잘 보이고 싶었던 나는 구할 수 있는 모든 문제지를 구입하여 예습을 해가곤 했다. 그런 나에게 선생님은 여러 가지 실험의 기회를 만들어주셨고, 퀴리부인의 정열을 이야기해주셨다.

1987년 나는 결혼과 함께 영국으로 유학을 떠났다. 철학과 종교 등 인문학으로 유명한 런던대학교의 킹스칼리지는 남편의 전공에 가장 적합한 대학으로 나 역시 같은 학교의 물리학과 박사과정에 장학금을 약속받은 상황이었다. 하지만 막상 런던에 도착해보니 지도교수로 정해졌던 분이 미국 대학의 제안을 받아들여 막 영국을 떠나려 하고 있었다. 공부를 시작하기 위해서는 어떻게든 장학금을 찾아야 했는데, 당시 영국은 미국과 달리 외국인에게 주는 장학금이 매우 제한적이었다. 어찌할 바를 몰라 고민하다가 단기간에 공부를 끝낼 수 있는 분야를 찾기로 했다. 마침 런던대학교의 킹스칼리지, 임피리얼칼리지, LSE가 공동으로 시작하는 1년 풀타임 코스인 '과학사' 대학원 과정이 있었다. 평소에 책을 좀 읽었던 데다 한국에서 과학사 스터디그룹을 통해 배경지식을 어느 정도 습득했던 나는 우선 경제적 요건이 허락하는 1년 공부를 해보기로 했다. 우수한 성적을 받아 장학금을 얻고 박사과정을 빨리 마치겠다는 속셈이었던 것이다.

그러나 공부는 처음부터 무척이나 힘들었다. 물리학적 수식만을 풀던 나에게 물리학적 개념의 출현과 진화과정, 그리고 개념들이 학문적·사회적으로 정착되는 메커니즘에 대한 이해는 상상할 수 없을 정도로 많은 인내와 노력을 요구했다. 차머스의 《과학이란 무엇인가?》라는 책은 열 번을 읽고서야 비로소 이해할 수 있었고, 강의 전날 밤은 초조함으로 꼬박 지새우곤 했다. 생활비를 벌기 위해 영국인에게 한국어를 가르치기도 했고, 잡다한 번역일도 주저하지 않았다. 하지만 결국 모든 노력에도 불구하고 공부를 해나가는 과정은 순탄치 않았다. 졸업시험을 며칠 앞두고는 자연유산이라는 아픔을 겪게 되었고, 경제적 여건도 여의치 않아 남편을 따라 어쩔 수 없이 귀국할 수밖에 없었다.

그런데 어느 정도 몸과 마음을 추스렸을 때, 놀랍게도 나는 이미 과학사라는 학문 분야에 대해 깊은 매력을 갖고 있었다. 물리학도에 대한 꿈을 펼치지 못해 우울해 하던 나는 사라져버리고 물리학을 포함한 과학의 이야기, 과학자의 이야기, 과학과 세상의 이야기를 다루는 과학사 분야를 제대로 공부해야겠다고 다짐하게 된 것이다. 항상 비판적인 입장에서 조언을 아끼지 않던 남편의 격려로 나는 주저 없이 우리나라에 과학사 분야를 처음으로 도입하여 제자들을 길러내고 계시던 서울대학교 김영식 선생님을 찾아갔다. 학자의 기품이 물씬 풍겨나는 김 선생님은 학문하는 사람의 자세를 강조하시면서 앞으로 닥칠 어려움을 견딜 수 있겠느냐며 부드럽지만 단호한 어조로 질문을 하셨다. 순간 내 가슴속에서는 과학사를 공부하겠다는 생각보다 한 사람의 품격 있는 학자가 되고 싶다는 강한 열정이 솟아올랐다.

그로부터 10년의 긴 시간이 흘렀다. 남편의 직장을 따라 한번도 가본 적이 없던 대구에서 새로운 생활을 시작했으며, 두 아이를 출산하고 학교를 두 번이나 휴학해야 했다. 일주일에 한두 번 새벽 첫 버스를 타고 서울로 올라와 두 개의 강의를 들었고, 마지막 기차를 타고 집으로 향했다. 대구로 향하는 기차 안에서 내가 왜 이렇게 힘든 일을 하고 있으며, 왜 내 주변의 사람들을 힘겹게 만드는지에 대해 끊임없이 반문했다. 일주일의 반은 회의로, 또 일주일의 반은 희망으로 교차되었다. 나의 삶이 보다 희망적으로 바뀔 수 있었던 것은 그 10년 동안 묵묵히 나를 도와준 친정어머니 덕분이었다. 나는 한 사람의 여성이 사회진출을 하기 위해서는 또 다른 여성이 희생해야만 하는 전형적인 한국사회의 시대적 배경 속에서 성장한 것이다.

2001년 나는 서울대학교에서 과학사로 이학박사 학위를 받았다. 참으로 긴 터널을 빠져나온 느낌이었다. 터널을 빠져나오는 동안 나는 16세기에 살았던 천문학자 요하네스 케플러를 생각하곤 했다. 케플러가 일생에서 가장 내키지 않아했던 일은 당대 최고의 천문학자 티코 브라헤를 찾아가 일자리를 부탁한 것이었다. 하지만 자식들과 먹고 살기 위해 케플러는 할 수 없이 티코를 찾아가야만 했다. 그로부터 얼마 후 티코는 케플러에게 당대에 구할 수 있는 가장 정확한 관측데이터를 남기고 세상을 떠났다. 케플러는 그 후 5년 동안 티코의 관측 데이터를 계산했으며, 마침내 행성의 궤도가 원이 아니라 타원이라는 결론에 도달하게 되었다. 원으로부터 타원으로의 이 전이는 '과학혁명' 으로 불리면서 2500년 과학사의 가장 커다란 쾌거 중 하나로 기록되고 있다.

나의 전문분야는 과학사 중에서 과학둔화 혹은 과학커뮤니케이션으로, 과학이 일반인들과 만나는 역사적 과정과 다양한 경로를 연구하는 것이다. 영국의 '런던과학박물관' 이라는 과학을 위한 공간이 어떻게 대중을 위한 공간으로 재탄생했는가에 관한 논문을 쓰면서 나는 우리나라에서 과학문화를 위해 할 일이 참으로 많다는 것을 알게 되었다. 2002년 나는 포항공과대학교의 박사후연구원을 마치고 한국과학문화재단의 전문위원으로 취직을 했다. 주변의 친구와 선후배들은 비록 30년 이상의 역사를 가지고 있지만 아직 박사급 인력이 자리잡지는 못하고 있던 과학문화재단에 가는 나를 극구 만류했다. 재단에 취직하는 것은 대학으로 가겠다는 희망을 버리는 것이라고.

재단에 근무한 지 벌써 3년 반이 지났다. 그동안 나는 새로운 과학문화사업들을 기획하고 과학문화 정책들을 발굴하면서, 실제로 다양한 계층과 과학을 연결하려는 여러 가지 사업을 직접 수행해보았다. 그러는 도중에 다행히도(?) '이공계 기피현상'이 확산되면서 그 어느 때보다도 과학문화에 대한 시대적 관심과 호응이 급증했다. 동시에 전세계적으로는 '지속가능한 과학기술'의 모토 아래 과학과 사회의 대화에 더 많은 투자와 논의가 이루어지고 있다. 과학기술의 연구 및 응용은 과학기술에 대한 대중적 수용도와 함께 과학기술의 3대 핵심축이 되었으며, 과학문화는 과학기술의 연구와 응용을 위한 기초인프라로 인식되고 있다. 바야흐로 과학문화를 위한 새로운 시대가 열린 것이다. 그만큼 과학문화에서 해야 할 일들은 많아졌다.

순간의 실수로 과학사를 공부했지만 결과적으로는 최선의 선택이 되었다. 우리는 매일 선택을 하고 또 실수를 하면서 산다. 그 실수와 선택을 의미 있게 만드는 것은 바로 당신, 바로 우리 자신일 뿐이다.

조해월

국립보건연구원 원장

경희대학교 생물학과를 졸업하고 필리핀 세인트루기스대학교 대학원에서 미생물 전공으로 석사학위를 취득했다. 영국 런던대학교 공중보건대학원 의학 미생물학과에서 바이러스학으로 석사학위를, 런던대학교 의학부 병리학과에서 바이러스학으로 박사학위를 취득했다. 일본뇌염B-이러스의 분리와 새르운 백신개발, 한탄바이러스 연구 등 바이러스 질환에 관련한 기초연구와 진단 치료제 개발연구에 매진하면서 현재 국립보건연구원 원장을 역임하고 있다. 또한 세계보건기구(WHO) 백신전략 전문지-문위원으로 활약하면서 국민보건 향상을 위해 몰두하고 있다. 국내외에 100여 편의 연구논문과 보고서를 냈으며 편저로는 《바이러스학》 《의학미생물학》 《감염병실험실 진단》 등이 있다.

바다를 건너 너른 세상으로

며칠간의 장맛비로 깨끗해진 서울 하늘이 낯설다. 생각지도 않게 한국의 여성과학기술인의 한 명으로 원고청탁을 받고 보니 그 하늘처럼 내 이름이 낯설고 수줍어진다. 국민의 건강증진과 보건향상을 사명으로 하는 국립보건연구원에 몸담은 이후 원장 직함을 맡고 있는 지금까지 오직 바이러스연구에만 매진했던 30년, 참으로 긴 세월이 흘렀다. 그 세월을 더듬어 들려줄 내 이야기가 드라마처럼 달콤하거나 화려하지는 않을 테지만 중대한 결정의 기로에 서 있을지 모를 후배들에게 조금이라도 도움이 되었으면 하는 바람이다.

200개가 넘는 크고 작은 섬을 거느리고, 예로부터 유배지로 유명하여 서화(書畵)에 관한 한 어느 곳보다 풍요로운 문화를 이어온 섬, 진도. 먼 데 경외의 풍경 아래로 사라지는 노을 끝자락이 너무나 아름다웠던 그곳에서 나는 일곱째 막내딸로 태어났다. 내리 여섯 딸을 본 뒤라 얼마나 애타게 아들을 기대했을까. 망연자실한 마음에 부모님은 내가 태어나 머리를 가눌 때까지도 마땅한 이름을 짓지 못했다. 그러던 차에 우연히 집 앞을 지나던 사람이 나를 보고는 "그 녀석 바다 건너 공부할 상이녀"라고 말했단다. 그때서야 비로소 나는 '바다를 건너 너른 세상에 나가 크게 되라' 는 뜻으로 해월(海越)이란 이름을 얻게 되었다. 자칫 끝순이니 말순이니 하는 우스꽝스런 이름을 달고 살아갈 뻔했으니 내게는 그분이 얼마나 고마운지 모르겠다.

사람은 이름대로 사는 것일까. 1970년대를 지나는 어려운 시절에 대학을 졸업했고 국립보건원에 임용되어 근무하는 동안에는 WHO 장학금을 받아 바다 건너 일본, 영국, 호주, 미국을 오가며 선진 과학을 접할 수 있었다. 내가 이름에 걸맞게 살아올 수 있었던 것은 무엇보다 어머니의 사랑 때문이었다. 전쟁 끝에 홀로 된 어머니는 내 아래 남동생까지 여덟 남매와 시어른들을 모시고 살아왔다. 잿빛 하늘에 숨죽여 새어나오던 어머니의 흐느낌. 여자로서 감당하기 어려웠을 경제적 어려움과 지독한 외로움 속에서도 어머니는 기울었다 차오르는 달처럼 항상 자신이 있어야 할 그 자리에서 자신의 책무를 다하며 우리를 지켜주었다. 굶어도 자식들 학교는 보내야 한다며 여덟 남매 모두를 고등교육까지 마치게 해주었고, 배운 만큼 남에게 베풀어야 한다고 늘 당부했다. 지금도 나는 어려움어 직면할 때나 안일함에 젖어들고 싶을 때면 어머니의 눈물과 당부의 말을 기억하며 다시 일어나 걸을 수 있는 힘을 얻는다.

어린 시절 심하게 앓은 적이 있던 나는 장차 의사가 되어 고통으로 신음하는 사람들을 도우며 살겠다고 다짐했다. 그 꿈을 채우기에는 진도가 너무나 작은 섬으로 보였다. 비로소 더 큰 배움의 기회를 찾아 바다 건너 첫번째 항해를 시작하게 된 것이다.

광주의 가톨릭계 사레지오여고 시절, 미래의 희망과 꿈으로 뭉쳐진 나는 학업에 열중했지만 수녀님들을 통해 자애와 봉사의 마음이 자연스레 내 생활

전반에 스며들었다. 그곳에서 받은 인성교육은 지금까지도 비타민 역할을 하고 있다

나는 경희대학교 생물학과에 진학하였다. 남동생(현재 한양의대 산부인과 교수)이 의대진학을 하게 되어 나로서는 경제적 여건을 고려하지 않을 수 없었다. 하지만 실망하지 않았다. 자신의 미래를 훤히 내다볼 수 있는 사람이 어디 있겠는가. 끝을 아는 사람은 시작하지 않는다. 무엇인가를 시작할 수 있는 건 그 끝이 어떻게 끝날지 모르기 때문이다. 나는 의학발전의 밑거름이 되는 기초연구를 통해 많은 사람들에게 도움이 될 일을 할 수 있으리라고 믿었다.

줄곧 입주 가정교사로 지냈던 서울의 대학생활은 덜컹대는 시골버스처럼 힘들었고, 시끄러운 자명종 소리에도 일어날 수 없을 만큼 피곤한 날들의 연속이었다. 그 성실함과 학업에 대한 열정이 눈에 띄었을까? 졸업 후 실험조교로 있을 무렵 약학대학 허금 학장님께서 나를 불러 놓고는 계속 공부할 것을 권유하시며 늘 학문에 대한 열정과 사회에 도전할 수 있는 용기를 부여해 주시곤 했다. 당시 경희대학교와 자매결연을 맺은 필리핀 세인트루이스대학교에서 교환학생으로 선발되어 석사과정을 밟을 수 있었다. 그곳에서 미생물학을 전공하는 동안 병원성 미생물에 의해 전파되는 질병의 심각성을 알게 되었고, 자연스레 국제적인 질병퇴치와 보건사업을 담당하고 있는 유엔 산하의 WHO에 관심을 갖게 되었다.

귀국 후 대학에 남으라는 권유도 있었다. 그러나 내 손으로 일궈낸 연구결과를 이용해 질병으로 고통 받는 사람들에게 직접적인 도움을 주고 싶었던 나는 전염병에 관한 모든 연구를 수행하는 국내 유일의 기관인 국립보건원에 몸담게 되었다. 지금은 상황이 많이 다르지만, 1970년대에 여성으로서 사회

생활을 한다는 것은 쉬운 일이 아니었다. 무엇보다 어렵고 이해할 수 없었던 것은 남성에 비해 상대적으로 기회가 적다는 점과 동등한 성과를 이루고도 제대로 평가받기가 어려웠다는 점이다. 그래서 나는 조금은 분한 마음에 남자들보다 서너 배의 일을 해내기로 결심하고, 남들이 놀거나 잘 때도 연구한다는 각오로 연구원 생활에 임했다. 여성으로서 사회나 조직에서 인정을 받는 길은, 특히나 연구분야에서는 실력을 바탕으로 한 논리를 갖고 경쟁하는 것이다. 여성 특유의 언변으로 당장은 상대를 압도할 수 있을지 모르지만, 그런 경우에는 언제나 뒷말이 끊이지 않는 것을 나는 경험상 알고 있다.

국립보건원 병독부에 근무하던 초년시절 백신 관련 연구를 수행하면서, 면역학에 대한 흥미로움과 살아 있는 숙주 안에서만 기생하면서 숙주세포에 해를 끼치는 그 작은 바이러스에 대해 깊은 관심이 생겨 바이러스를 깊이 연구해보고 싶었다. 목표를 갖고 준비하는 자에게 기회는 반드시 오는 법일까. 바이러스에 깊이 빠져 있던 나에게 WHO 장학금으로 계속 공부할 수 있는 기회가 찾아왔다. 자격시험을 치른 결과 가장 높은 점수를 받은 내가 선발되어 나는 다시 한번 바다 건너 영국 유학길에 올랐다. 영국 런던대학교 공중보건대학원에서 나는 그토록 하고 싶었던 의학 미생물학을 공부할 수 있었고, 바이러스학을 전공하여 B형 간염바이러스 항원의 특성연구, 한탄바이러스 백신 연구를 주제로 석·박사학위를 취득했다.

이미 한번 겪어 보았기에 아무렇지 않을 줄 알았던 외국생활. 그러나 늦은 시간 연구실을 나와 집으로 가는 어두운 거리의 검은 유리창을 응시하는 내 눈은 외롭다고 말하고 있었다. 세상과 동떨어져 홀로 살아가는 것이 아닌 한 결혼이라는 문제를 생각하지 않을 수 없었다. 결정을 내려야 할 순간이 올 때마다 누군가 이 단두대의 줄을 끊어주었으면 하는 심정이지만, 언제나 결정은 순전한 자신의 몫이다. 누군들 평생을 두고 부르고픈 이름 하나 갖고 싶지 않겠는가마는 나는 결국 연구에 평생을 매진하고자 일하는 행복을 선택했다. 그 후로 나는 30년 가까이 줄곧 국립보건연구원에 몸담아 오면서 일본뇌염바이러스의 분리와 새로운 백신개발, 한탄바이러스 연구 등 바이러스 질환에 관련한 기초연구와 진단, 치료제 개발연구에 매진해왔다. 더불어 질병퇴치에 미력이나마 보탬이 되고자 WHO 서태평양지역 폴리오 박멸사업 자문위원, WHO 본부의 백신사업 자문위원(WHO Strategic Advisory Group of Experts: SAGE)으로 활동하고 있다.

사람들은 단체사진을 찍으면 예의 자신이 어디에 있는지를 먼저 찾는다. 그리고 나서야 다른 사람을 살핀다. 그것이 인지상정이다. 그러나 나는 하나 남은 사탕을 만지작거리다가 결국 할머니 입에 넣어주는 어린꼬마와 같은 마음으로 내게 주어진 봉사의 길을 걷고 싶다.

끝으로 여성의 섬세함과 끈기가 절대적으로 필요한 과학기술 분야에 많은 여성인력들이 진출해주기를 기대하며 두서없는 글을 마친다.

조향숙

한국과학문화재단 인터넷사업실장

서울대학교 물리교육과를 졸업하고 KAIST에서 입자물리 전공으로 석사와 박사학위를 취득했다. 서울대학교 연구원 등을 역임하고 현재 한국과학문화재단 인터넷사업실장으로 재직하고 있다. 2005년 과학문화 확산에 대한 공로로 과학기술부총리상을 수상했으며, 과학문화의 폭넓은 확산을 위해 남다른 노력을 기울이고 있다. 국내외에 10여 편의 연구논문과 보고서를 냈으며, 옮긴 책으로는 《상대성이론과 상식의 세계》 등이 있다.

문화인으로 변신한 물리학도

한국과학문화재단 조향숙 박사는 카이스트 물리학과를 졸업한 전문 문화인이다. 그의 인생을 따라가 보면 이공계 출신의 진로가 한정되어 있다는 편견을 버리게 될 것이다.

"문화는 여성과학자에게 아주 잘 어울리는 일 중 하나입니다."

물리를 전공한 후 문화 분야에 뛰어든 이력이 특이하다고 하자, 조 박사가 들려준 말이다. 그는 조용하게 "과학을 전공하고 문화를 하면 도움을 받을 수 있는 게 한두 가지가 아니다"라고 덧붙이기까지 한다.

한국과학문화재단은 아는 사람은 다 아는 과학문화 중추기관이다. 조 박사는 1999년부터 2005년까지 연구조사, 과학문화 지원사업, 이벤트, 인터넷까지 여러 분야를 두루 거쳤다. 그런 그가 요즘 여성과학도들에게 자신의 인생을 찬찬히 들려주었다.

요즘 이공계생과 비슷한 고민해

조향숙 박사는 영화 〈청송으로 가는 길〉토 사람들에게 알려지기 시작한 경북 청송에서 1964년 태어났다. 조 박사는 현남국민학교(현재는 폐교됨)에 들어 갔다. 초등학교에 입학하기 전에 어깨너머로 글을 배워 글을 모두 읽고 구구 단을 외울 정도로 똑똑한 소녀였다. 그의 인생은 6학년 때 담임선생님인 사공인헌 선생님을 만나면서 일대 전환점을 맞게 된다. 당시 학교 대표로 군에서 개최하는 과학실험대회를 준비하던 것이 계기가 되었다.

사공인헌 선생님은 어린 조 박사를 아끼면서 다양한 이야기를 들려주었을 뿐만 아니라 재능이 아까우니 열심히 해서 꿈을 꼭 이루라고 조언해주시기도 했다.

조 박사는 1983년 서울대학교 물리교육학과에 진학한다. "고등학교 때는 선생님이 아주 좋아 보였는데, 대학교에 진학한 후 자유롭게 수업을 가르치는 작문 교수님을 본 후 자신만의 학문세계를 가져야겠다"고 생각했다며 당시를 회상한다.

아인슈타인의 상대성이론 이후의 새토운 이론을 연구하는 이론물리학자가 되기 위하여 카이스트로 진학한 조 박사도 한때 공부를 포기한 적이 있었다. 그 당시에는 학위를 받으면 취직을 하기가 어렵고 석사졸업생들은 바로바로 취업이 되었다. 취업을 하겠다고 당시 광학을 가르치시던 이상수 박사님을 찾아갔다가, 공부를 하지 않는다고 생각하니까 도대체 밥맛도 없어 하루 만에 번복했다고 한다.

학위를 받고 연구를 계속하던 조 박사가 과학문화에 관심을 갖게 된 것은 아이를 키우면서였다. 어린이용 과학책을 아이에게 보여주면 1초도 안 되어서 책을 덮어버리는 것이었다. 아이들이 가장 관심을 가지는 동화책의 과학이야기가 아이들이 좋아하는 수준으로 되어야겠구나. 아이에게 들려줄 수 있는 과학이야기를 써야지 생각했다. 문화에 대한 꿈을 갖게 되자 조 박사는 다양한 문화활동을 펼치고 있는 과학문화재단으로 자리를 옮겼다.

과학나들이가 과학문화의 첩경

조향숙 박사는 "많은 사람들이 인문계를 전공해야 문화를 잘 하는 것으로 오해하고 있다"고 지적한다. 그는 문화의 실무는 약 6개월이면 터득할 수 있다며, 더 중요한 것은 과학에 대한 지식, 과학하는 방법, 그리고 과학자가 하는 일에 대한 이해라고 강조한다. 과학자가 하는 일에 대한 이해는 과학을 실제로 연구하고 배워야만 알 수가 있다는 설명이 이어진다. "과학을 전공하고 문화적 취향을 가진 사람이야말로 과학문화를 제대로 잘 할 수 있는 사람입니다. 물리는 글자 그대로 사물의 이치를 다루는 학문이기 때문에 어떤 일을 하든지 근본에 대해 깊이 생각하는 데 도움이 됩니다."

조 박사는 "21세기 키워드는 과학과 문화이기 때문에 국가 발전을 위해서도 과학문화가 매우 중요하며 여성과학기술자가 활약해야 한다"고 말한다.

어린 자녀에게 과학책을 많이 보여주려고 노력해서인지 중학생이 된 아이는 공부하라고 하면 영어 수학은 하지 않고 과학만 공부한다고 해서 오히려 고민이라고 한다.

과학문화를 보다 쉽게 설명해달라고 하자 조 박사는 "과학이 문화로서 이해되는 것이 과학문화입니다. 우리의 놀이문화를 보통 '앉으면 고스톱, 서면 노래방'이라고 하는데 이를 대체할 놀이문화를 만드는 것이지요. 가족과 주말이나 방학에 나들이 할 때 과학관이나 과학축전 등을 찾아나서는 것입니다. 이번에 사이언스올(www.scienceall.com)에서 과학나들이라는 코너를 새로 열었습니다. 어디로 가야할지 고민하는 사람들에게 자료도 제공하고 다녀온 후기도 직접 올릴 수 있게 만들었습니다. 생활 가까이에서 과학으로 여가를 보낸 다음에 내용을 더 찾아보거나 책을 더 읽게 될 것입니다"라며 "과학문화는 합리적인 문화를 만드는 것이고, 지금 사는 사람들과 다음 세대의 사람들에게 더 나은 세상을 만들어주자는 문화운동"이라고 말한다.

조 박사는 사이언스올 외에 과학계의 뉴스를 싣는 온라인뉴스 미디어인 '사이언스 타임즈'도 함께 운영하고 있다 과학계의 이모저모를 소개하지만 그 속에서 과학기술계를 보는 것이 아니라 이 시대를 읽을 수 있는 정론지가 될 수 있도록 발전시키겠다는 포부를 밝힌다.

여성과학도의 진출 방향은 무궁무진

조 박사가 과학을 전공하는 여성과학도들에게 들려주고 싶은 이야기는 다음과 같다. 과학을 전공해도 실제로 졸업한 후 선택할 수 있는 응용분야는 상당히 많다. 방송이나 신문, 그리고 이벤트 등 일상생활에서 과학을 보통사람들의 눈높이에서 접할 수 있게 하는 분야는 상당히 많다. 그리고 과학문화 분야는 이제 주목을 받기 시작하므로 발전 가능성이 정말 무궁무진하다고 한다.

마지막으로 조 박사는 이공계를 선택할 후배들에게 다음과 같이 부탁했다. "대학은 일생을 살아가는 데 필요한 지식을 배우기 시작하는 곳입니다. 이공계에서 공부하면 좋은 밑거름을 얻을 수 있어요."

최선주

한국원자력연구소 연구실장

1983년 성균관대학교 약학과를 졸업한 후 1994년 미국 플로리다 A&M대학교에서 박사학위를 취득했다. 한국
화학연구소(1995~1998)와 식품의약품안전청의 독성연구소(1998~1999)에서 질환모델 및 간독성 모델 연구
를 수행했다. 2000년부터는 한국원자력연구소에서 암을 진단하고 치료할 수 있는 방사성 의약품 개발 연구를
수행하고 있다.

"방사성 동위원소를 이용해 질병을 조기어 진단하고 치료할 수 있는 새로운 의약품 개발의 길을 열겠다"는 것이 요즘 조심스럽게 바라고 있는 과학자로서의 솔직한 내 마음이다. 질환을 진단해너는 진단용 방사성 의약품은 수 나노그램이나 피코그램 정도의 미량 방사성 동위원소를 인체 내에 주사해 질환의 발병여부를 알아보는 첨단 의약품이다. 이와 더불어 암이 전이됐어도 방사성 동위원소의 암 추적 기술을 활용하여 몸속에 숨어 있는 미량의 암세포까지 찾아 죽일 수 있는 암치료 기술개발 또한 또 다른 목표다. 이렇게 방사성 동위원소에 암세포를 추적할 수 있는 '눈' 을 어떻게 달아줄까 하는 것이 요즘 내가 고민하고 있는 부분이다. 지금은 소위 촉망받는 여성과학자로서 능력을 인정받고 있다고 하지만 초창기 나의 연구생활은 순탄치만은 않았다.

성균관대학교에서 약학을 공부하고 남들과 다를 바 없이 1년 6개월 동안 약국을 운영했다. 단순 업무에 그치는 약국 경영에서 느낀 허무감은 결혼과 더불어 나에게 또 다른 무엇인가를 끌어나게 하는 동기가 되었다. 남편 유학의 동반자로서 플로리다의 탈라하시에서 미국생활을 시작했다. 2년 동안 남편과 첫아이의 뒷바라지를 하던 내 안에서 꿈틀거리며 살아 있는 존재가 또다시 공부를 하게 이끌었다. 혹시나 무언가 다르지 않을까 하는 바람에 스스로 어깨에 짐을 지우기로 결정을 한 것이다.

석사과정에서는 부작용이 적은 소염제 개발을 위한 약리활성 및 독성 연구 등을 수행하며 약리학자로서의 능력을 키웠다. 약학에 대한 보다 깊이 있는 공부를 위하여 박사과정에 들어갔고, 마약이 태아 및 2세에 미치는 영향에 대한 연구를 통하여 신경 및 내분비계의 약물학과 독성학에 대한 능력을 인정받기에 이르렀다. 7년간의 대학원 생활은 미국의 약대 최우수 장학생에 선발되는 행운을 안겨주었다. 또한 파크-데이비스(Park-Davis) 제약회사(앤아버, 미시건)에서 새로 개발된 정신병 중의 하나인 정신분열증 치료약에 관해 인간 두뇌를 이용한 효능검색에 관한 연수를 할 수 있는 기회를 가졌다. 대학원과정 및 연수과정을 통한 다양한 경험, 두 아이의 탄생, 학생으로서, 직장인으로서, 가정주부로서의 역할을 모두 잘 해냈다는 자부심과 함께 최신 학문을 접할 수 있었던 귀중한 시간이었다. 더욱이 '무엇을 하느냐' 보다는 '무엇을 어떻게 잘 해내느냐' 를 생각할 수 있는 능력을 갖게 되어 무엇보다 배움의 효과가 컸다고 할 수 있다.

박사학위를 취득하고 귀국한 후 장장 6년 동안은 실업상태로 전전했다. IMF까지 겹쳐 얼어붙은 취업시장은 박사학위자에게도 예외가 아니었다. IMF 직후 무시무시한 경쟁률을 뚫고 식품의약품안전청에 최종 면접까지 올라갔으나 결국 좌절하고 말았다. 다시 삼성종합기술원의 문을 두드렸으나, 채용되기도 전에 소속팀이 해체되는 어처구니없는 일을 겪으면서 좌절은 계속됐다. 단지 여성이라는 이유만으로 탈락한 경험도 있을 만큼 연구현장에서의 남녀차별은 더욱 심각했다. 현재 정부가 추진하고 있는 과학기술 남녀 평등법에 남다른 애착을 가지고 있는 것도 이 때문이다.

여성과학자들은 일인 다역을 해내야 하는 연기자와 같다. 한 가지에 집중하면 다른 한 곳의 성과가 부진해질 수 있어서 늘 동동거려야 한다. 여성은 남성보다 지각과 감각 능력이 발달한 관계로 한곳이라도 미진하면 못 참아낸다. 나 또한 이러한 점에서 자유로울 수가 없었다. 스스로를 채찍질하다가 지칠 때도 많았고, 정말 힘들다고 생각한 것도 한두 번이 아니었다. 이러한 때 늘 힘이 되었고 나를 또다시 나아가게 한 것은 바로 대단한 과학자로서 우뚝 선 미래의 내 모습에 대한 꿈 때문이었다.

그동안 원자력은 비약적인 발전을 이룩했다. 원자력 발전 분야의 눈부신 성장과 함께, 동위원소 응용은 의료분야에서 질병을 진단하고 치료하는 핵의학 발전과 더불어 그 영역이 확대되고 고도화되고 있다. 최근 들어 예전에는 불가능했던 뇌졸중이나 치매, 나아가 우울증을 진단해내는 뇌질환 진단제 개발을 위한 연구가 진행중이다. 인구 고령화 및 난치성 질환 증가 추세에 있는 이 시기에 이를 효율적으로 진단하고 치료하는 의약품 개발은 무척 시급한 일이다. 이러한 꿈을 실천해내는 것이 앞으로 내가 이루어야 할 꿈 목록 중의 하나다.

요즘 수행중인 연구는 질병을 진단하고 치료하는 연구로서 우리나라의 유일한 연구용 원자로인 하나로에서 생산되는 원자로 생산 핵종을 위주로 난치성 질환의 진단 및 치료용 방사성 의약품을 개발하고, 질환을 조기에 발견, 치료하는 것이 목적이다. 또한 방사성 핵종 또는 그 표지화합물도 정상세포에는 피해를 주지 않고 질병환부를 추적하여 질병부위만을 치료하고 다른 부위의 손상을 억제하는 새로운 방사성 치료제의 연구개발도 계획하고 있다. 궁극적으로 암세포에서 특이적으로 발현되는 생리활성물질을 찾아, 방사선을 내는 방사성 동위원소로 암세포를 치료하고, 나아가 이를 진단해낼 수 있는 진단제를 개발하는 데 연구의 초점을 맞추고 있다. 향후 우수 방사성 의약품을 개발하여 국내 의료수요에 안정적으로 공급하고, 국내 방사성 의약품 시장의 자립기반을 확고히 하여 국민 삶의 질 향상에 기여하고자 한다. 나아가 고부가가치의 신약개발로 난치성 질환 치료 및 진단용 방사성 의약품을 개발하여 국제 의약품 시장 개척에도 힘쓸 것이다.

혹자는 여장부로서 지성과 뛰어난 리더십을 겸비하고 과제의 막중한 책임감을 느끼며 재치 있는 말솜씨로 과제원들을 잘 이끌어 나가고 있다고 나를 평가한다. 또한 업무에 있어서는 합리적이고 냉정하다고도 평한다. 그러나 사적인 자리에서는 항상 얼굴에 웃음이 떠나지 않는 부드럽고 센스 있는 여성으로 아내, 엄마, 며느리로서의 모든 역할에 언제나 최선과 열의를 다하는 모습이다. 삶의 뜨거운 에너지가 느껴진다는 앙증맞은 평가도 받았다. 누군가 내게 기대를 하는 것만큼 근사한 것은 없다. 그것은 또 하나의 삶의 원동력이며 나를 존재하게 하는 이유가 된다.

방사성 동위원소에 눈을 달아주는 그날까지, 그리하여 병소를 제거해 국민복지 향상에 기여를 하는 그날까지 오늘도 나는 스스로에게 엄한 내가 된다. 그리고 떠나야 할 때를 알고 떠나는 그날, 나의 후배들에게 자리를 내줘야 할 그때를 대비해 과학외교관으로서 국제기구에 진출해 우리나라 과학자들의 권익을 위해 일하고자 하는 나의 부단한 노력 또한 끊이지 않을 것이다.

최영선

대구대학교 식품생명화학공학부 교수

서울대학교 식품영양학과를 졸업하고, 동대학원에서 영양학으로 석사학위를 받았으며, 미국 메릴랜드대학교 영양학과에서 박사학위를 취득했다. 코넬대학교 영양학과에서 박사후연구원 과정을 수행한 후, 대구대학교 영양학과에 조교수로 임용되어 현재 식품생명화학공학부 교수토 재직중이다. 현재 한국영양학회 학술이사, (사)대구경북여성과학기술인회 부회장, (사)대한여성과학기술인회 대구경북지부장을 맡고 있다.

마음이 따뜻한 과학자

과학자로서의 여정

내가 과학인으로 입문하게 된 동기에는 별반 특이한 사항이 없다. 지방 소도시에서 태어나 초등학교를 졸업하고, 중학교 입시가 있을 때여서 지방 대도시에 있는 명문여중으로 유학을 갔다. 어릴 때부터 몸집이 작고 야위어서 조그만 아이가 공부를 잘한다고 부모님과 선생님들로부터 귀여움을 많이 받은 편이었다. 고등학교는 대구경북지역의 최고 명문여고를 진학했고 학업성적은 우수했는데, 특히 수학을 잘한다고 칭찬을 들었다. 고등학교 3학년 때 잠시 지방 의과대학에 진학할 것인지 서울로 유학을 갈 것인지를 고민하기도 했다. 중등학교 교장이셨던 아버지는 내가 교사가 되기를 바랐고, 자식 여섯 명을 대학에 보내야 했던 아버지로서는 국립대학 진학을 원했다. 그래서 나는 서울대학교 가정대학 식품영양학과로 진학하여 교직과정을 이수하기로 했다.

대학 1학년 때는 서울 생활에 적응하느라 여러 가지로 힘들었다. 대학 공부도 서툴렀고, 몸이 약한 나로서는 교양과정부가 있던 공릉동까지의 통학도 많이 힘이 들었다. 1학년을 끝내고 받은 학점도 평균 B 이하여서 상당히 좌절했고 자존심도 몹시 상했다.

1학년 겨울방학을 집에서 보내면서 2학년부터는 어떻게든 대학생활에 적응하고 나름대로 계획을 세워 실천에 옮겨야겠다고 마음먹고 상경했다. 이후 조금씩 성적도 향상되었고 학과 친구들, 특히 서울에서 진학한 친구들과도 알게 되면서 불안감도 사라지고, 학생회 활동에도 적극적으로 참여했다. 집중하여 공부를 하게 되면서 영양학이 재미있어졌고, 3학년 말에는 대학원 진학을 결심했다. 석사과정을 마치고 미국유학을 결심했다. 1978년 1월부터 미국 메릴랜드대학교 영양학과 박사과정을 시작해 1982년 12월에 박사학위를 취득한 후, 코넬대학교 영양학과에서 박사후연구원 생활을 하다가 현재 재직중인 대구대학교 식품영양학과 공채에 응모했다.

직장에서의 좌절과 극복

대구대학교에 부임한 지 2005년 올해 20년이 되어 지난 4월에 20년 근속상을 받았다. 1985년 3월에 영양학과 조교수로 부임했을 때 연구실 하나와 학부실험을 할 수 있는 실험실 하나를 배정받았다. 그러나 실험실에는 실험대만 덜렁하니 있을 뿐이었다. 그 후 연구환경은 학부실험 정도 할 수 있는 실험실 시설에 대학원과정이 없어 연구인력도 없는 상태로 1997년까지 지속되었고, 1998년에 처음으로 대학원 석사과정 학생 한 명을 받아들였다.

강의는 나름대로 보람이 있었다. 비록 실력이 부족한 학생들이었지만, 열심히 공부해서 취업하려는 순수한 동기를 가진 착한 학생들이었다. 교육적 측면에서는 열등감을 가지고 진학한 학생들에게 용기를 주고 동기를 부여할 수 있다는 측면에서 내가 필요한 존재라는 확신이 들고 보람이 있었다. 그러나 연구 측면에서는 마음속 깊이 좌절과 갈등으로 보낸 시기였다. 대학을 떠나려는 시도도 한두 번 했고, 지역에 있는 교수들과 공동연구를 하면서 낙오되지 않도록 노력하자고 다짐하기도 했다. 그러한 좌절감 때문에 남들이 부러워하는 지위에 있었음에도 언제나 불만이 가득 찬 연구자였으며, 항상 마음이 편치 않았다.

대구대학교는 장애인교육에 뜻을 둔 한국사회사업대학에서 종합대학으로 발전하여 특수교육, 사회복지, 재활과학 등이 특성화된 대학이다. 따라서 대구대학교에는 전국에서 가장 많은 장애대학생이 재학하며, 캠퍼스 곳곳에서 휠체어를 타고 이동하는 장애학생들을 만날 수 있다. 그들은 몸이 불편해서 어쩔 수 없이 학업, 특히 과학이나 기술 분야에서 교육받기가 어려운 학생들이다. 장애가 없었다면 그들도 과학기술 분야에 도전을 많이 했을 텐데, 대부분의 장애학생들은 자연과학 분야에서 공부하기를 무척 힘들어한다. 대구대학교에 몸담아 세월이 흐르면서 많이 바뀐 부분은 내가 얼마나 가진 것이 많은지, 그리고 건강한 신체와 자신의 일을 가졌다는 자체가 큰 축복이라는 것을 깨닫게 된 점이다.

마흔을 넘긴 어느 날 문득 연구자로서의 시간이 얼마 남지 않았다는 생각이 들면서, 남은 시간 동안 할 수 있는 일에 최선을 다하고, 이왕이면 불만을 갖기보다 긍정적인 사고로 일하자는 생각이 들었다. 그 이후 스스로에게 '그래 할 수 있는 만큼만 하자. 그리고 최선을 다해 스스로에게 떳떳하자'고 다짐했다. 어쩌면 현실과 타협을 한 셈인지도 모르겠다.

사실 과학자로서 어떤 업적을 이루었느냐 하는 점에서는 크게 자신이 없다. 박사학위 논문과 박사 후 연구영역이 지질생화학(lipid biochemistry)에 해당하지만 이후 여러 이유로 뛰어난 연구를 수행하지 못했다. 최근에는 식이섬유, 올리고당 같은 프리바이오틱스(prebiotics)의 생체 효능에 대한 연구를 주로 진행하고 있다. 1998년에 첫 석사과정 학생을 받으면서 함께 해오고 있는 연구분야다. 학생들과 호흡을 맞추어 함께 의논하고 실험결과를 내고, 힘들어하면 격려해주고 하는 과정에서 조금씩 자신감을 얻어 가는 학생들을 보는 것은 큰 보람이다. 부족한 점이 있는 것을 스스로 알고 항상 겸손한 우리 학생들에게 열심히 하면 잘 할 수 있다는 자신감과 보람을 심어주는 것은 매우 중요하다. 앞으로도 뛰어난 연구업적을 이루긴 어렵겠지만, 이들과 함께 영양학 분야에서 필요한 연구를 차근차근 수행해 나가고자 한다.

여성과학자에게 필요한 리더십

여성과학자로 살면서 어느 정도의 나이까지는 자기 일이나 연구에만 몰두하는 것이 바람직하다. 젊은 나이에 너무 정치적인 과학자는 남성이든 여성이든 존경스러워 보이지 않는다. 그러나 중견과학자의 위치에 들면 남성과학자들은 리더십을 발휘함으로써 과학기술계에서 상당히 중추적인 위치에 놓이고, 또 그러한 역할을 수행하는 것이 마땅하다 여겨진다. 반면 여성과학자들은 자기 일만 하다보면 과학기술 발전을 내다보는 총체적인 안목이나 자기 분야에서 리더십을 가지기도 어려운 위치가 되기 쉽다. 따라서 자기 분야에서의 연구에 우선 최선을 다해야겠지만, 안목을 넓히고 다양한 경험을 늘리며 좀더 많은 인적 네트워크를 형성하려는 노력도 중요하다.

나는 대구대학교에서 2001~2003년 동안 2년 넘게 기획처장을 수행했다. 당시만 해도 여자대학이 아닌 큰 규모의 대학에서 주요 부처의 처장직이 여교수에게 주어지는 경우는 거의 없었다. 처음에는 선뜻 수락하기가 힘들었지만, 일단 최선을 다하기로 마음먹고 대학의 기획업무를 파악하려고 노력했다. 대학의 기획업무는 대학의 기본적인 교육정책을 바탕으로 하여 세세한 계획을 완성하는 동시에 그 계획들이 대학 행정과 무리 없이 연계되도록 하는 것이다. 기획과 관련된 업무 및 규정들을 연구하듯이 공부하면서 짧은 시간에 내가 무엇을 해야 하는지 구체적인 방법들을 찾을 수 있었다. 그 결과 대구사이버대학교 설립, 경영진단 기획 및 집행, 장기발전계획 수립, 제2주기 대학종합평가 자체평가 기획 등 주요한 업무들을 별 무리 없이 수행할 수 있었다. 그리고 행정에 대한 막연한 불안감도 떨칠 수 있었다. 사실 경험해본 결과 행정이 제도권 내에서만 진행된다면 여성들이 대학이나 연구소의 기획 등 행정업무에 더 적합할 수도 있다고 생각한다.

현재는 대구경북지역에서 여성과학기술인의 구심체로 활동하는 대구경북여성과학기술인회의 부회장직과 대한여성과학기술인회 대구경북지부장을 역임하면서 대구경북지역 여성과학기술인의 목소리가 전해질 수 있도록 노력중이다. 또한 나의 전공분야의 소속 학회인 한국영양학회 학술위원장을 맡아 영양학 발전을 위해서도 나름대로 노력하고 있다.

어떤 역할이든 최선을 다하고, 그러한 나의 노력이 우리 학생들에게 전해져 그들이 좀더 용기 있게 세상을 살아갈 수 있도록 도와주는 따뜻한 마음을 가진 과학자로 기억되기를 희망한다.

최영주

포항공과대학교 수학과 교수

이화여자대학교 수학과를 졸업하고 미국 템플대학교에서 0 학박사 학위를 취득했다. 오하이오 주립대학교, 메릴랜드대학교, 콜로라도대학교에서 강사 및 조교수 등을 거쳐 1990년 포항공과대학교 수학과에 부임해 현재까지 교수로 재직중이다. 케임브리지대학교와 스탠퍼드대학교 방문교수 등을 지냈으며 미국, 독일, 프랑스 수리과학연구소 등에서 초청 방문연구를 했다. 대한수학회 우수논문상 수상, 과학재단 우수 연구 30인에 선정, 2004년 포항공과대학교 권경환 석좌교수로 선정되었다. 국제 정수론 논문지 편집위원, 대한수학회 편집위원, 정보보호학회 이사 등으로 활동하고 있고 국외에 80여 편의 논문 및 보고서를 발표했으며 10회 이상의 국제 학술대회 개최를 주관했다.

변치 않는 영원한 진리를 찾아서

대부분의 학자들이 그렇겠지만 나는 지금껏 수학을 계속할 수 있었다는 것에 우선 감사하고 싶다. 사춘기 이후 언제부터인가 학문을 계속하는 것이 얼마나 멋진 일일까 생각하곤 했다. 어린 시절과 학생 시절 내 생활은 아주 자유로웠다. 초등학교 시절을 생각하면 해가 질 무렵까지 동네 아이들과 구슬치기 같은 장난을 하면서 놀았던 기억만 남는다. 나는 지금은 없어진 종로초등학교에 다녔는데 부모님이 장사를 하는 친구들이 많았고, 초등학교 친구 중에는 가정 형편 때문에 중학교에 진학하지 못한 아이들도 있었다. 친구들과 열심히 뛰놀기만 하다 입학한 중학교 생활은 적응이 힘들기도 했지만 내가 수학에 빠져든 계기가 된 시절이기도 했다. 당시 수학시간과 수학선생님은 많은 아이들의 두려움의 대상이었다. 하지만 내게는 언제나 기다려지는 도전적 시간이었다. 머리 희끗하신 수학선생님의 날카로운 눈매와 자신감, 정열, 그리고 늘 반듯한 모습이 나를 수학이란 과목에 이끌리게 했다.

지금도 뵙고 싶은 고등학교 때 선생님이 계시는데, 세계사를 담당하셨던 선생님은 키도 훤칠하셨고 총각선생님이라는 사실 하나단으로도 여고생들에게 인기가 대단했다(그럼에도 불구하고 나는 역사, 지리 등에는 별로 흥미가 없었다). 선생님은 가끔 내게 세계 역사에 관한 책을 따로 주시곤 했는데 그것은 독재, 민주주의 등에 관한 이야기였다.

어느 날 나는 인생의 모든 것이 변한다는 것을 알게 되었다. 인간이 하는 일에는 절대적 진리가 있을 수 없음을. 오늘의 충신이 미래의 역적이 될 수 있듯이 인간의 가치는 변화할 수 있음을 깨닫게 되었고 이러한 인식은 무척 당황스러운 것이었다. 그러나 변화하는 것이 자연스런 삶의 진리일지라도 나는 찾고 싶었다. '세월이 지나도 영원히 변치 않는 그 무엇' 사춘기 소녀였던 나는 그런 영원한 것을 찾고 싶었다. 그런 것이라면 내 인생 전부를 바치고도 아깝지 않을 것 같았다.

대학시절 외국에서 박사학위를 받고 돌아와 강단에 선 두 분의 젊은 여자 교수님은 우리 모두에게 선망의 대상이었다. 학문을 한다는 것이 너무나 멋진 모습으로 비쳤다. 지금도 그분들을 뵈던 나는 그때처럼 가슴이 설렌다.

남편은 대학축제 쌍쌍파티(운동권 이후로 없어졌지만 당시 대학축제에서 쌍쌍파티는 없어선 안 될 중요한 이벤트였다) 파트너였다. 쌍쌍파티 몇 시간 전에야 소개받은 파트너였지만 나는 첫눈에 남편에게 푹 빠져(!) 춤도 추고 늦게까지 함께 이야기했다. 그날 밤 남편의 물리이야기가 얼마나 매혹적이었는지(남편 전공은 물리학이다) 수학에 대한 나의 일편단심이 흔들릴 정도였다. 남편은 훗날 작은 과학학교를 여는 것이 꿈이라고 했고 우리는 함께 그 꿈을 안고 미국으로 유학을 갔다.

비행기에서 내려다본 미국 대륙이 두렵기도 했지만 사랑하는 사람이 옆에 있어서 위로가 되었다. 다행히 우리는 같은 도시(미국 필라델피아)에 있는 학교를 다니게 되어 함께 살 수 있었다. 유학 생활은 단순했지만 하고 싶은 공부를 할 수 있어 행복했다. 주말에는 유학생들이 모여 이야기도 하고 식사도 하며 서로를 위로했다.

엄격한 유태인이었던 박사과정 지도교수님은 늘 내게 용기와 칭찬을 아끼지 않았다. 교수님은 일주일에 적어도 한번은 정규 세미나를 하여 학생들에게 발표를 시켰는데 세미나 시작에 늘 하시던 말씀이 "What's new?"였다. 학생들도 지도교수님을 실망시키지 않으려고 일주일간 나름대로 열심히 준비하곤 했다. 교수가 된 후 선생이 학생에게 아낌없이 시간을 내주고 용기를 준다는 것이 얼마나 힘든 일인지를 비로소 깨닫게 되었고 시간이 갈수록 내 지도교수님께 고마움이 더해갔다. 지도교수님의 인내와 용기가 없었다면 박사학위 논문을 결코 끝낼 수 없었을 것 같다.

먼저 박사학위를 받은 나는 남편과 헤어져 오하이오 주립대학교 강사로 가게 되었다. 그곳에 도착한 날이 일요일이었는데 건물 바깥을 열 번 이상 빙빙 돌며(일요일이라 건물이 잠겨 있었다) 미래에 대한 기대와 다짐을 했던 기억이 난다. 박사가 되어 좋기도 했지만 박사에 대한 기대치 때문에 오는 부담감이 무척 컸던 것 같다. 지금도 나는 새로 학위를 받는 사람들에게 '박사'는 단지 시작일 뿐이라고 이야기해주고 있다.

남편도 곧 박사학위를 받았지만 서로 직장이 달라 다른 도시에 떨어져 있게 되었다. 강의가 끝나면 밤새워(워싱턴 근처에 있던 메릴랜드대학과 뉴욕 북쪽에 있던 코넬대학이었으니까 차로 달려 약 13시간 걸리는 거리였다) 달려가 남편 얼굴보고 오후에 다시 13시간 걸려 돌아오기도 했다. 사실 박사학위 후 처음 1년간은 새로운 생활에 대한 기대감 때문에 어려움을 느끼지 못했다. 그러나 시간이 갈수록 전화비가 산더미처럼 늘어나고 무엇보다 함께하는 것이 좋겠다는 생각이 들기 시작했다. 우리는 둘 다 정규 교수직을 얻었지만 4년째 계속 떨어져 살던 상태였다.

서울을 떠나본 적이 없던 내가 전혀 연고가 없는 포항에 정착한 것은 고 김호길 학장님의 포부가 우리를 감동시켰기 때문이었다. 우리는 연구 전념과 후배 양성의 꿈을 안고 낯선 포항 땅에 정착했다.

한국에서 기혼여성으로서 직장을 다니는 일이 연구에 막대한 지장을 줄지도 모른다는 불안감은 어느 정도 현실이 되었다. 먼저 남편과 오래 떨어져 있다 함께 살게 된 새로운 환경에 적응해야 했다. 더욱이 미국에서는 집안일을 잘 돌봐주던 남편이 한국에 돌아오니 180도 변해버렸다. 지금은 고인이 되신 시어머니의 헌신적 사랑 없이 내가 어떻게 아이들을 보살피며 연구를 할 수 있었을까? 10년 동안 손자를 기다리시다 큰아이 해산 후 포항으로 달려오신 시어머니는 내게 평온한 안식처였다. 밖에서 힘든 일이 있을 때나, 심지어 남편과의 문제에서조차 어머니는 항상 내편이 되어주셔서 어머니와 이야기를 하고나면 모든 일이 해결되곤 했다. 나는 내 며느리들에게 과연 어머니가 내게 베풀어주신 것처럼 해줄 수 있을까 생각해본다.

내가 수학을 계속할 수 있었던 것은 좋은 사람들을 많이 만난 덕분이었다. 항상 딸을 믿어주신 부모님, 늘 용기를 주셨던 잊지 못할 선생님들, 흔들어대도 나무처럼 꿋꿋이 곁에 있어 주는 사랑하는 남편, 많은 시간을 함께 못하는 엄마를 응원해주는 아이들, 그리고 지금도 친절한 주위 동료들. 이제는 내가 그들에게 용기를 줄 때인데도 여전히 나는 받고만 사는 것 같다.

연구에 파묻혀 살다가 원자폭탄 투하로 일본이 항복하여 전쟁에서 패망했다는 것을 뒤늦게 안 일본의 유명한 수학자가 있다. 조금 극단적이긴 하지만 나도 이런 과학자가 되고 싶다.

하경자

부산대학교 대기과학과 교수

부산대학교 사범대학을 졸업하고 서울대학교와 연세대학교 대학원에서 대기과학으로 석사 및 박사학위를 받았다. 이후 일본기상연구소 및 미국 텍사스A&M대학교, 오리건 주립대학교 등에서 연구원을 거쳤다. 현재 부산대학교 대기과학과에서 교수로 재직하면서 한국기상학회 교육위원장으로 《움직이는 실험실》의 청소년 과학서적을 발간하고, 부산여성과학인력양성사업 및 청소년 과학문화 확산 활동을 활발히 하고 있다. 아시안 몬순과 경계층 모델링에 관한 국내외 논문 100여 편이 있으며 현재 'APEC 기후센터'의 감사를 맡아 기후예측과 연안 기후 변화 예측의 문제에도 노력을 기울이고 있다. 저서로는 《대기열역학》《대기역학 에센스》《대기환경의 탐색》 등이 있다.

교사의 능력은 인간을 변모시킬 수 있다

출근길에 "초대형 특급 태풍에 관한 취재를 하고 싶다"는 기자의 다급한 전화를 받으며 새삼 환경이 참 많이 변했다는 생각을 했다. 지금의 기후가 10년 전이나 20년 전과 같다고 보는 사람은 드물 것이다. 실제로 인류의 행동 양상에 의하여 지구환경이 지속적으로 위협받고 있는 21세기다. 지난 세기부터 가속화된 지구온난화의 현실과 미래 기후의 예측에는 크게 세 가지 정도의 이슈가 있다. 그것은 지구온난화에 따른 환경변화와 오존층 파괴 같은 지구 대기층의 변화, 그리고 사막화나 산성비 같은 인간 활동에 의한 지표 변질에 따른 환경변화이다. 그중에서 첫번째 이슈인 지구온난화에 따른 환경변화에는 강수량의 변화에 따른 홍수 및 가뭄, 태풍의 강도 변화, 엘니뇨 강화 등이 있는데 이는 21세기가 반드시 풀어야 할 과제이다.

'지구온난화의 종말은 빙하기의 도래다' 라는 메시지를 전달하려고 한 영화 〈투모로우〉(원제는 The day after tomorrow)의 장면이 미래를 있는 그대로 표현한 다큐멘터리일 수도 있다고 밝히는 학자도 있다. 지구온난화가 고위도 지역에서 더 큰 강도로 일어나기 때문에 적도와 극의 열 불균형을 해결하려는 순환고리가 변화하게 된다는 것이 이 영화의 이론적 배경으로, 난류의 북향 수송이 억제됨에 따라 극지방부터 점점 냉각된다. 영화가 경고하듯이 해류뿐만 아니라 태풍도 열대의 열을 극으로 수송하는 수단인데 그 역할이 더욱 강력해질 것으로 보인다. 1970년대 후반 대학에 다닐 때는 신기한 자연현상을 보며 막연히 재미있다고만 생각했다. 그러나 요즘에는 자연과학의 문제를 단순한 재미만이 아니라 우리 인류가 반드시 풀어야 할 과제라고 믿는다.

아련하게 머릿속에 남아 있는 나의 학창시절은 아름답기만 하다. 1970년대 부산 옥샘에서의 중고등학교 생활은 나의 미래를 자연과학자로 살게 한 첫번째 과정이었다. 옥샘은 말 그대로 미지의 세계에 대한 신비감을 가져다 준 아름다운 동산이었다. 향나무가 유난히 많았던 옥샘 동산은 잔디밭과 양어장, 그리고 예쁜 나의 친구들이 뛰놀던 사루비아 뒷동산을 가진 꿈꾸는 언덕이었다. 당시의 도덕선생님이 지금 동래여고의 오정필 교장선생님이신데 지금도 당시 소녀의 마음으로 교장선생님과 전화통화를 하곤 한다. 여고시절 나의 친구들은 내가 수학을 잘하니 수학선생님이 될 것이라고 했고, 나도 별 망설임 없이 사범대학 자연계열에 입학했다.

그런데 대학에 가서 느낀 것은 미래와 미지의 세계에 대한 이해가 필요하다는 것이었다. 그리고 나는 '내가 어떻게 그리고 무엇을 할 수 있을까'의 문제를 던지고 있었다. 그리하여 답을 할 수 있는 전문가, 자신의 실험에 몰두하는 연구원이 되는 꿈을 키웠다. 전공을 지구과학으로 정한 데는 천문학이 정말 큰 역할을 했다. 천문학을 하기 위하여 수학을 부전공으로 하고 과학교육에서 지구과학을 택했다. 그러던 중 유신정부에 반대하는 데모로 부마사건을 겪게 되었고 1년 중 6개월 정도는 학교에 다닐 수가 없었다. 당시 기상학을 가르치시던 고(故) 문승의 교수님이 일본에서 박사학위를 받느라 우리에게 이런저런 일거리를 맡기곤 하셨는데, 나는 이 일을 마치 내가 해야 할 일처럼 열성적으로 하곤 했다. 그 후 나는 교사 발령을 포기한 채 기상학과로 대학원에 진학했다.

관악에서의 대학원 생활 중에 다양한 친구들을 만났다. 지금은 거의 교수와 연구원이 되었지만 여러 나라로 유학을 떠난 친구들과 계속 남아 공부를 하던 친구들이 이메일로 당시의 시절을 떠올리곤 한다. 나는 캠퍼스 내 4층 연구동에서 지냈는데 그 건물에는 서너 개 학과의 대학원생들이 생활하고 있었다. 내가 맨 꼭대기 층인 4층에서 기상학을 했기 때문에 남학생들은 '하늘'이라고 부르기도 했다.

당시 미국 대학에 유학할 준비를 하고 있던 나는 오리건 주립대학교에서 교수로 계셨던 두 분의 유명한 기후학자를 만나 기후역학에 관한 공부를 하려고 마음을 정하고 있었다. 그런데 그중 한 분이 연세대학교 교수로 부임하셔서 나는 연세대학 박사과정으로 진학했다. 그 후 박사를 받고 오리건 대학교 해양대기과학과(COAS)에 교환교수로 가게 되었으니 나의 진로에 영향을 미친 분들이 있는 곳이면 어디든 가게 된 것이다. COAS에서는 연구하고 싶던 두 가지 일을 하게 되었다. 그것은 '지표와 대기의 상호작용에 대한 역학적 과정'과 '우리가 잠든 밤에 일어나는 다양한 기상현상의 모형화'였다. 이 과제들은 나에게 성장할 수 있는 기회를 주었고, 이 논문으로 나는 한국기상학회 38주년에 여성으로서는 최초로 '송천학술상'을 받았다. 당시만 해도 여성 대기과학자가 많지 않았기 때문에 여성이 하기에 어렵지 않느냐, 여성이 취업하기에 어렵지 않느냐 하는 질문을 많이 받았다.

연구에 이어 나는 교육에 관하여 관심을 많이 쏟았다. 나의 교육철학은 에머슨의 말처럼 '교사의 능력은 인간을 변모시킬 수 있다'는 확신이다. 나는 사이언스 코리아 운동인 생활과학의 부산경남 책임자로서 한 온라인 신문에서 에머슨의 말을 인용한 적이 있다. 그때 달린 리플을 보고 동감하는 많은 교육자가 있음을 알 수 있었다. 인간을 발전시키는 임무는 그 무엇과도 바꿀 수 없는 신성한 것이라고 본다. 교육은 결코 혼자만의 일이 아니다. 나는 과학문화 확산을 위해 대학생 과학사랑 동아리 '움직이는 실험실'과 이공계 석사와 박사를 마친 젊은이로 구성된 '생·과·일'이라는 동아리를 지원하고 있다. 《움직이는 실험실》은 얼마 전 출간된 '대한민국 1% 영재되기' 시리즈의 첫번째 청소년 과학도서의 제목이기도 하다. '생·과·일'은 '생활과학을 일상에서'의 의미로 지어진 이름으로 과학실험의 아이템을 정리하고 개발하는 모임이다. 부산지역에서 자신의 연구나 학회활동을 열심히 하면서 사회활동으로 교육자로서의 임무를 다하고자 모인 17명의 BWSE(Busan Women into Science & Engineering) 여교수님들과 과학 동아리 젊은이들은 나에게 사회 활동의 에너지원을 주고 있다. 이들은 우리가 속한 사회의 미래를 위한 어린 꿈나무들의 과학교육에서 에머슨의 말처럼 참된 교육자의 역할을 하려고 노력하고 있다.

한 여성과학자가 이러한 말을 한 적이 있다. "여성과학자의 경우 실험실을 벗어나 사회활동을 하는 것이 별 도움이 되지 않는다고 하는데, 나는 여성과학자로서 무척 도움이 되었다. 남성 본위의 공교육에서는 지도자로서의 리더십 교육이 배제되어 있어 직접 사회활동을 하면서 나는 리더십을 얻었다." 이 말은 리더십이 내가 활동하지 않으면 얻을 수 없는 활동 그 자체라는 것을 암시하기도 한다. 학회에서 나는 이사를 겸한 교육위원장을 맡고 있다. 이 일은 한편으로 사회에 봉사할 시간을 많이 요구하지만 리더십과 대인관계 향상의 경력계발에 도움이 되는 것을 스스로 인지한다. 피터 드러커가 지적했듯이 21세기 지식기반사회에서는 기술을 가진 여성과학자의 역할이 더욱 강조될 것이다. 새로 만들어질 직업군이나 앞으로의 과학기술은 환경지향적이고 생명에 대한 모성애적 성향을 지닌 여성의 본성과 섬서함을 필요로 할 것이기 때문이다.

하영수

이화여자대학교 간호과학대학 명예교수

1957년 미국 하와이대학교 간호학과를 졸업하고 미국에서 RN면허를 취득했다. 그 후 이화여자대학교 대학원에서 모아간호학 전공으로 석·박사학위를 취득했다. 하와이 성 프란시스 병원, 쿠아키니 병원 등에서 임상간호 경험을 쌓았고, 1961년부터 1997년까지 이화여대 간호과 교수를 역임하고 현재 명예교수를 맡고 있다. 한국간호과학회장, 대한간호협회 중앙이사, 국제간호협의회 전문직간호사업위원(ICN, PSC) 등을 역임하고 현재 안산장학회 이사, 한국간호학회 기금모금위원장으로 활동하고 있다. 대한민국 국민훈장 목련장을 비롯해 다양한 상을 수상했으며, 간호과학인의 양성과 학문발전을 위해 혼신을 다했다. 주요 저서로는 《산부인과 간호학》 《아동간호학》 등이 있으며 국내외에 발표한 다수의 논문들이 있다.

사랑과 믿음에 바탕을 둔 전문 간호인이 되기를

간호과학은 박애와 봉사의 근본

1997년 정년퇴임을 한 나는 전문 간호과학인으로 또한 간호과학자로서 지난 30여 년간 인류의 건강증진과 간호과학 교육과 연구를 위해 헌신할 수 있었던 데에 보람과 긍지를 느낀다.

나는 1932년 서울에서 태어나 자상하신 부모님 밑에서 별 어려움 없이 행복한 유년기를 보냈다. 그러나 내가 초등학교를 졸업하고 중학교에 입학할 무렵, 부친의 사업이 실패하면서 나는 더 이상 부모에게 경제적으로 의존할 수 없게 되었다. 그러나 어떻게 해서라도 공부하겠다는 일념으로 한때 고학을 하기도 했다.

그런 어려움 속에서 나는 나 자신의 삶의 방향, 혹은 삶의 목적이 무엇인가에 대해 고민하며 뚜렷한 목적을 가진 주체의식을 확립하려고 노력했다. 그때 특별히 남을 위해 보람 있는 일을 할 수 있었으면 좋겠다는 생각이 나를 지배하고 있었던 것 같다. 세상에는 여러 직종이 있지만 남을 위한 일, 남을 돕는 일이 가장 가치 있고 보람된 일이라는 확신이 생기면서 나는 결국 간호사가 되어 무력하고 쇠약한 상태에서 고통 받는 환자들을 돌보는 간호과학자가 되리라 결심하기에 이르렀다.

1949년, 마침내 8 대 1의 경쟁을 뚫고 세브란스 간호학교(현 연세대학교 간호대학 전신)에 입학했다. 입학하기 전 어느 정도 학교에 대한 이야기를 듣기는 했지만 입학 후 비로소 기독교적 교육이념과 오랜 전통이 지니는 가치를 깨닫게 되었다. 즉 세브란스 간호학교는 단순히 환자를 간호할 뿐만 아니라 '사랑과 믿음과 소망'을 바탕으로 간호하는 사랑의 봉사를 실천할 간호사를 양성하는 데 초점을 두고 있었다.

나는 간호학생으로서 긍지를 느낌과 동시에, 장차 선배들처럼 이 나라 간호계의 발전에 이바지할 수 있는 훌륭한 간호사가 되겠다는 생각으로 학업에 열중하면서 간호에 필요한 정신적 소양을 쌓으려고 노력했다. 그러나 그 이듬해인 1950년 6·25전쟁이 일어났고, 나는 학교의 지시에 따라 선배간호사들과 의사들로 구성된 전시 세브란스병원 구호반에 참여하게 되었다. 나는 수도육군병원에 배속되어 부상병들을 치료했는데, 전세가 불리해지면서 부상병의 수는 늘어만 갔고, 전선이 남으로 밀리면서 수도육군병원은 일선 야전병원을 방불케 했다.

후송되어온 많은 부상병들은 줄지어 눕혀진 상태로 심한 출혈과 통증으로 고통을 호소하면서 물을 달라고 울부짖었다. 나는 그들의 모습을 그대로 지나칠 수 없었다. 의사의 치료를 거들다가 폭격의 위험을 무릅쓰고 수돗가로 달려가 계속 물통으로 물을 길어 나르며 그들에게 마시도록 했다. 식수도 부족하고 길어오기가 힘들기 그지없는 상황이었으나 부상병들의 고통을 덜어주어야겠다는 생각뿐이었다. 지금 생각해보면 그때의 그 경험이 숭고한 간호 인생의 일면을 체험한 중요한 계기가 되었던 것 같다. 전세는 아군에게 불리했고 자꾸 남으로 밀리게 된 우리는 부상병들을 대구 수도육군병원으로 후송하여 그곳에서 간호하게 되었다. 그러나 대구에 오자 구호반 조직이 해체된 상태여서 나는 부산으로 가게 되었고, 그 후 거제도 장승포에 전시간호학교가 개교되어 그곳으로 옮겨갔다. 장승포에서 나는 공부에 열중하는 한편, 병원 실습에도 최선을 다해 환자들을 정성껏 간호했으며, 1953년 마침내 세브란스간호학교를 졸업할 수 있었다.

하와이 유학의 경험이 준 교훈

졸업 후 보건간호 분야에서 봉사하던 나는 지금은 고인이 되신 이영복 선생님의 추천으로 '하와이대학 한미재단 장학생 선발'을 위한 문교부 시험에 응시해 무난히 합격했다. 1954년 여름 나는 꽃향기 짙게 풍기는 아름다운 호놀룰루에 도착했다. 그해 8월부터 보건간호학 과정을 이수하기 시작했는데, 그 과정을 거치면서 나는 말 그대로 미국의 간호교육과정이나 교육제도가 한국과 비교할 수 없을 만큼 앞서있음을 실감했다.

당시 우리나라에는 3년제 간호학교 제도만이 있었고, 졸업 후 고등교육에 진학할 수 있는 길이 막혀 있었다. 나는 보건간호학 1년 과정을 마친 후 하와이대학교 간호대학에 입학하여 정규대학 간호교육을 받기로 결심했다. 1955년 나는 마침내 간호대학 입학시험에 합격하는 기쁨을 누렸다. 또한 보건간호학 과정을 이수한 학점이 인정되어 2학년에 편입했다.

점차 대학생활에 적응하면서 나는 간호과학의 본질이 인간을 대상으로 하는 인간과학임을 깊이 인식하게 되었다. 그리하여 인간의 내면에 대해 깊은 관심을 가지고 기초과학은 물론 철학, 윤리, 도덕, 인류학 등을 공부하기 시작했다. 이는 간호행위가 단순히 기술적·기능적인 것만이 아니라 인간을 소중히 여기고 사랑하며 돌보는 원만한 품성과 윤리적 행위를 포함하기 때문이다. 이는 간호과학이 실제적 인간과학(practical human science)으로서의 특징을 지니는 데서도 잘 나타나 있다.

사실 전문지식과 기술을 터득하는 일은 크게 문제가 되지 않으나 인간의 생명을 존중하고 사랑으로 돌보는 일은 많은 노력과 훈련을 필요로 한다. 그래서 나는 무엇보다도 먼저 간호사로서 사회적으로 위임된 임무와 역할을 수행할 수 있는 자질을 기본적으로 갖추어야 할 필요를 깊이 깨달았다. 자질이 간호에 필요한 타고난 소질이나 성품을 뜻한다고 할 때, 역시 간호사로서 필요한 자질을 타고났다고 자신할 수는 없었기 때문이다.

나는 나의 소질이나 성품을 간호과학의 목적에 맞게 개발하여 발전시켜나가기 위해 전문 지식과 기술의 완벽한 터득뿐만 아니라 신뢰성 있는 원만한 품성을 지니기 위한 인성에 관심을 치중했다. 무엇보다도 나 자신이 간호사의 임무와 역할을 받아들이고 간호과학이 지니는 가치, 즉 간호과학의 본질과 목적에 대한 신념을 내재화하는 데 초점을 맞추었다. 더 나아가 인류의 건강과 복지를 실현하기 위한 휴머니즘, 인류의 평등 및 인류를 차별 없이 사랑하는 인도주의 박애정신을 지니기 위한 노력을 경주하고 이에 상응하는 활동을 강화하기로 했다.

그리고 그러한 활동의 일환으로 나는 대인관계나 다른 사람에 대한 배려, 휴머니즘과 관련하여 내가 속한 교회의 교인들과 함께 미국 본토로 가는 홀트 입양아들이 호놀룰루에 들를 때 비행장에서 그들을 맞아 목욕시키고 비행기에 다시 탈 때까지 돌봐주는 봉사활동을 하면서 아동을 사랑하고 이해하는 경험의 폭을 넓히려 노력했다.

이외에도 당시 교민을 위한 방송 프로그램을 맡아 운영하면서 교민들 중,

특히 문화적 충격으로 외국 생활에 적응하지 못하는 1세 이민자들을 배려하는 데 힘을 쏟았다. 자식들과 헤어져 외롭게 사는 분들을 방문하여 위로하기도 하고 가족을 찾아주기도 했으며, 편지나 수표를 대신 써주기도 하고, 연금을 받을 수 있도록 도와주는 등 여러 가지 대민 봉사활동에 전념했다. 이러한 경험을 통해 돌봄의 의미와 가치를 깊이 인식하고 내재화할 수 있었다. 또한 한국 영사관에도 자주 왕래하여, 특히 서울에서 정부 관료들이나 고관들, 학자들이 방문해 올 때마다 다양한 일을 도우면서, 다양한 계층의 사람들을 이해하고 대인관계의 폭을 넓혀나갈 수 있었다.

이렇게 다양한 활동과 역할 경험은 즐거운 마음으로 최선을 다해 노력하는 적극성과 진취성을 함양하는 데 큰 도움을 주었다. 그리고 이러한 경험은 훗날 귀국하여 내가 간호과학 교수로, 간호교육 행정가로, 혹은 지역사회 발전 참여자로 역할을 할 때, 편협하지 않고 개방적이며 객관적인 판단과 공정한 행정을 하는 데도 많은 도움이 되었다.

전문 간호과학인이 되기 위한 조언

오늘날 간호과학을 공부하는 후배들은 지난날의 선배들보다 좋은 여건에서 많이 배우고 훌륭한 배경과 실력으로 개인적으로나 직업적으로 발전할 수 있는 무한한 가능성을 지니게 되었다. 따라서 이들은 장차 우리 간호계뿐 아니라 더 나아가 세계간호의 주체로서 간호 각 분야에서 지도적 역할을 선도할 수 있도록 나름대로의 원대한 비전을 제시할 수 있는 자질과 실력을 갖추어야 할 것이다. 중요한 것은 그러한 비전을 이루기 위해 무엇보다 간호과학대학의 교육과정을 통해 간호과학자로서의 기본 자질을 구비하는 데서부터 구체화되어야 한다는 점이다.

간호과학자에게 기본적으로 요구되는 자질이란 곧 간호의 사회적 책무를 완수하는 데 필요한 역량을 말하는 것이다. 그러므로 간호대학생들은 전문 지식과 기술에 대한 교육에만 관심을 가질 것이 아니라 신뢰성 있는 원만한 품성을 지니기 위한 인성교육을 강화해야 한다. 그리하여 인간을 총체적 존재(holistic being)로 이해하고 존중하며, 현대사회에서 생활하는 개인이나 가족, 지역사회의 건강요구와 문제에 효과적으로 대처할 수 있는 전문 간호과학인이 되어야 한다. 더 나아가 현대화되고 첨단화되는 사회 변화에 따라 간호직에 새롭게 요구되는 상황에 창의적으로 대응하는 방법과 기술, 그리고 가치를 익혀야 한다.

물론 간호과학자의 이런 기본적인 자질을 구비하는 일이 결코 쉬운 일만은 아니다. 더욱이 간호대학에서 교육을 받는다고 해서 그냥 주어지는 것도 아니다. 다만 중단 없는 인격과 인성의 도야를 필요로 하는 것이다. 이를 넘어설 수 있는 한 방법은 간호과학의 본질과 목적에 대한 확신과 이를 내재화하기 위한 견문과 경험을 넓히기 위해 다양한 활동에 참여하는 것이다.

최근 대학에는 여러 가지 다양한 과외활동의 기회가 제공되고 있다. 간호대학생들은 학업에 전력을 기울이는 한편, 그런 과외 활동 중 대인관계나 타인에 대한 배려, 휴머니즘 등 간호과학의 가치를 내재화하는 데 관련된 여러 가지 활동에 참여함으로써 개인적인 자질과 인격의 형성은 물론 직업적으로는 전문 간호과학인으로서의 능력을 발전시킬 수 있어야 한다.

그런 활동과 역할을 통해 자율적으로 자기 확인을 해나갈 때 전문 간호과학인으로 역할을 하는 데 필요한 자질을 배양하고, 인도주의 박애정신과 봉사정신을 근본으로 하는 간호과학을 평생의 사명이자 최고의 가치를 지닌 일로 삼을 수 있는 터전을 구축해 나갈 수 있을 것이다.

한미영

한국여성발명협회 회장

이화여자대학교 미술대학을 졸업한 후 미국 보스턴대학교 1년을 수료했으며 서울대학교 공과대학 최고산업과정을 수료했다. 현재 태양금속공업(주)의 부사장으로 2003년부터 특허청 소속의 한국여성발명협회 회장을 역임하면서 과학기술과 경제산업 분야에서 여성의 권익증진을 의해 노력하고 있으며, 특히 여성의 창의력 계발에 앞장서고 있다. 이외에도 국가과학기술자문회의 자문위원, 한국여성과학기술연합회 부회장, 한국가정법률상담소 감사로 활동하고 있다. 2005년 '제10회 여성주간 기념 유공자'로서 대통령 표창과 '제2회 서울사랑시민상' 본상을 수상하기도 했다.

자신의 믿음으로 오늘을 가라

지금 나 자신을 돌이켜보면 나 스스로도 놀랍다. 나는 공장을 운영하는 부모님 밑에서 오빠 네 명을 위로 하고 막내로 태어났다. 어린 시절을 생각하면 위험하다고 매일 아버지에게 걱정을 들으면서도 공장 안에서 뛰어놀며 공장 언니들과 함께 일한다고 끼어 앉았던 기억이 대부분이다.

우리 집은 네 명의 오빠뿐만 아니라 오빠친구들까지 숙식을 했으니 항상 남자들이 득실득실했다. 이런 환경으로 인해 어렸을 적에는 내가 남자인지 알고 살았을 정도였다. 겉모습은 여자애지만 노는 것은 남자애나 다름없었다. 그래서 처음으로 여자들만 있는 중학교에 입학했을 때는 무척 어색하고 이상해서 힘들게 적응했다. 지금 생각하면 우습지만 당시로서는 꽤 심각한 문제였다.

대학은 당연히 여자대학을 갔고, 나의 전공은 미술이었다. 대학은 새로운 세상이었다. 내가 듣고 싶은 수업을 골라 들을 수 있었고 약간의 자유도 주어졌다. 정말 대학생활을 후회하지 않을 정도로 마음껏 즐겼던 것 같다. 죽을 정도는 아니지만 공부도 열심히 했고 결과 또한 좋았다.

그 시절에는 대학 졸업 후 결혼하는 것이 당연한 일이어서, 나도 결혼 후 평범한 생활을 했다. 그러다 미국으로 간 뒤 거기서부터 나의 생활이 사업과 연결되기 시작했다. 우연히 수출입을 하는 무역회사를 시작하게 된 것이다. 처음에는 집에서 방 하나에 팩스와 전화를 놓고 시작했다. 일본과 한국의 판권을 받고 부지런히 3국을 오가며 일을 했다.

그러던 중 어머니가 내 생일이라고 우리 집에 오셨다가 쓰러졌다. 1992년의 일이었다. 병원에 입원한 후 다행히 경과가 좋아져 귀국할 수 있었으나 문제는 이미 6개월 전에 아버지까지 뇌졸중을 일으켰기 때문에 두 분 모두 편찮은 상태였다. 그 후 3년 6개월 동안 나는 한국과 미국을 오가며 두 집 살림을 했다. 오빠들과 주위 사람들은 한 달에 2주씩 미국과 한국을 오가는 것이 더 이상은 무리라고 했다. 나 또한 그즈음 너무 힘들어 지쳐 있었고 내 가족들에게도 미안해하고 있었다. 결국 부모님을 더 안정적으로 모시기 위해 고민 끝에 귀국을 결정했다. 귀국 후 몇 년 동안은 부모님이 모두 많이 편찮아서 두 분을 보살피느라 아무 일도 못했다. 친구들을 만날 시간조차 없었다. 다행히 시간이 흐르면서 부모님의 상태가 호전되기 시작했다.

그 후 나는 금속제조업을 하는 우리 회사(태양금속)에서 일을 하게 되었다. 올해로 창업 51주년이 된 (주)태양금속은 금속제조업으로 특수강을 이용하여 자동차 부품과 각종 전자제품에 들어가는 볼트, 너트, 스크루를 생산하는데, 특히 자동차 엔진볼트는 우리 회사의 최강점이다. 여자들과 거리가 있는 것처럼 보이는 분야지만 나는 어릴 때부터의 영향인지 공장의 쇳소리와 기름 냄새를 맡으면 시끄러운 가운데서도 편안함을 느끼곤 했다.

그렇게 열심히 일을 하던 중 아는 사람이 꼭 소개할 사람이 있다고 해서 만난 분이 우리 협회 전임회장이었다. 검소해 보이는 첫 느낌에 한국여성발명협회라는 이름은 아주 생소하면서도 흥미로웠다. 만남의 취지는 협회에 들어와 협회를 도와달라는 요청이었다. 그러나 나는 회사도 너무 멀고 시간도 없어 단체 모임에는 참가할 수 없다고 했다. 그 후 여성들의 건전하고 발전적인 단체에서 여성 개발을 위해 힘을 보태자는 몇 차례의 계속된 요청에 작은 힘이나마 돕기로 결정했다.

한국여성발명협회는 말 그대로 발명가들과 발명을 사랑하는 사람들의 모임이지만 같은 계열, 같은 전공만의 모임이 아니라 아주 개성 있고 고집 있으며 추진력 있는 다른 종류의 사람들의 모임으로 무척 재미있는 단체이다. 나는 발명은 어렵고 천재나 괴짜, 이공계만의 일이라며 나와는 전혀 다른 분야라고 생각했다. 그러나 협회를 맡고 많은 지식재산권 갖기 설명회를 개최하다 보니 발명이 어렵지 않다는 사실을 깨달았다. 발명은 누구나 할 수 있다. 자기 주위의 불편한 점이나 필요한 것을 개선하면 곧 발명이 된다. 다만 과학자나 전문분야의 사람들은 더 깊은 원천기술, 특허발명을 만들어내는 것뿐이다.

앞으로는 원천기술의 확보만이 우리나라가 부강한 나라로 갈 수 있는 원동력이 될 것이다. 그 나라가 얼마나 강국인지는 얼마나 많은 원천기술을 확보하고 있는가에 달려 있다. 따라서 수많은 발명을 해야 한다. 쉬운 발명부터 심도 있고 어려운 전문적 발명에 이르기까지 수많은 발명들이 쏟아지는 가운데 세기의 발명도 나올 수 있는 것이다.

발명을 하면 꼭 지식재산권을 획득해놓아야 한다. 그래야만 권리를 행사할 수 있다. 과학은 이론을 가르치는 학문이다. 거기에다 창의성을 곁들이면 발명이라는 훌륭한 작품이 만들어진다. 과학자, 의학자, 생물학자, 물리학자나 그 길을 택하고자 하는 사람들은 머리가 좋은 분들이다. 이들의 학문에 '왜? 어떻게?' 라는 질문을 첨가하면 꼭 좋은 발명을 할 수 있다고 생각한다. 세상을 바꾼 발명도 순간에 튀어나온 아이디어의 산물이다. 발명은 큰 자산이 될 수 있다. 커다란 부는 사람들의 머릿속에 있는 것이다.

난 아버지에게 신뢰와 신용이 가장 중요하다고 배웠고, 나 자신 또한 그것을 가장 소중하게 생각한다. 신뢰란 타인과의 관계뿐만 아니라 자신에 대한 신뢰도 대단히 중요하다. 자기 자신에 대한 신뢰란 자신이 맡은 일이나 목표로 세운 일에 최선을 다한다는 것이다. 그러한 믿음으로 다른 곳을 보지 않고 뚜벅뚜벅 나의 길을 가다보면 결과는 좋을 수밖에 없다. 어제도 내일도 아닌 오늘이 가장 중요하다. 무엇이든 끝내고 뒤돌아섰을 때 후회가 없도록 최선을 다하기를 바란다.

홍성운

한국원자력연구소 이사

이화여자대학교 의과대학을 졸업하고 서울대학교 의과대학에서 석사학위를, 고려대학교 의과대학에서 박사학위를 취득했다. 서울대학병원 내과전공의를 거쳐 한국원자력연구소 부설 원자력병원 핵의학과장, 사이클로트론 응용연구실장, 원자력병원 최초의 여성 부원장으로 재직했다. 대한핵의학회 회장, 과학기술부 원자력 이용기술 개발전문위원, IAEA National Coordinator 등을 역임했고 현재 한국여성원자력전문인협회 회장, 세계여성원 자력전문인협회 이사, 한국원자력연구소 이사 등을 맡아 원자력 개발과 원자력에 대한 국민의 신뢰 증진을 위해 남다른 노력을 기울이고 있다. 2004년 대통령 표창과 과학기술부 장관상 등 다양한 상을 수상했으며, 《방사성 동위원소를 이용한 치료》라는 교과서 출간 외에도 수십 편의 논문을 국내외에 발표했다.

도전정신은 불가능을 가능케 한다

학창시절

고등학교 때까지는 미래에 대한 구체적인 계획 없이 그저 성적수준에 맞는 대학을 다니다가 시집가야지 하고 그럭저럭 지냈다. 고등학교 2학년이 되자 학교에서 대학 진학을 위해 희망학과를 조사했다. 그런데 옆에 앉았던 나와 비슷한 수준의 친구가 자신은 아버지가 의과대학 교수라서 의대에 가야 한다며 자랑스레 이야기했다. 친척 대부분이 법대생과 문과생이고 의사는 물론 이과생도 단 한 명 없는 나는 순간적으로 '의대 지망' 이라고 써냈다.

입학원서 쓸 때는 여자 의사는 시집도 못 간다며 펄쩍 뛰시는 아버님을 담임선생님이 회사로 두 번씩이나 찾아가 설득해주셨다. 다행히 의대에 합격했지만 본과 1학년부터는 행여 낙제할까 가슴 졸이며 지내야 했다. 대학생활은 점점 더 어려웠으나 1학년 때 워낙 단련되어 그 후론 무사히 통과할 수 있었다. 본과 3학년 때는 방학 때마다 고수님들에게 부탁하여 여러 대학병원에 나가 임상실습을 했다. 당시에는 미국에 의사가 부족하여 미국의사국가고시(ECFMG)를 다른 나라에서도 실시해 의사들을 수입했다. 당연히 모두 시험을 보았고 미국으로 떠나는 친구들을 보며 나도 여러 병원에 지원서를 보내 결과를 기다리고 있었다.

내과의사

인턴생활을 하며 주말에나 가끔 집에 들렀다. 하루는 어머니가 시카고의 한 병원에서 비행기표와 함께 가운 크기를 미리 써 보내라는 편지가 왔지만 시집가기 전엔 절대 외국에 못 간다며 보는 앞에서 비행기표를 찢어버리셨다. 울며불며 비행기표를 들여다보니 노스웨스트 편이었다. 그때만 해도 외국 가기가 어려웠고 비행기표가 재발급된다는 사실도 몰랐었다.

미국에 못 갈 바엔 국내 최고 병원에 낙방이라도 한번 해보자는 오기가 생겼다. 그래서 당시 본교생도 들어가기 어렵고 더구나 여자는 안 뽑는다고 알려진 서울대학병원 내과에 지원하기로 했다. 서울대학 출신 교수님에게 의논드리니 뜻밖에도 흔쾌히 친구인 내과교수님에게 편지를 써주셨다. 지원원서에 과장님 허락도장을 받아야 해서 교수님을 찾아뵙고 편지를 보여드렸더니 타교 출신에 더구나 여자가 잘 견디겠냐며 걱정스레 내과과장님을 소개해주셨다.

다음날 아침 8시부터 문 앞에 가서 기다렸다. 과장님은 외모가 꼭 외국인 같았고 키도 크셔서 앞에 서기만 해도 위압감이 느껴졌다. 그런데 만나자 마자 여자들은 힘들어하다 중간에 자꾸 도망을 가서 일에도 지장이 많고 남은 의사들에게도 피해를 주므로 본인이 나서서 다시는 안 뽑기로 내정하여 바꿀 수 없다며 큰소리로 거절하시는 것이었다. 예상은 했지만 너무 참담했다. 눈물이 핑 돌아 나오는데 비서가 안 됐는지 오후 늦게 성적표 가지고 다시 한번 와 보라는 것이었다. 도장도 못 받아 시험은커녕 지원원서조차 못 내고 병원

시계탑을 내려오는데 학생회 일로 가끔 보았던 동급생이 친구들과 함께 불렀다. 그는 도장이 찍힌 내과 지원서를 보이며 내과는 세 명만 뽑는데 이미 세 명이 도장을 받았고, 더욱이 여자를 안 뽑기로 내정되어 있다고 친절히 일러주었다. 창피하고 분해서 즉시 택시를 타고 본교로 가 성적표를 졸라서 받았다. 오후에 다시 갔더니 과장님은 아침일이 조금 안 됐던지 비서에게 "도장 찍어주라"고 한마디 하셨다. 운명이었는지 시험에 합격하고, 우여곡절 끝에 무시무시한 내과 전공의 생활이 시작되었다.

타교 출신이라 병실, 검사실, x선실, 강의실 등의 위치는 물론 교수님, 선배, 후배, 간호사 등 아는 사람도 없고, 인턴 생활조차 본교에서 했기 때문에 약 처방조차 달라 환자가 입원할 때마다 가슴 졸여야 했다. 보수적인 분위기라서 혹 소문이라도 날까 그런지 물어보아도 시원하게 대답해주는 사람도 없고, 과거에 학생회 일로 안면이 있던 사람일수록 핀잔은 더욱 냉정하고 차가워 그야말로 개밥에 도토리였는데 환자는 정신 차릴 수 없이 계속 입원했다.

매일 아침 새로운 의학전문 컨퍼런스, 딜려드는 환자의 입원과 분과별 환자토의와 회진, 저녁의 전체 회진 등. 용기가 아니고 정말 무모한 일이었다. 남들은 1년차 때 벌써 분과별로 뽑혀 저녁회진 후엔 대학원 가고 분과별로 흩어져 모임을 갖고 선배에게 배우기도 하고 경험도 듣곤 하는데 나는 병원에 대해 아무것도 모르는 터라 가만두고 관찰만 하는 배려(?) 속에서 완전 독학신세였다. 대학원 과정은 시작도 못해 강의가 있는 날은 혼자 남아 응급실에서 올라오는 환자를 대신 돌봐주다가 중환자를 만나면 대학원 강의가 빨리 끝나 주치의에게 환자를 인수하기를 간절하게 기다렸다. 말만 알아들었지 미국에 가도 그보다 외롭고 서럽진 않겠다는 생각조차 할 여유가 없었다.

10년 같은 1년차 생활이 지나고 2년차가 된 어느 날 과장님이 지도하시는 방사성 동위원소실 교실원으로 들어오라는 허락이 떨어져 드디어 한 사람으로 인정받게 되었다. 방사성 동위원소실은 과장님이 주재하는 분과로 들어가기도 어려웠지만 소속 교수님과 전공의도 가장 많았고 다양한 분야를 접할 수 있었다. 즉 심장학, 호흡기, 소화기계를 제외한 나머지 내과계 거의 전부인 내분비, 혈액학, 신장, 방사성 동위원소를 이용한 의학 등 다양한 분야를 접할 수 있어 모두 들어가고 싶어하는 분과 중 하나였다. 여러 분야 중 주로 혈액학, 특히 혈소판에 대한 연구를 하게 되었는데, 저녁마다 갖는 세미나에서는 소속된 다양한 분야의 연구를 듣게 되어 실력배양에 큰 도움이 되었고 대학원 석사과정도 합격했다. 덕분에 4년간의 전공의 생활을 무사히 마치고 전문의 자격시험을 무난히 통과했다.

하지만 13명의 여자전공의가 내과전문의 시험을 치러 여자로서 유일하게 합격했으나 취직을 할 수가 없었다. 4년 전 서울대학병원 내과전공의 과정에 합격했다고 인사갔을 때 뜻밖에도 본교에서 공부하라며 합격을 취소하도록 서울대학 병원장님께 전화까지 하시며 반대하던 내과과장님이 원장님이 되어 계셨다. 원장님은 본교가 싫어 타교로 떠난 사람은 받을 수 없다며 일언지하에 거절하셨다. 남자로서 타교 출신이었지만 여자대학에서 일생을 근무하신 지극한 애교심 때문에 매우 서운했던 것 같았다. 간간이 자리는 있었으나 내과만은 여의사가 곤란하다는 대답이었다. 과장님이 적극적인 수소문 끝에 국립원호병원 원장님을 어렵게 설득하여 자리를 주선해주셨다. 오류동에 있는 원호병원에 가니 의외로 모두 친절하고 반갑게 맞아주었다. 게다가 대우도 높아 당시 공무원 3급 갑 이사관급으로 특별우대까지 해주었다. 직원들도 잘 믿어주고 존중해주었다.

환자생활

원호병원 내과과장대리로 근무하며 1년 쯤 후에는 첫딸도 낳고 행복한 생활을 하던 어느 날 환자를 침대에 누이고 촉진하고 있는데 갑자기 어지러워지며 의식을 잃었다. 가끔 산부인과 선생님이 '빨리 빨리' 하며 몹시 조급하게 운전기사 아저씨를 재촉하는 소리를 듣는 듯했다. 다시 깨어보니 중환자실이었고 그때부터 2년 반 동안 수 차례의 수술과 3주마다 5일간 입원하여 화학요법으로 치료받는 단골환자가 되었다. 체중은 38킬로그램으로 줄었고 머리카락은 다 빠져 모자를 써야 했다. 대학원 박사과정 입학시험을 앞두고 있었지만 포기했다.

3년 동안 모두 세 차례의 대수술과 12회의 화학요법, 총 27병의 수혈을 한 셈이었다. 지루하게 창살 없는 감옥의 입원 생활이 지나고 완전히 건강이 회복되어 둘째아이까지 낳을 수 있었다. 그동안의 항암요법으로 몹시 걱정했으나 건강한 남자아이를 무사히 낳았다. 정말 하나님의 큰 축복이었다. 퇴원하던 날 교수님에게 감사의 인사를 드렸더니 이제 건강도 회복했고 공부도 다시 시작해야하니 원자력병원으로 옮기라고 하셨다. 그동안 치료 때문에 결석도 많이 하고 많은 배려로 회복되어 이제야 원호병원에 신세를 갚을 참인데 하고 망설이자, 교수님은 그 자리에서 원호병원장님께 직접 전화를 걸어 대신 사과를 해주셨다. 황당하기도 하고 죄송하기도 하여 원호병원에 출근했는데 정호영 원장님께서는 오히려 너그럽게 웃으시며 격려해주셨다.

의학의 길

광화문에 있는 원자력병원으로 가보니 아주 조그만 크기의 매우 낡은 병원에, 근무하는 과도 연구실에서 귀동냥만 하고 수련의 과정중에 3개월간 파견

된 적밖에 없는 나와는 거의 무관한 방사성 동위원소과였다. 게다가 직위도 이사관급이 아니라 '3급 을' 사무관급이었고 여자라고 과장도 아닌 과장대우였으며 모두 서울대 출신으로 소아과 한 명을 뺀 스태프 모두가 남자였다. 완전 강등이었다. 원호병원에서는 모두 나를 믿고 친절하게 대하며 모든 일을 배려했는데 여기는 신경도 안 썼다. 나보다 나이가 많은 세 명의 의료기사도 여자라고 실망한 눈치였다. 교수님이 원망스럽고 무조건 믿고 따른 내가 한심스러웠다.

근무를 시작했는데 그동안 과장이 없었던 탓인지 기계는 모두 낡은 고물이 되어 매일 수리해 가며 하루하루를 버티고 있었다. 방사면역 측정기는 매일 200건이 넘는 피검사를 해야 했는데 한 건을 할 때마다 무겁고 두꺼운 납 뚜껑을 열고 시험관을 집었다 빼며 측정하고 있었다. 여자의료기사는 팔이 아프다며 늘 어깨를 주무르고 환자를 찍는 감마카메라는 밤마다 쥐가 전선을 갉아먹어 아침이면 다시 연결하느라 대소동이었다. 근무한 지 보름이 지나자 그나마 작동되던 기계가 결국은 작동을 멈췄다.

마침 여의도에서 의료기기 전시회가 있었는데 우리나라 최초로 한 번에 100Test를 할 수 있는 자동기기가 전시되었다. 기기회사와 타협하여 전시 후 전시품을 구매하는 조건으로 거의 반값에 흥정하고 원장님을 졸라 기기를 구매했다. 촬영기기 또한 마침 지멘스(Siemens) 회사에서 전신을 촬영할 수 있는 카메라가 개발되었다. 원자력병원에서 앞장서 설치하면 많은 광고효과가 있을 것이라며 회사에는 광고비 명목으로 기기를 할인하도록 끈질기게 요구하고, 병원에는 병원의 위상을 위해서도 싸게 살 수 있는 기회를 놓치지 말 것을 요구했다. 1979년 1월 초, 드디어 기기가 들어오자 타 병원에서도 검사의뢰가 쏟아져 눈코 뜰 새가 없었다. 변변한 기기 하나 없다가 국내에서 가장 최신의 기기를 갖추게 되어 원자력병원의 위상을 다시 찾은 것 같았다.

원래 전공이 내과인지라 갑상선환자를 진료하기 시작했다. 전용화장실도 없는데 국내 최초로 100mCi가 넘는 대량의 방사성 옥소를 갑상선암 환자에게 겁도 없이 투여하여 치료를 시작했다. 그러다가 정화조에서 방사성 옥소가 검출되어 경찰조사를 받기도 했다. 덕분에 공릉동으로 병원 이전시 원장님에게 건의하여 국내 최초로 당시에도 3억원씩이나 들던 특수 정화조를 갖춘 세 개의 병실을 확보할 수 있었으며, 환자가 발생하면 원자력병원으로 전원하여 나중엔 수개월씩 기다려 치료할 수 있었다. 2001년 국가 방사성 비상진료센터 신설시 다시 10병실을 확보하여 현재 총 약 3C여 병실이 확보되어 있다.

갑상선환자를 위시해 임상환자 진료, 타과의 진료를 위한 방사면역학검사, 각종 촬영 등을 시행하는 지원부서, 핵의학연구, IAEA National Coordinator 등 다방면의 경력이 인정되었는지 2001년 부원장으로 임명되어 병원 행정일도 경험했다.

IAEA National Coordinator

1980년 5월 어느 날 한국원자력연구소로부터 IAEA 본부 오스트리아에서 국제회의를 유치했으니 2주 후에 첫번째 회의를 주재하라는 연락이 왔다. 국가에서 유치한 원자력회의 중 한 분과로 의학적인 회의가 우연히 함께 끼어 그저 '방사성 동위원소의 의학적 이용'이라는 제목 이외엔 어떤 내용인지, 누가 참석하는지 등의 회의내용도 몰랐고 국내에선 회의참석 경험자조차 없었다. 병원 근무를 시작한 지 겨우 8개월인데다 외국라곤 가본 일도 없고 국제회의조차 한번도 본 적이 없는 상황이었다. 염치불구하고 한밤중에 국내 핵의학회 회장님이고 영어도 출중한 경북의대 황기석 교수님에게 전화하여 사정을 말씀드리니 쾌히 허락하고 대구에서 올라와주셨다.

연구소차는 물론 친정아버지 회사차까지 동원하여 광화문 병원에서 공릉동 원자력연구소에 있는 회의장까지 10여 개국에서 온 외국인대표들을 안내하고 돌아다녔다. 세계적으로도 유명한 이집트 노팔(Nofal) 박사, 인도의 가나트라(Ganatra) 박사를 위시하여 미국, 일본, 인도, 파키스탄, 이집트, 필리핀, 싱가포르, 말레이시아, 태국, 인도네시아, 호주 등의 외국대표들은 모두 한국대표가 딸 또래라며 놀라면서도 모든 것에 어리고 서툰 나를 너그럽게 이해해주었다.

회의는 IAEA 의학부분 지원사업으로 아태지역에서 향후 5년간 어떤 사업을 하고 예산지원은 얼마로 할 것인가를 결정하는 아주 중요한 대표자회의였다. 당시 가장 많은 질환이던 간 연구를 위해 '방사성 동위원소를 이용한 간질환 진단을 위한 연구'를 제목으로 정했고, 세부사업으로 1) 테크네슘을 이용한 간 스캔, 2) 간 초음파, 3) 방사면역검사를 이용한 B형간염검사를 각각 3년간 지원하기로 했다. 연구 프로젝트 중 '간 스캔' 연구를 위시한 연구를 맡아 3년간 매년 한번씩 해외에 나가 사업을 보고하며 토의하게 되었고, 5년마다 실시하는 대표자회의에 경험자로서 2000년까지 15년간 세 차례나 도맡았다. 처음에는 간 영상사업으로 시작한 것이 15년이 지나자 핵의학의 발달로 선진국과 개발국으로 나누어 사업을 지원, 이제는 선진국 대열에서도 앞서나가는 PET(양전자 방출 단층촬영) 사업까지 지원하게 되었다.

방사성 동위원소 연구

1984년 협소한 광화문병원이 건물의 노후 등으로 현재의 공릉동 원자력연구소 입구로 이전이 결정되었다. 감마카메라 기기도 산 지 얼마 안 되어 한 대만 구매하도록 승인을 받고, 감마카메라 1세트로 신청을 하고 대신 카메라 2대를 부속품으로 하여 총 3대를 구비함으토써 감마카메라 국내 최대 보유 병원이 되었다. 치료방사선과에서는 600만불을 들여 암환자를 위한 중성자 치료기인 Mc-50MeV 의료용 사이클로트론도 도입했는데 기기 가격이 너무 비싸 환자를 치료하지 않는 밤 시간에도 이용할 수 있도록 동위원소 생산을 계획했다. 당시 사이클로트론은 외국 교과서에도 간략하게 연구용으로만 몇 줄 언급될 정도라 스웨덴의 사이클로트론 생산 회사에 직접 가서 동위원소 생산 라인과 이용실태를 살펴보았다. 1984년 당시 우리나라에는 겨우 CT가 도입되고 있었는데 그곳은 벌써 임상에 PET 카메라를 활발하게 이용하고 있었다. 또한 사이클로트론의 주목적은 방사성 동위원소 생산이고 크기도 30MeV 이하면 충분했으나 PET가 없으면 방사성 동위원소 생산은 거의 무용지물이었다. 우리 병원의 기기는 다목적용으로 특히 구입목적이 중성자 치료라 가격이 비싸고 50MeV 크기가 도입되어 동위원소 생산은 가능하나 생산량과 질이 떨어졌다.

핵의학연구실장으로 발령받고 방사성 동위원소의 원활한 이용을 위해 PET를 도입하기로 했다. 미국에서 PET 팀의 일원으로 연구했던 KAIST의 조장희 박사님과 함께 국산화해보자는 생각도 했고, 과기부에서 연구비도 지원되었으나 당시 우리나라에는 컴퓨터 도입도 안 된 상태여서 최첨단 컴퓨터를 이용해야 하는 PET 국산화는 결국 불가능했고 우여곡절 끝에 외국기기 도입까지 무산되었다. PET가 필요 없는 방사성 동위원소인 I-123, Ga-67, Tl-201 등만 먼저 생산하기로 했으나 사실 이런 고급 동위원소 사용조차 못해본 우리나라 실정으로는 오히려 적당한 순서였다. 그 후 600만불의 의료용 사이클로트론은 주목적이었던 중성자 치료는 효과가 미미하고 타 치료기기의 발달로 몇백 건의 치료에 그쳤다. 대신 생산전용 기기가 아니지만 핵의학 연구실에서 15년간 무수한 착오와 실험을 거쳐 소량이나마 양질의 방사성 동위원소를 생산하여 조금씩 국내 타 병원에 공급할 수 있게 방사성 동위원소 국산화를 독려했다.

늦었지만 고려대학 대학원에 합격하여 박사학위도 받고, 간간이 IAEA를 통하여 외국에서 연수과정을 이수하기도 하고 일본에서 실시하는 JICA 연수과정에도 참석했다. 1996년 외국에서 PET 영상의 효용가치가 점차 높아지자 서울대학병원과 삼성병원 개원시 드디어 13MeV 크기의 PET 전용 방사성 동위원소 생산 사이클로트론이 도입되었다. 이로써 15년이나 사이클로트론을 유지해오던 병원의 우위권을 빼앗기고 말았다. 다행히 과기부의 지원으로 PET 이용은 물론 모든 의료용 방사성 동위원소 생산이 가능한 국내 유일의 30MeV 크기 기기가 뒤늦게 도입되고 PET도 구입했다.

나는 2년간의 부원장 임기를 마치고 사이클로트론 운영 연구실장을 맡아 연구실 개편, 기기운영, 생산팀, 이용팀, 핵의학 등 팀제를 만들어 각자 연구에 힘쓰도록 나름대로 노력하고 독려했다. 기기팀은 사이클로트론을 국산화하기 위해 1MeV 크기의 사이클로트론 생산을 성공하고, 이어서 8MeV, 11MeV 크기도 생산하여 세계를 놀라게 했다. 이를 후원하기 위해 국산화된 기기에서 생산된 방사성 동위원소를 이용하여 임상에 이용하며 독려했다. 덕분에 과기부의 전폭적인 지원을 얻어 현재 우리나라를 각 권역별로 나누어 사이클로트론을 생산하여 배치하는 데 성공했다. 또한 핵의학연구실에서도 임상에 필요한 각종 방사성 의약품을 개발하고, 임상핵의학과에서는 PET를 이용한 영상을 많이 찍어 국내 최다논문을 발표하는 등 명실공히 국내 최고의 핵의학 병원이 되었다. 덕분에 2002년부터 2004년까지 대한핵의학회 회장을 지내기도 했다.

여성원자력전문인협회

유럽에서 원자력 전문직에 종사하는 여성들이 국제회의에서 만나 토의하다가 원자력에 대한 잘못된 인식을 이해시키기 위해 모임을 만들었다. 그들의 활동이 점차 알려지고 다른 대륙에서도 참가하게 되어 1990년 세계여성원자력모임(WIN-Global: Women in Nuclear)이 결성되었고, 점차 IAEA 여성국장 등을 위시한 거물급 여성들도 대거 참여했다. 우리나라에서는 주부들의 단체인 원자력을 이해하는 모임(WIIN: Woman Interested In Nuclear)이 1996년부터 참가하다가 2001년 제11차 세계대회를 서울로 유치하게 되었다. 그러나 원자력 전문인이 전혀 없는 주부들의 우호단체이다 보니 전문인들의 회의가 주인 세계대회를 주재하기가 곤란했다.

2000년 8월쯤 원자력계에 도움을 요청하다 가장 나이가 많고 IAEA 회의 주재 경험이 있던 나에게 회장을 맡아줄 것을 요청했다. 당시는 원자력병원 노조분규가 거셌던 시절인데 부원장일을 맡은 데다가 핵의학과에서 환자진료도 하고 필름판독도 하며 연구에 참여하는 등 매우 바쁜 상황이었다. 더욱이 20여 년 전 느닷없이 IAEA 대표자 회의 유치를 맡아 혼이 난 경험이 있어 일언지하에 거절했다. 그러나 한국수력원자력 주식회사의 최양우 사장님과 장인순 한국원자력소장님의 부탁으로 부족한 사람임에도 할 수 없이 세계대회를 주재하게 되었다.

급하게 원자력계에 근무하는 여성들의 명단을 모으니 약 80명 정도 되었고 우수한 박사급 인재들이 의외로 많았다. 한수원과 한국원자력연구소의 전폭적인 지원 아래 우선 조직을 만들고 인원을 확보하여 세계대회를 준비했다. 먼저 2000년 11월 한국여성원자력전문인모임(Women in Nuclear: WIN-Korea)을 결성해 제1차 총회를 개최했다. 그리고 과학기술부를 위시한 각계의 전폭적인 지지 아래 2001년 5월 세계대회가 열렸다. 원자력을 활발하게 이용하던 유럽의 프랑스, 핀란드, 스웨덴, 스위스 등과 아메리카 대륙의 미국, 캐나다, 브라질 그리고 동구권의 러시아, 체코, 헝가리, 루마니아, 리투아니아, 슬로바키아, 슬로베니아 등과 일본, 중국, 타이완 등이 참석했다. 더욱이 베트남이나 몽골 등 아직 원자력을 이용하지 않는 나라도 처음으로 참관했고 19개국에서 국내회원보다 오히려 더 많이 참석하여 대성황을 이루었다. 회의 중간에는 우리나라를 대표하는 떡과 김치 등을 만드는 시연회, 한복 패션쇼, 원자력을 이용한 각종 생산품을 소개하고, 방사 멸균처리한 소시지 시식도 함께 선보였다. 차기대회를 유치한 프랑스 대표는 우리나라가 너무 잘 진행하여 내년 개최를 걱정할 정도였다.

2001년 11월에는 단체를 사단법인화하여 정식단체로 등록했고, 그 후 12차 파리대회, 13차 라스베가스대회, 14차 동경대회, 2005년에는 15차 체코대회에 참석했다. 매회 우리 대표들은 각종 심포지엄에서 연사로 선정되어 원자력의 평화적 이용과 폐기물사업에 대한 발표를 하는 등 가장 적극적인 활동을 하여 이사국으로 선임되었다. WIN-아시아를 결성하여 IAEA에서 만나 활동하던 파키스탄 대표의 참석을 주선했으며, 올해 9월에는 우리나라에서 개최하는 세계여성과학기술인대회에 에너지 부분을 따로 편성하고, 캐나다의 차관급 여성대표인 린다 킨(Linda Keen)을 '여성의 리더십'에 대한 개막연설에 초대했다. 또한 2006년 세계핵의학총회에서도 한 세션을 맡아 원자력 환경보존대책을 위한 원자력 폐기물 문제를 주제로 할 예정이다.

국제 심포지엄뿐만 아니라 국내에서도 해마다 각 회원들이 원자력을 위한 각종 강연과 회의, 그리고 토론에 참가하여 원자력을 알리는 데 앞장서 활동하고 있다. 본인도 한국원자력연구소 사외이사로 재직하고 있고, 안명옥 국회의원, 민병주 한국원자력연구소 연수원장, 윤연숙 원자력의학원 연구센터장, 서현숙 이화대학 목동병원장, 최영희 과학기술부 원자력위원, 박세문 한수원 원자력 폐기물실 책임연구원, 이남숙 원자력문화원 실장, 영동세브란스 방사선종양학과의 서창옥, 한국원자력 안전기술원의 하연희 등을 위시한 회원 모두가 활발하게 활동하고 있다. 오는 11월 국회에서는 홍찬선 의원의 주선으로 여성의원들과 함께 총회를 주재하여 원자력의 평화적 이용을 홍보할 예정이다.

이러저러한 일로 세월을 지내다보니 인정도 받게 되어 원자력 안전부문에서 2004년 대통령 표창까지 수상하는 영광을 누리게 되었다. 이 모든 것이 하나님의 축복과 주변의 전폭적인 지지, 가족의 이해와 도전정신이 아니었으면 불가능한 일이었으며 늘 감사하며 살 것을 다시 한번 다짐한다.

■ 이 도서는 한국과학문화재단에서 시행하는 과학문화지원사업의 지원을 받아 출판되었습니다.

여성, 과학을 만나다

초판 펴낸 날 2005년 9월 30일   **초판 2쇄** 2005년 12월 20일

편저 한국여성과학기술단체총연합회
펴낸이 변동호 | **출판실장** 옥두석 | **책임편집** 이선미 | **디자인** 김혜영 | **마케팅** 김현중 | **관리** 김현경

펴낸곳 (주)양문 | **주소** (110-260) 서울시 종로구 가회동 170-12 자미원빌딩 2층
전화 02.742.2563~2565 | **팩스** 02.742.2566 | **이메일** ymbook@empal.com
출판등록 1996년 8월 17일(제1-1975호)
ISBN 89-87203-76-X 03400   잘못된 책은 교환해 드립니다.